高速铁路板式无砟轨道水泥乳化沥青砂浆性能与施工

曾晓辉　谢友均　朱华胜　徐　浩　龙广成　著

中国建材工业出版社

图书在版编目（CIP）数据

高速铁路板式无砟轨道水泥乳化沥青砂浆性能与施工/曾晓辉等著．--北京：中国建材工业出版社，2022.3
ISBN 978-7-5160-3229-9

Ⅰ.①高… Ⅱ.①曾… Ⅲ.①高速铁路－无砟轨道－水泥－乳化沥青－沥青砂浆－性能－研究②高速铁路－无砟轨道－水泥－乳化沥青－沥青砂浆－铁路施工－研究 Ⅳ.①U213.2

中国版本图书馆 CIP 数据核字（2021）第 111714 号

高速铁路板式无砟轨道水泥乳化沥青砂浆性能与施工
Gaosu Tielu Banshi Wuzha Guidao Shuini Ruhua Liqing Shajiang Xingneng yu Shigong
曾晓辉 谢友均 朱华胜 徐 浩 龙广成 著

出版发行：中国建材工业出版社
地　　址：北京市海淀区三里河路 1 号
邮　　编：100044
经　　销：全国各地新华书店
印　　刷：北京鑫正大印刷有限公司
开　　本：787mm×1092mm　1/16
印　　张：12.25
字　　数：300 千字
版　　次：2022 年 3 月第 1 版
印　　次：2022 年 3 月第 1 次
定　　价：65.00 元

本社网址：www.jccbs.com，微信公众号：zgjcgycbs
请选用正版图书，采购、销售盗版图书属违法行为
版权专有，盗版必究。本社法律顾问：北京天驰君泰律师事务所，张杰律师
举报信箱：zhangjie@tiantailaw.com　举报电话：(010) 68343948
本书如有印装质量问题，由我社市场营销部负责调换，联系电话：(010) 88386906

前　言

　　高速铁路（High-speed Railway）作为设计标准等级高、能让列车高速（时速大于250km/h）运行的铁路系统，具有载客量多、耗时少、安全舒适性好、正点率高和耗能较少等特点，其在中国、德国、日本等国家已得到广泛应用。从2001年秦沈客运专线正式运营至今，中国高铁营业里程数居世界第一。"四纵四横"高铁网全面建成，"八纵八横"高铁网正加密成型，高铁已覆盖全国92%的50万人口以上城市。

　　高速铁路轨道结构形式多采用板式无砟轨道，其结构主要包括混凝土道床板、填充层、轨道板、钢轨、扣件等。水泥乳化沥青砂浆（Cement Emulsified Asphalt Mortar，也称CA砂浆）是高速铁路板式无砟轨道轨道板与底板间的充填层材料，起支撑、调平、吸振和隔振等作用，其主要由乳化沥青、水泥、细集料、水、膨胀剂、铝粉和外加剂等经高速剪切拌和而成，属多组分有机-无机复合材料。CA砂浆是高速铁路板式无砟轨道的关键功能材料之一，其质量关系板式无砟轨道建设的成败。

　　全书分为5章，第1章为新拌水泥乳化沥青砂浆性能，主要内容包括流变性能、工作性能、分离度等；第2章为水泥乳化沥青砂浆凝结与硬化特性，主要内容包括水化放热特性、水化物相特性、膨胀特性以及温度对水泥乳化沥青砂浆硬化的影响等；第3章为水泥乳化沥青砂浆力学性能，主要内容包括静态力学性能、动态力学性能、减振性能、抗冲击性能、受压本构；第4章为水泥乳化沥青砂浆耐久性，主要内容包括毛细吸水特性、耐水性、温度疲劳特性、徐变特性、动态损伤特性等；第5章为水泥乳化沥青砂浆施工技术，主要内容包括搅拌、灌注、养护工艺以及质量控制等。

　　本书可作为普通高等学校土木工程专业道路与铁道工程以及材料方向的教科书，还可作为相关专业技术人员、培训班学员的参考书。

　　在本书的编写过程中，得到了编者所在院校和同志们的大力支持与帮助，在此表示感谢，由于编者水平有限，书中有不妥和遗漏之处，敬请广大读者批评指正。

目 录

第1章 新拌水泥乳化沥青砂浆性能 1
  1.1 水泥乳化沥青砂浆流变性能 1
    1.1.1 颗粒悬浮液的流变性质 1
    1.1.2 水泥乳化沥青砂浆流变模型 3
    1.1.3 水泥乳化沥青砂浆表观黏度与固相体积分数的关系 7
  1.2 水泥乳化沥青砂浆工作性能 7
    1.2.1 流动度与浆体固相体积分数的关系 9
    1.2.2 砂浆流动度随温度和时间的变化 9
    1.2.3 砂浆流动度随表观黏度的变化 10
    1.2.4 水泥乳化沥青砂浆流动度的现场调节 11
  1.3 水泥乳化沥青砂浆分离度 11
    1.3.1 悬浮体系中的颗粒沉降 12
    1.3.2 水泥乳化沥青砂浆的分离度 13

第2章 水泥乳化沥青砂浆凝结与硬化特性 17
  2.1 水泥乳化沥青砂浆水化放热特性 17
    2.1.1 普通硅酸盐水泥水化概述 17
    2.1.2 水泥-乳化沥青胶凝体系的水化放热 20
  2.2 水泥乳化沥青砂浆水化物相特性 22
  2.3 水泥乳化沥青砂浆膨胀特性 26
    2.3.1 影响水泥乳化沥青砂浆膨胀特性的因素 26
    2.3.2 水泥乳化沥青砂浆的早期膨胀特性及影响因素 28
    2.3.3 水泥乳化沥青砂浆的后期膨胀特性 33
  2.4 温度对水泥乳化沥青砂浆硬化的影响 33
    2.4.1 高温下水泥乳化沥青砂浆迅速失去流动性现象 33
    2.4.2 不同温度下水泥乳化沥青砂浆体系的pH值变化 35
    2.4.3 不同温度下水泥乳化沥青砂浆体系的物相变化 38

第3章 水泥乳化沥青砂浆力学性能 44
  3.1 水泥乳化沥青砂浆静态力学性能 44
    3.1.1 组成材料对水泥乳化沥青砂浆静态力学性能的影响 44
    3.1.2 水泥乳化沥青砂浆静态力学性能与微观组成的关系 53
  3.2 水泥乳化沥青砂浆动态力学性能 61

3.2.1　应变速率对CA砂浆力学性能的影响 ··· 61
　　　3.2.2　初始静态荷载下CA砂浆的力学性能研究 ··· 71
　　　3.2.3　循环荷载下CA砂浆的力学性能研究 ··· 73
　　　3.2.4　重复加卸载下CA砂浆的力学性能研究 ··· 80
　3.3　水泥乳化沥青砂浆减振与抗冲击性能 ·· 85
　　　3.3.1　水泥乳化沥青砂浆减振性能 ·· 85
　　　3.3.2　水泥乳化沥青砂浆抗冲击性能 ·· 86
　3.4　水泥乳化沥青砂浆受压本构 ·· 92
　　　3.4.1　CA砂浆应力-应变曲线的几何特点 ·· 92
　　　3.4.2　CA砂浆准静态受压全曲线方程 ·· 94
　　　3.4.3　CA砂浆动态受压全曲线方程 ·· 95
　　　3.4.4　不同条件下CA砂浆应力-应变关系数学模型的验证 ······················· 96

第4章　水泥乳化沥青砂浆耐久性 ·· 101
　4.1　水泥乳化沥青砂浆毛细吸水特性 ·· 101
　　　4.1.1　多孔材料毛细吸水动力学 ·· 101
　　　4.1.2　水泥乳化沥青砂浆的毛细吸水特性 ·· 104
　　　4.1.3　不同材料的毛细吸水速度 ·· 107
　　　4.1.4　含气量对CRTS I型CA砂浆毛细吸水性的影响 ······························ 108
　4.2　水泥乳化沥青砂浆耐水性 ·· 108
　　　4.2.1　CRTS I型板式无砟轨道CA砂浆的耐水性 ······································· 109
　　　4.2.2　CRTS II型板式无砟轨道CA砂浆的耐水性 ····································· 111
　　　4.2.3　长期浸泡后的CA砂浆 ·· 113
　4.3　水泥乳化沥青砂浆温度疲劳特性 ·· 116
　4.4　水泥乳化沥青砂浆徐变特性 ·· 118
　　　4.4.1　CA砂浆徐变测试方法 ·· 119
　　　4.4.2　CA砂浆的徐变曲线 ·· 119
　　　4.4.3　CA砂浆徐变度分析 ·· 122
　　　4.4.4　徐变后的CA砂浆力学性能 ·· 124
　　　4.4.5　CA砂浆徐变后的微细观结构 ·· 125
　4.5　水泥乳化沥青砂浆动态损伤特性 ·· 127
　　　4.5.1　损伤的基本概念 ·· 127
　　　4.5.2　试件的破坏形态 ·· 128
　　　4.5.3　应力空间CA砂浆损伤演化 ·· 129
　　　4.5.4　应变空间CA砂浆损伤演化 ·· 130

第5章　水泥乳化沥青砂浆施工技术 ·· 131
　5.1　水泥乳化沥青砂浆原材料检验 ·· 131
　　　5.1.1　原材料技术要求 ·· 131

  5.1.2 原材料的储存与管理 …………………………………………………… 136
5.2 水泥乳化沥青砂浆搅拌 ……………………………………………………………… 136
  5.2.1 水泥乳化沥青砂浆的拌合特性 …………………………………………… 136
  5.2.2 固液相混合与搅拌 ………………………………………………………… 137
  5.2.3 功率法研究乳化沥青-干料的搅拌动力学 ……………………………… 138
  5.2.4 水泥乳化沥青砂浆的搅拌引气与含气量 ………………………………… 142
  5.2.5 水泥乳化沥青砂浆搅拌工艺 ……………………………………………… 148
5.3 水泥乳化沥青砂浆灌注 ……………………………………………………………… 151
  5.3.1 水泥乳化沥青砂浆充填层灌注施工 ……………………………………… 151
  5.3.2 水泥乳化沥青砂浆充填层灌注质量监测方法 …………………………… 154
  5.3.3 砂浆灌注过程中的轨道板上浮及其控制 ………………………………… 156
5.4 水泥乳化沥青砂浆养护 ……………………………………………………………… 160
5.5 水泥乳化沥青砂浆施工质量控制 …………………………………………………… 161
  5.5.1 乳化沥青储存稳定性现场快速检测 ……………………………………… 161
  5.5.2 水泥乳化沥青砂浆施工性能的现场监测技术 …………………………… 163
  5.5.3 灌注袋渗水及其防治 ……………………………………………………… 167
  5.5.4 水泥乳化沥青砂浆充填层灌注厚度控制技术 …………………………… 173
  5.5.5 温度对施工速度的影响 …………………………………………………… 178

参考文献 …………………………………………………………………………………… 180

第1章 新拌水泥乳化沥青砂浆性能

【内容提要】

新拌水泥乳化沥青砂浆质量是充填层施工质量控制的关键一环,水泥乳化沥青砂浆的配合比、流变、流动度、分离度、原材料质量等将对充填层施工及其硬化后的力学、耐久性能产生影响。基于现场原材料储存、施工工艺、环境等特性,研究影响新拌水泥乳化沥青砂浆性能的机理,并提出可供现场使用的调节方法,不仅有利于保证充填层施工质量、降低劳动强度、缩短工期,同时也将丰富水泥乳化沥青砂浆材料设计理论。

在施工中,与浆体流变有关的流动度是水泥乳化沥青砂浆配制中的首要控制参数,拌和是充填层施工工序的起点,确定设定的流动度对应的砂浆初始配合比后,即可进行砂浆的拌和,含气量和匀质性作为搅拌终点,对搅拌工艺的优化十分重要。因此,本章首先探讨了新拌水泥乳化沥青砂浆的流变特性,然后分析了影响砂浆流动度的主要因素,并基于流变特性研究了砂浆的分离度,最后介绍了水泥乳化沥青砂浆原材料检验。

1.1 水泥乳化沥青砂浆流变性能

流变性能是新拌水泥乳化沥青砂浆重要性能之一,对砂浆流动性、稳定性等产生重要影响。本节先探讨水泥乳化沥青砂浆的流变类型,然后建立其流变方程,最后分析固液相体积分数与其表观黏度的关系。

1.1.1 颗粒悬浮液的流变性质

在新拌水泥乳化沥青砂浆中,水的体积分数为30%左右,水和沥青颗粒(密度为$1.03g/cm^3$,与水较为接近)体积分数之和为50%左右,因此新拌水泥乳化沥青砂浆的流变特性应以颗粒悬浮液作为参考。

1. 流体流变类型

液体或气体的黏性与其物理特性或流动度密切相关,根据流体运动过程中切向应力的产生与否,流体可分为理想流体(如气体)和非理想流体(如黏性流体),几乎所有液体都属于黏性流体,而黏性流体又可分为两大类,即牛顿型和非牛顿型。几类典型流体剪切力τ随剪切力速率$\dot{\gamma}$的变化如图1-1-1所示。

图中,1#流体为牛顿型流体,其剪切应力随剪切速率线性增加,其黏度系数η为常数,代表性流体为水和酒精;2#流体又称剪稠体,其黏度随剪切速率的增加而增大,代表性流体有淀粉、纤维素溶液等;3#流体为剪稀体或假塑性体,其黏度随剪切速率的增加而减小,蛋黄酱、胶体即属于该类型。

图中,4#、5#流体又称塑性流体,其主要特点是,在剪切应力小于屈服应力τ_0的情况下,流体不会流动;液体屈服后,若剪切速率与剪切力线性相关则称为宾汉姆体,

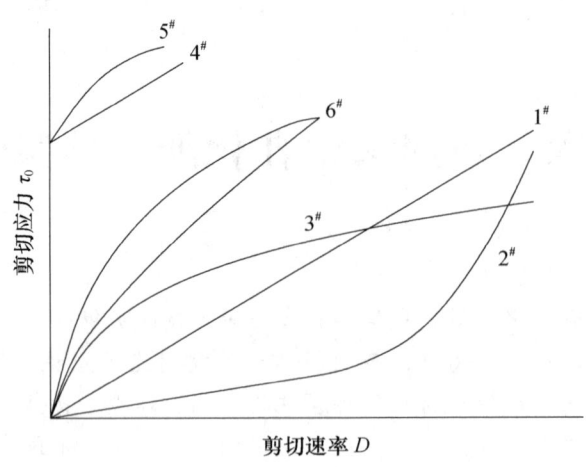

图 1-1-1　牛顿型流体和非牛顿型流体剪切应力随剪切速率的变化[1]

否则称为非宾汉姆体；陶瓷浆、黏土浆、土、水泥基材料具有非宾汉姆体特性，但为方便处理，常简化为宾汉姆体。

图中，6#流体又称触变体，其特点是剪切力-剪切速率曲线上有典型滞后圈，一般因流化过程中的溶胶-凝胶转化导致，油脂、水泥基材料具有触变特性。

2. 颗粒悬浮液及水泥基材料的流变特性

对于颗粒浓度较高的悬浮液，其流变类型一般为非牛顿体[1-4]，描述悬浮液流变模型主要有指数模型、宾汉姆模型和 Herschel-Bulkley 模型，其剪切应力-剪切速率关系式如下：

指数模型：
$$\tau = K \cdot \dot{\gamma}^n \tag{1-1-1}$$

宾汉姆模型：
$$\tau = \tau_0 + \mu \cdot \dot{\gamma} \tag{1-1-2}$$

Herschel-Bulkley 模型：
$$\tau = \tau_0 + K \cdot \dot{\gamma}^n \tag{1-1-3}$$

式中，τ 为剪切应力，Pa；τ_0 为屈服应力，Pa；$\dot{\gamma}$ 为剪切速率，s^{-1}；K 为稠度系数；μ 为塑性黏度，Pa·s；n 为非牛顿指数。

研究发现，固相体积分数 φ 对浆体的流变特性影响明显，这与颗粒与液体、颗粒与颗粒间的作用有关。Nasser 等[4]研究了高岭土-聚酰胺絮凝悬浮液的流变特性，发现其屈服应力 τ_0 随悬浮液固相体积分数呈指数增加。Karmakar 等[5]研究了土的流变特性，发现其屈服应力 τ_0 是压实程度与含水率的函数。Guillemin[6]等研究了铝化合物陶瓷浆的流变特性，研究表明，其黏度系数 η 与其固相体积分数 φ 与最大充填分数 φ_m 的比值有关。典型的絮凝悬浮物固相体积分数与屈服应力或静态模量的关系如图 1-1-2 所示。

同样地，Struble 等[7-8]发现水泥浆体的表观黏度随固相体积分数 φ 的增加而呈指数增大，且当固相体积分数 φ 为 0.6 左右时，表观黏度迅速增大，加入减水剂后，相同固相体积分数 φ 的浆体表观黏度减小，但与固相体积分数 φ 仍呈指数关系。Mahaut 等[9]研究了集料体积分数 φ 对水泥基材料屈服应力等的影响，研究发现浆体屈服应力在集料体积分数为 0.45 左右时急剧增大，体积分数为 0.55 的浆体其屈服应力是原来水泥浆体本身的 20 倍。而 Chidiac 等[10]则用固相体积分数 φ 与最大充填分数 φ_m 来计算预测新拌混凝土的塑性黏度。Vikan 等[11]对影响早龄期水泥浆体流变特性的因素进行了归纳，认

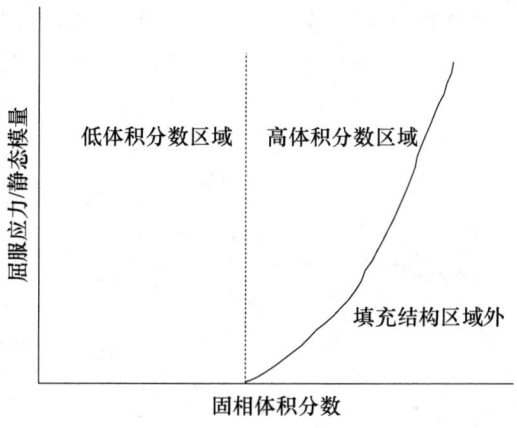

图 1-1-2 絮凝悬浮物屈服应力/静态模量与固相体积分数的关系

为水灰比、水泥化学组成、化学活性、粒径分布、比重、表面及几何状况、化学外加剂等都将影响水泥浆体的流变特性。

以上分析表明，固相体积分数 φ 是影响悬浮体和早龄期水泥基材料流变特性主要因素，本书在乳化沥青/干料质量比（A/D）正常波动范围内，通过改变新拌水泥乳化沥青砂浆的固相体积分数，研究浆体在不同剪切速度下的流变行为，并研究浆体表观黏度随固相体积分数的变化。

1.1.2 水泥乳化沥青砂浆流变模型

采用美国 TA 仪器公司 AR2000 流变仪测量新拌水泥乳化沥青砂浆的流变特性，并采用 Reology Advantage 软件进行数据的保存及处理。TA 仪器公司采用独特的电动机与传感器一体化技术，通过高级非接触式感应电动机在样品上施加应力，并采用高灵敏度光学编码器测量应变。测量时选择剪切速率范围为 $0.1 \sim 300 s^{-1}$，为测量砂浆的触变特性，剪切速率先逐渐增大，后逐渐减小。所测量的三个配比砂浆的参数见表 1-1-1，三个配比砂浆的剪切应力随剪切速率的变化如图 1-1-3 所示。

表 1-1-1 流变试验不同编号的砂浆配比及性能

样品编号	组成（g）			流动度（s）	含气量（%）	"下行"与"上行"剪切应力之比
	沥青	干料	水			
1#	450	1100	50	61.3	10.6	0.55
2#	500	1100	50	23.0	8.2	0.56
3#	550	1100	50	12.8	4.5	0.66

图 1-1-3 表明，1#、2#、3# 浆体的剪切应力-剪切速率曲线上均存在明显的滞后圈（"触变环"），即浆体具有触变特性，这可能与水泥水化物的凝胶-溶胶转化有关。且对于 1# 配比的试样，当剪切速率为 $300 s^{-1}$ 时，其流变曲线的"上行"段对应的剪切应力为 447Pa，而其"下行"曲线对应的剪切应力为 245.6Pa，"下行"与"上行"剪切应力之比为 0.55；而对于 2# 试样，其"下行"与"上行"剪切应力之比为 0.56；而 3# 试样则为 0.66；对于水等非触变流体，其"下行"与"上行"剪切应力之比为 1，即两者

重合。由于1#、2#、3#浆体的流动度分别为61.3s、23.0s、12.8s，因此浆体的触变性随流动度的降低而减小，即流动度越小，浆体越趋于"水"的流变特性。

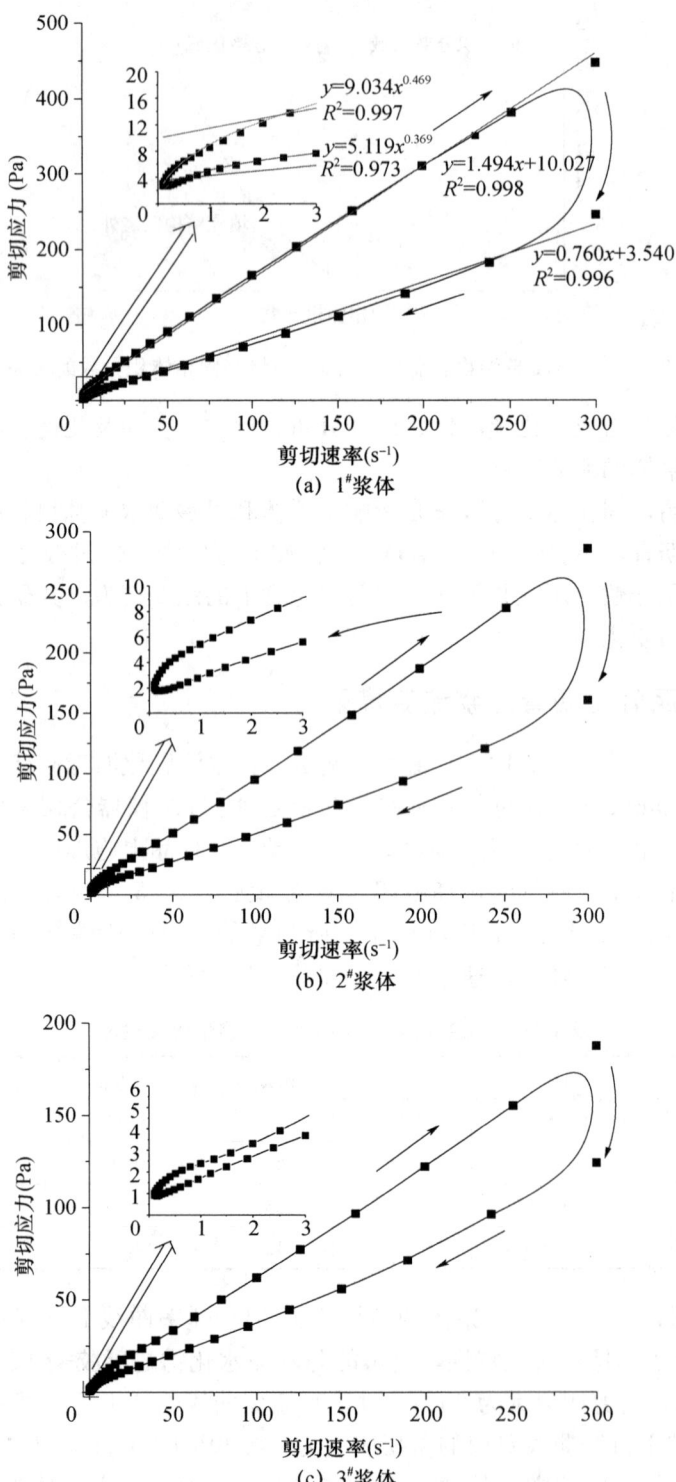

图1-1-3 新拌水泥乳化沥青砂浆剪切力随剪切速率的变化

如图 1-1-4 所示为浆体黏度系数随剪切速率的变化曲线，随着剪切速率的增大，浆体黏度系数在剪切速率较低时即迅速减小，具有剪切变稀特性，存在假塑性[4]；而在剪切速率较高的区域浆体黏度系数基本不变，趋于宾汉姆体特性；以上表明水泥乳化沥青砂浆的黏度系数是剪切速率的函数。此外，浆体黏度随流动度增加而增大，流动度为 61.3s 的 1# 浆体，剪切速率为 $0.1s^{-1}$ 时黏度为 30.7Pa·s，剪切速率为 $300s^{-1}$ 时黏度为 0.82Pa·s；而流动度为 12.8s 的 3# 浆体，其对应的黏度分别为 10.0Pa·s 和 0.62Pa·s。

若将图 1-1-3（a）中的剪切应力-剪切速率曲线依照剪切速率分为两个区域，那么在剪切速率为 $0.1\sim1s^{-1}$ 的低剪切速率区，剪切应力并不与剪切速率呈线性关系，浆体表现为非宾汉姆体特征，在该区域，浆体流变模型更符合指数模型 $\tau=K\cdot\dot{\gamma}^n$。对于 1# 配比的试样，依据指数模型，得到的其"上行"曲线的流变方程为

$$\tau=9.034\dot{\gamma}^{0.469} \tag{1-1-4}$$

相关系数 R^2 为 0.997。

"下行"曲线的流变方程为

$$\tau=5.369\dot{\gamma}^{0.399} \tag{1-1-5}$$

相关系数 R^2 为 0.973。

而在 $1\sim300s^{-1}$ 区域即为高剪切速率区，浆体的剪切应力与剪切速率呈线性关系，表现为宾汉姆体特征，其流变模型为 $\tau=\tau_0+\mu\cdot\dot{\gamma}$。其中，1# 配比的试样，其"上行"曲线的流变方程为

$$\tau=17.333+1.453\dot{\gamma} \tag{1-1-6}$$

相关系数 R^2 为 0.9995。

"下行"曲线的流变方程为

$$\tau=1.837+0.769\dot{\gamma} \tag{1-1-7}$$

相关系数 R^2 为 0.993。

综上所述，将砂浆流变特性分为两个区域时，新拌水泥乳化沥青砂浆的流变模型可写为

$$\begin{cases} \tau=K\cdot\dot{\gamma}^n & 0.1\leqslant\dot{\gamma}\leqslant1 \\ \tau=\tau_0+\mu\dot{\gamma} & 1<\dot{\gamma}\leqslant300 \end{cases} \tag{1-1-8}$$

式中 τ——剪切应力；

K——稠度系数；

τ_0——屈服剪切力；

μ——黏度；

$\dot{\gamma}$——剪切速率。

但若将图 1-1-3 中的剪切应力-剪切速率曲线用单个模型进行描述，浆体可看作宾汉姆体。对于 1# 配比的试样，其"上行"曲线的屈服剪切力 τ_0 为 10.027Pa，"下行"曲线的 τ_0 为 3.540Pa，黏度系数 μ 分别为 1.494 和 0.760，相关系数 R^2 均较好，达到 0.996 以上，因此宾汉姆模型 $\tau=\tau_0+\mu\cdot\dot{\gamma}$ 可用来描述新拌水泥乳化沥青砂浆大范围的流变特性。

在实际应用中，可根据剪切速率范围选择相应的模型。对于新拌水泥乳化沥青砂浆，与膨胀有关的剪切速率为 $0\sim1s^{-1}$ 级别，与砂沉降有关的剪切速率在 $1\sim5s^{-1}$ 级别，而与砂浆灌注有关的剪切速率为 $10\sim1000s^{-1}$ 级别。因此在研究膨胀时，砂浆的流变宜

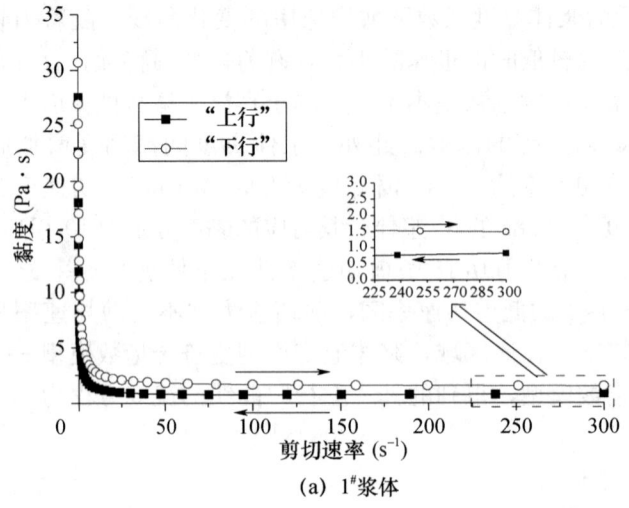

(a) 1#浆体

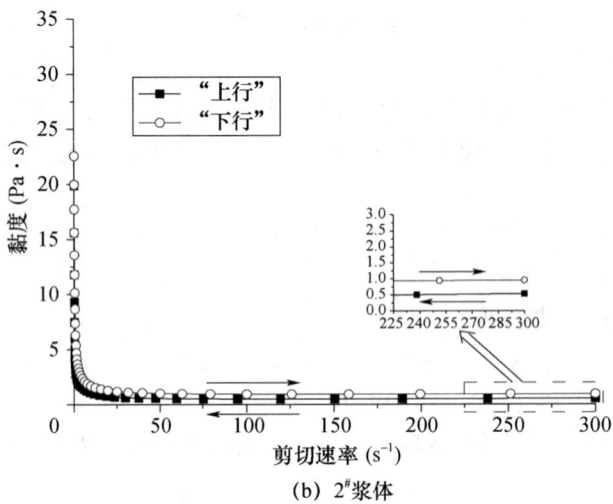

(b) 2#浆体

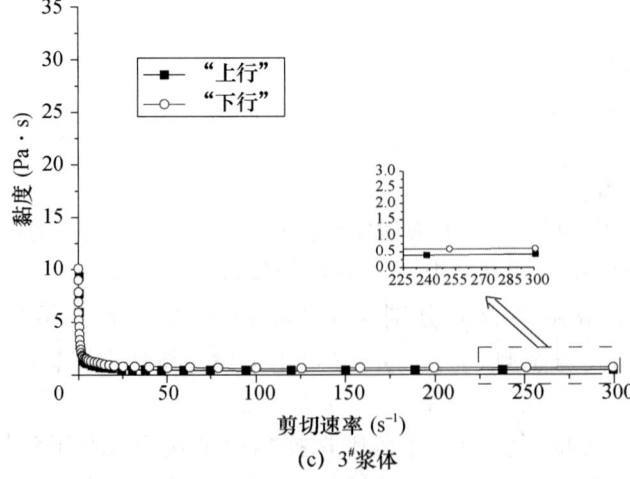

(c) 3#浆体

图 1-1-4　新拌水泥乳化沥青砂浆黏度随剪切速率的变化

采用指数模型;而在研究砂的沉降和气泡上浮时,新拌砂浆宜采用宾汉姆模型;在水泥乳化沥青砂浆的灌注施工中,由于采用宾汉姆模型得到的屈服剪切力较小,浆体甚至可简化为牛顿模型。

1.1.3 水泥乳化沥青砂浆表观黏度与固相体积分数的关系

选择砂浆 A/D（乳化沥青/干料质量比）为 0.41、0.5,另外掺入适量的水以调节流动度,选择黏度计转速为 6r/min、12r/min、30r/min,分别测定其表观黏度随固相体积分数的变化。其中,固相体积分数的计算公式为:

$$F_1 = (V_{a,s} + V_c + V_q) / (V_w + V_{a,w} + V_{a,s} + V_c + V_q) \tag{1-1-9}$$

式中 V_w——单位砂浆外掺水的体积;

$V_{a,w}$——单位砂浆中乳化沥青所含水的体积;

$V_{a,s}$——单位砂浆中乳化沥青所含固体颗粒的体积;

V_c——单位砂浆中水泥等胶凝材料的体积;

V_q——单位砂浆中砂的体积。

铝粉等微量组分的体积分数较小,因此计算时不予考虑。

图 1-1-5 表明,在相同的剪切速率下,水泥乳化沥青砂浆表观黏度($\eta = \tau / \dot{\gamma}$)随固相体积分数的增加而增大,两者呈指数关系,且 A/D 为 0.5 的浆体与 A/D 为 0.41 的浆体在同一曲线上,即表观黏度与固相体积分数的关系基本不随 A/D 而变化。同时,不同剪切速度的黏度-固相体积分数曲线不同,剪切转速越快,表观黏度越大,曲线也越往上。

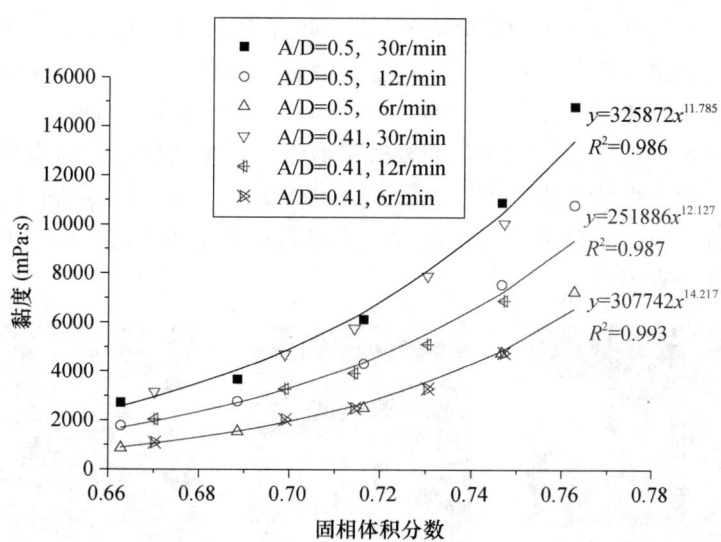

图 1-1-5　新拌水泥乳化沥青砂浆表观黏度随固相体积分数的变化

1.2　水泥乳化沥青砂浆工作性能

水泥乳化沥青砂浆工作性能是水泥乳化沥青砂浆实现其灌注施工的首要性能,流动度是评价水泥乳化沥青砂浆工作性能的重要指标,也是水泥乳化沥青砂浆拌和时最先控制的参数,流动度将直接关系砂浆充填层的灌注饱满度,从而对施工质量产生严重影响,如图1-2-1所示。根据《CRTSⅠ型板式无砟轨道水泥乳化沥青砂浆暂行技术条件》的要求,水泥乳化沥青砂浆流动度须控制在18～26s。

图1-2-1　因流动度不够导致充填层灌注欠饱满

在施工现场,为节省搅拌时间,并为了使微量组分分散,以更好地控制砂浆质量,水泥乳化沥青砂浆采用干料加乳化沥青的双组分模式[12],干料含砂、水泥、铝粉、增稠剂等多种组分,事先已被混合均匀,而与拌制水泥乳化沥青砂浆有关的液料事先加入乳化沥青中,现场施工时只需将一定量的干料、乳化沥青和水拌和即可。在现场施工时,水泥乳化沥青砂浆流动度极易受到原材料波动和温度波动两种因素的影响。

砂浆的主要原材料为干料和乳化沥青,在固定砂和水泥的情况下,干料质量波动较小;乳化沥青由于储存稳定性较差,其在工厂储罐—运输槽车—工地储罐—吨桶运输车—砂浆车储罐之间的转运与储存,如图1-2-2所示,易受污染,且固含量等易发生变化。固含量变化将导致同配比的水泥乳化沥青砂浆流动度发生变化,同时也使砂浆性能发生变化。为水泥乳化沥青砂浆流动度合格,施工现场应调整配比,当固含量变化较小时,只需调整用水量,而当固含量变化较大时,还需调整乳化沥青与干料比值,这些均给现场的流动度控制带来困难。

(a)现场储罐　　　　　　　　(b)吨桶　　　　　　　　(c)砂浆车储罐

图1-2-2　施工现场乳化沥青的储存与运输

此外,温度也对水泥乳化沥青砂浆的流动度带来严重影响,温度升高一方面将加速干料中水泥的早期水化,并使乳化沥青絮凝、破乳速度加快,而增大浆体流动度;另一方面,温度升高使乳化沥青、水的黏度降低,而减小浆体的流动度。因此,温度对水泥乳化沥青砂浆流动度的影响是双向的，关键在于两者谁占优，而这跟体系的组成与性能有关。

在本节中，基于乳化沥青固含量波动，在不同 A/D 下，研究液相体积分数、温度对其流动度的影响，并研究影响水泥乳化沥青砂浆流动度的主要因素及规律。

1.2.1 流动度与浆体固相体积分数的关系

当乳化沥青/干料质量比（A/D）分别为 0.41 和 0.5，在掺有 0.05％（占体系中总的水的质量）增稠剂（纤维素醚类）和不掺的情况下，砂浆流动度（J 型漏斗流动时间）随浆体固相体积分数的变化结果，如图 1-2-3 所示。

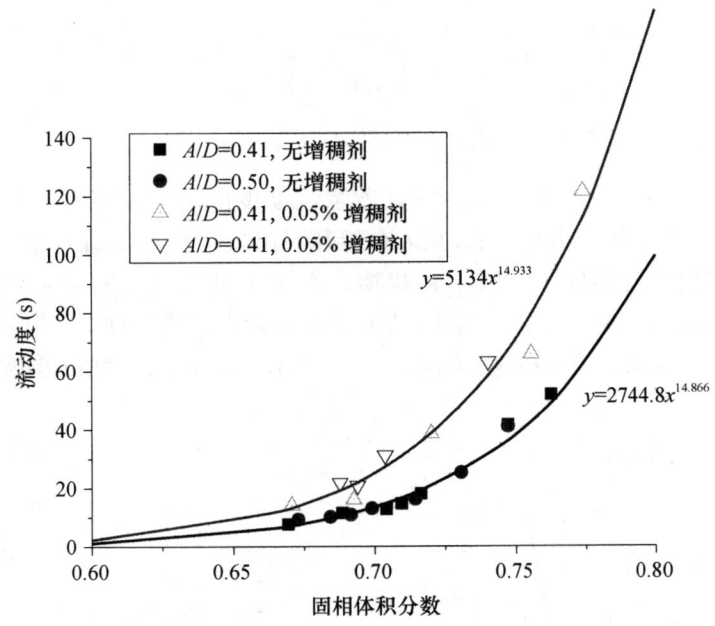

图 1-2-3　新拌水泥乳化沥青砂浆流动度随固相体积分数的变化

图 1-2-3 表明，水泥乳化沥青砂浆的流动度与其固相体积分数呈指数关系；固相体积分数越高，流动度越大。这可能因为固相体积分数越高，颗粒间距越小，颗粒间的范德华力、摩擦阻力等越大，浆体也就越难流动，从而使浆体的 J 型漏斗流动时间也越大。增稠剂的加入，增大了液相的黏度，而增大了同固相体积分数下砂浆的流动时间，但两者仍呈指数关系。从图 1-2-3 中还可以看出，固相体积分数与液相黏度是影响水泥乳化沥青砂浆流动度的主要因素，在增稠剂掺量相同的情况下，流动度与固相体积分数一一对应。

1.2.2 砂浆流动度随温度和时间的变化

温度对水泥乳化沥青砂浆的流动度主要有两方面的作用，一方面它使水泥初始水化加快，而使水泥水化产生的絮凝结构增强，进而使砂浆表观黏度增大；另一方面，温度升高将使乳化沥青、水的黏度减小，一般来说水的黏度随温度升高变化不大，乳化沥青恩格拉黏度随温度的变化如图 1-2-4 所示。

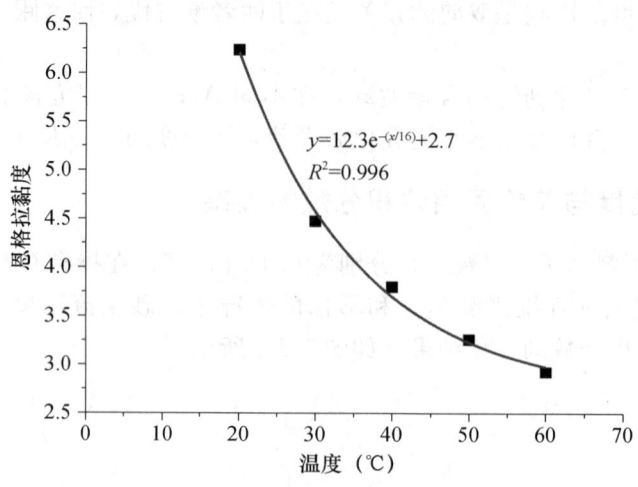

图 1-2-4 乳化沥青恩格拉黏度随温度的变化

为验证不同温度条件下水泥乳化沥青砂浆流动度随时间的变化,进行了相应的试验,结果如图 1-2-5 所示。其中 55℃浆体在拌和时出现了快速絮凝现象,即在搅拌的过程中,浆体迅速失去流动性,变成了絮状物;而 45℃浆体也在拌和后约 15min 后出现了稠化并失去流动性。20℃、35℃浆体的流动度随时间缓慢增加,其中 20℃浆体的流动度在 1h 后,仍然保持在 26s 的范围,35℃浆体 30min 内,可将浆体流动度保持在 18～26s。

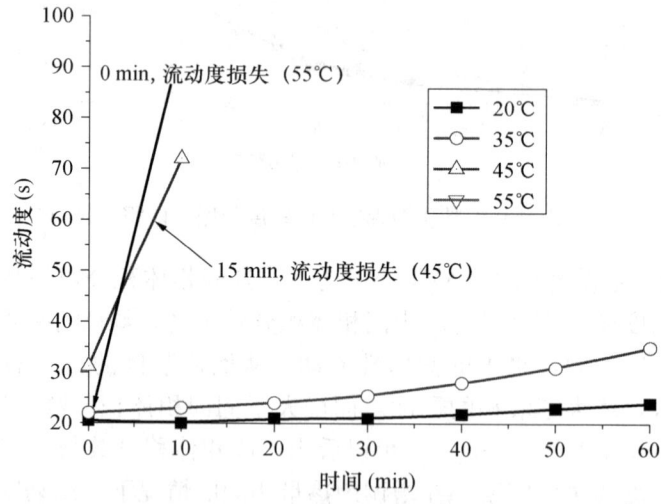

图 1-2-5 不同温度下新拌水泥乳化沥青砂浆流动度随时间的变化

1.2.3 砂浆流动度随表观黏度的变化

新拌水泥乳化沥青砂浆流动度随表观黏度变化如图 1-2-6 所示,表观黏度在不同速度下测得。图 1-2-6 表明,在相同剪切速率下,水泥乳化沥青砂浆流动度与其表观黏度密切相关,一一对应,两者呈指数关系,且 A/D 比为 0.41 和 0.5 的样品的黏度-流动度曲线基本重合，即在 A/D 比为 0.41~0.5 的波动范围内，黏度与流动度基本呈单一的指数关系。

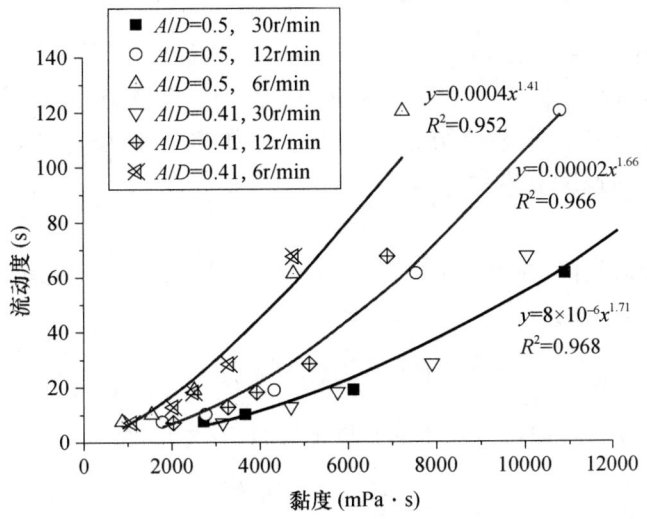

图 1-2-6 新拌水泥乳化沥青砂浆流动度与表观黏度的关系

1.2.4 水泥乳化沥青砂浆流动度的现场调节

根据"暂行技术条件"的要求，新拌水泥乳化沥青砂浆流动度为 18~26s，且需保持 30 min 以上。实际施工中，由于原材料的波动，尤其是乳化沥青固含量的变化，流动度较难控制。但根据本书研究结果，只要增稠剂掺量固定，新拌水泥乳化沥青砂浆的流动度与固相体积分数存在一一对应关系，且在一定范围内该对应关系不随乳化沥青/干料比（A/D）变化。因此在施工现场，可以以固相体积分数为参数，进行新拌水泥乳化沥青砂浆流动度的调节。

依照图 1-2-3 拟合得到的流动度与固相体积分数的关系式，在固定每 1m^3 砂浆干料、乳化沥青掺量的情况下，计算用水量。如在不掺增稠剂、乳化沥青固含量为 60%、用水量为 60kg/m^3、温度不变的情况下，乳化沥青固含量每增大或减小 1%，每 1m^3 砂浆中水的掺量应增加或减小 5.2kg。

1.3 水泥乳化沥青砂浆分离度

分离度是影响充填层施工质量相当重要的因素，水泥乳化沥青砂浆分离度过大，将导致砂浆离析、分层。其中上层为富含乳化沥青和水的浆体，强度、弹性模量较低，干缩较大，温度敏感性较强；同时表面会存在气泡层，成为砂浆性能的薄弱区。而下层富含砂和水泥，强度、弹性模量较高，脆性较大，孔隙率高、吸水性强，对温度不敏感。分离度将严重影响砂浆的力学性能与耐久性，进而对列车运行的安全性和稳定性造成影响。

由于水泥乳化沥青砂浆采用灌注施工方法，要求砂浆有较大流动能力，如何在砂浆有较大流动能力下使砂、气泡等稳定是水泥乳化沥青砂浆的技术难点之一。砂沉降与气泡上浮是导致分离度的主要原因,而新拌砂浆悬浮体系的流变特性对其有重要影响。

1.3.1 悬浮体系中的颗粒沉降

1. 颗粒沉降的 Stokes 定律[13]

颗粒在黏性流体中沉降时,其受力为重力、浮力以及颗粒与液体间因相对运动导致阻滞力的合力。在低速、稳态的情况下,摩擦阻力 F_D 与颗粒直径 d_s、流体的黏度 η、颗粒与液体间的相对速度 u 有关,即

$$F_D = 3\pi\eta d_s u \tag{1-3-1}$$

式中,颗粒稳态沉降时的阻力 F_D 与颗粒粒径以及沉降速度 u 有关;颗粒沉降时的驱动力为其重力和浮力的合力 F:

$$F = \frac{\pi}{6} d_s^3 (\rho_s - \rho_p) g \tag{1-3-2}$$

式中,ρ_s 和 ρ_p 分别为颗粒与浆体的密度。综合 $F_D = F$ 得:

$$u = \frac{d_s^2 (\rho_s - \rho_p) g}{18\eta} \tag{1-3-3}$$

即颗粒的沉降速度 u 与其粒径 d_s 的平方以及颗粒与浆液的密度差呈正比,与浆液的黏度 η 呈反比。

以上为稳态、低雷诺数、固体浓度极低、不考虑颗粒间作用下的情况。实际上,在颗粒浓度较高的悬浮液体系中,颗粒间会发生摩擦、碰撞,而使沉降速度降低,且大颗粒还会带着小颗粒以相同速率"集合沉降",此时沉降速率需乘以与固相体积分数 C_V 有关的系数,另外在高雷诺数的情况下,液体将在颗粒周围形成紊流,导致形状阻力,使沉降变得更加复杂[14]。

而对于液滴和气泡等非刚性体,其运动时还会在液滴及气泡内部产生环流,其实际沉降速度 u_1 为:

$$u_1 = u \frac{1 + \dfrac{\mu_1}{\mu}}{\dfrac{2}{3} + \dfrac{\mu_1}{\mu}} \tag{1-3-4}$$

式中,μ 和 μ_1 分别为连续相和分散相的黏度。

在水泥乳化沥青砂浆体系中,砂等沉降较为缓慢,因此属于低雷诺数下的稳态沉降,但由于悬浮体系中固相体积分数较高,且砂、水泥颗粒、沥青颗粒粒径不同,并存在电荷作用力等,因此不属于典型意义的 Stokes 沉降。

2. 球体在宾汉姆体中的沉降[15]

水泥乳化沥青砂浆在与砂沉降有关的剪切速率范围内为典型的宾汉姆体。球形颗粒在宾汉姆体沉降中,除受到浆体的阻力外,还受到由屈服剪切力 τ_B 引起的附加阻力 F_B,如图 1-3-1 所示。

与水平线相交 θ 角处的微分面积为:$dA = 2\pi r^2 \cos\theta d\theta$,微分面积 dA 的剪切阻力在垂直方向的分力为:$dF_B = \tau_B \cos\theta dA$,所以有 $dF_B = 2\pi r^2 \cos^2\theta \tau_B d\theta$,剪切阻力在垂直方向的合力为:

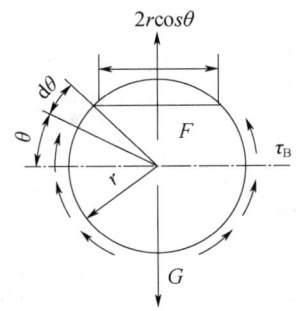

图 1-3-1　球形颗粒表面受力[15]

$$F_B = 4\pi r^2 \tau_B \int_0^{\frac{\pi}{2}} \cos^2\theta d\theta = \frac{\pi^2}{4} d^2 \tau_B \tag{1-3-5}$$

颗粒所受重力为：$G=\pi d^3 \rho g/6$；所受浮力为：$F=\pi d^3 \rho_l g/6$。其中浆体密度 ρ_l 的选择一般根据颗粒所处环境情况，如对于水泥浆体中的砂来说，ρ_l 应为水泥浆体的密度；而对于水泥浆体中的水泥颗粒来说，ρ_l 应为水的密度。

因此颗粒在宾汉姆体的沉降存在某不沉粒径 d_0，若颗粒直径小于该粒径，颗粒沉降不太可能发生，不沉粒径 d_0 的计算公式为：

$$G = F_B + F \Rightarrow \frac{\pi d_0^3 \rho g}{6} = \frac{\pi^2}{4} d_0^2 \tau_B + \frac{\pi d_0^3 \rho_l g}{6} \Rightarrow d_0 = \frac{3}{2}\frac{\pi \tau_B}{\Delta \rho g} \tag{1-3-6}$$

其中 $\Delta \rho = \rho - \rho_l$，由式（1-3-6）可知，要提高水泥乳化沥青砂浆的稳定性，防止砂、气泡等沉降或上浮，需提高浆体的屈服剪切力，此外由式（1-3-3）可知，还需提高浆体的黏度。

1.3.2　水泥乳化沥青砂浆的分离度

1. 砂及气泡临界粒径

由上可知，悬浮浆体中，颗粒和气泡的沉降或上浮发生与否与浆体的屈服剪切力密切相关，而当沉降或上浮发生后，颗粒沉降或上浮速率取决浆体与气泡的黏度、体积分数、颗粒和气泡直径与粒度分布、颗粒和气泡与浆体的密度等。

与新拌砂浆中与砂沉降等有关的剪切速率为 $1\sim 5s^{-1}$，浆体的流变模型采用宾汉姆模型较为合适，因此对表 1-1-1 中配比为 1#、2#、3# 浆体的剪切应力-剪切速率"上行"曲线在 $1\sim 5s^{-1}$ 区域进行宾汉姆模型的线性拟合，结果如图 1-3-2 所示。

通过图 1-3-2 中拟合得到的浆体宾汉姆流变模型公式，计算 1#、2#、3# 浆体的屈服剪切力分别为 4.22Pa、1.89Pa、0.95Pa，将屈服剪切力分别代入式（1-3-2），并将砂和新拌砂浆的密度分别以 2.6g/cm³ 和 1.6g/cm³ 代入，计算 1#、2#、3# 浆体中对应的砂/气泡不沉/浮直径。计算得到的 1#、2#、3# 浆体砂的不沉直径分别为 1.71mm、0.78mm、0.39mm，得到的气泡不浮直径分别为 1.43mm、0.64mm、0.32mm。

将 1#、2#、3# 砂浆灌入 ϕ20cm×40cm 的 PVC 管中，待凝结后，从管的上部和下部各取出砂浆 500g，将两份浆体用 0.075mm 筛过筛并用水反复冲洗，取出筛上物进行干燥、称重、筛分，得到上下部筛上物的质量见表 1-3-1，上下部筛余物筛分后各级质量差的百分比如图 1-3-3 所示。

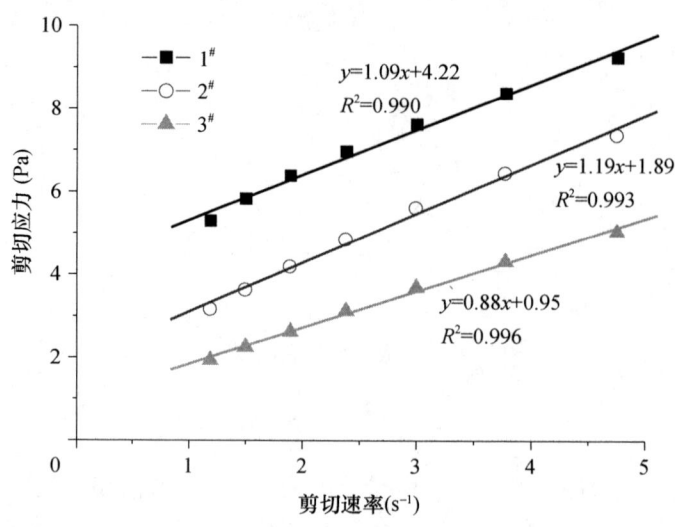

图 1-3-2 1~5s^{-1}剪切速率区间的宾汉姆流变模型拟合

表 1-3-1 管中上下部分浆体 0.075mm 筛余

编号	上部筛余物（g）	下部筛余物（g）	上下部筛余物质量差（g）
1#	220.1	212.5	7.6
2#	235.6	204.3	31.3
3#	275.4	134.6	140.8

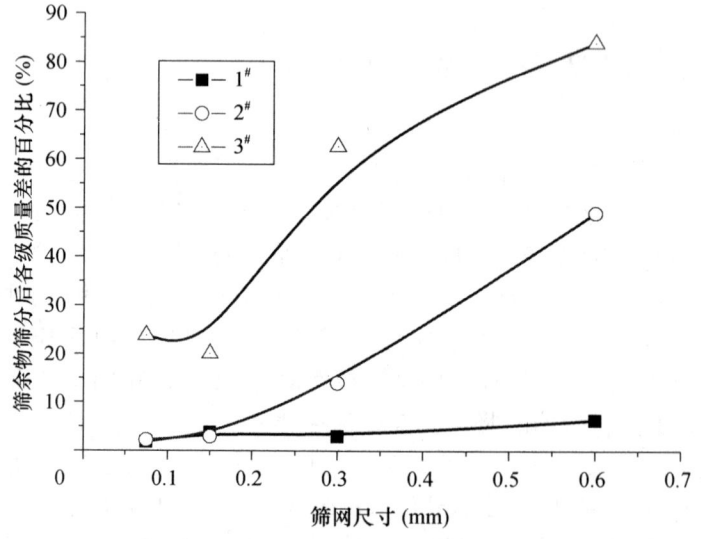

图 1-3-3 管上下部分筛余物筛分后各级质量差的百分比

由图 1-3-3 可看出，对于 1#浆体，0.6mm 及其以下级别粒径的砂，上下部浆体中的含量相同，这说明砂粒在 1#浆体中保持基本稳定，与计算得到的不大于 1.75mm 一致；而对于 2#浆体，其粒径为 0.6~1.18mm 的砂在上下部浆体中的含量差别较为明显，而 0.6mm 以下差别不是很明显，这说明该粒径的砂发生了沉降，与计算得到的

0.78mm 较为接近；同样，对于 3# 浆体，0.3mm 以上粒径的砂的含量差别均较大，这说明其临界粒径与 0.3mm 接近，也与计算结果相符；另外 3# 浆体中 0.15mm 甚至 0.075mm 砂均有大幅度的减少，这可能与新拌砂浆悬浮体系中的整体沉降有关，即在悬浮体中，由于颗粒间的作用，使颗粒间的运动相互影响，使其有整体沉降行为[15]。

由于 1#、2#、3# 砂浆对应的流动度分别为 61.3s、23.0s、12.8s，规范要求流动度为 18~26s，因此干料中砂的粒径不宜超过 1.18mm，同时引入气泡的最大直径宜在 0.5mm 以下，考虑气泡可能发生合并等，因此气泡的最大直径宜控制在 0.3mm 以下。

2. 增稠剂对水泥乳化沥青砂浆分离度的影响

增稠剂可增大浆体的黏度，因此可减小同情况下砂和气泡沉降或上浮的速度。将水泥乳化沥青砂浆中加入 $100g/m^3$ 的纤维素醚类有机增稠剂，研究不同流动度下加增稠剂与不加增稠剂砂浆的分离度，结果如图 1-3-4 所示。

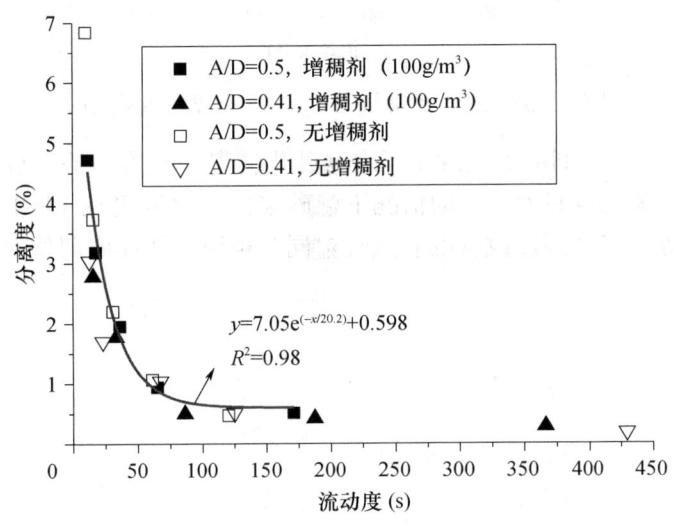

图 1-3-4　砂浆分离度随流动度的变化

图 1-3-4 表明，尽管之前的结果表明加入增稠剂会使砂浆的流动度明显增加，但加入增稠剂后浆体分离度随流动度的关系并没有明显的改变，即分离度与流动度仍呈单一的关系，这表明本书的增稠剂似乎只增大同流动度下的用水量，这可能与水泥乳化沥青砂浆流动性较大有关。由式（1-3-6）可知，球形颗粒在宾汉姆体中的不沉粒径 d_0 与其屈服剪切力 τ_B 呈正比，而由式（1-3-3）可知，球形颗粒的沉降速率 u 与浆体的黏度 η 呈反比，在流动能力较强、沉降时间足够长的情况下，黏度并不是影响颗粒沉降的最关键因素，颗粒沉降更多与浆体的屈服剪切力有关，而本书的增稠剂对浆体黏度的影响大于对屈服剪切力的影响，因此其对砂浆分离度的改善不大。

3. 触变剂对水泥乳化沥青砂浆分离度的影响

与增稠剂相反，触变剂可增大砂浆的触变性，进而提高砂浆的屈服剪切力，同时对浆体的黏度影响有限，对流动度影响也较小。将水泥乳化沥青砂浆中加入 $100g/m^3$ 的聚氨酯类强假塑性触变剂，研究不同流动度下加触变剂与不加触变剂时，砂浆分离度与流动度的关系，如图 1-3-5 所示。

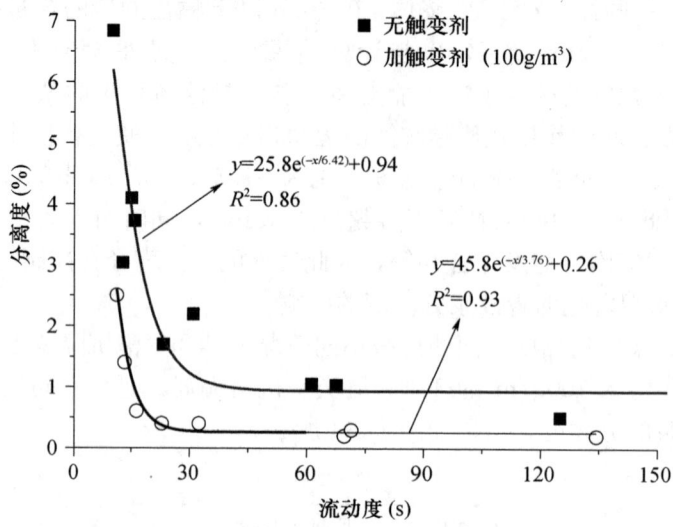

图 1-3-5　加触变剂与不加触变剂砂浆分离度随流动度的变化

图 1-3-5 表明，触变剂的加入改变了水泥乳化沥青分离度与流动度的关系，使曲线往左下方移动，在流动度只有 15s 的情况下，砂浆的分离度仍在 1% 以下，说明了触变剂对水泥乳化沥青砂浆分离度改善的有效性，同时也说明从屈服剪切力角度对砂浆分离度的改善是合适的。

第 2 章 水泥乳化沥青砂浆凝结与硬化特性

【内容提要】

凝结-硬化是水泥乳化沥青砂浆不断水化的过程，基体性能发生一系列变化的驱动力，其早期水化甚至还会对浆体的流变特性以及强度发展产生重要影响。水化所导致的浆体pH值、流动度等变化将对充填层强度、灌注饱满度、匀质性、密实性、耐久性产生重要影响，因此研究水泥-乳化沥青胶凝体系的凝结与硬化特性有重要的意义。

本章首先探讨了水泥乳化沥青砂浆水化放热特性，提出水泥乳化沥青砂浆水化过程仍然可分为溶解期、诱导期、加速期和减速期四个阶段。分析了水泥乳化沥青砂浆水化物相，讨论了温度对水泥乳化沥青砂浆膨胀和硬化的影响规律。

2.1 水泥乳化沥青砂浆水化放热特性

2.1.1 普通硅酸盐水泥水化概述

1. 硅酸盐水泥水化

硅酸盐水泥的水化是熟料组分、硫酸钙（石膏）和水发生交错的化学反应，反应的结果导致水泥浆体不断地稠化和硬化以及浆体孔隙率降低，最后形成一种复杂的弹性和脆性物质[16]。

关于硅酸盐水泥的水化过程，当用水泥水化时的放热速率随时间的变化曲线来表示时，很类似于C_3S的水化放热曲线，如图2-1-1所示，表2-1-1为水化反应各阶段的物理意义，水泥的水化过程可简要地概括为四个阶段。

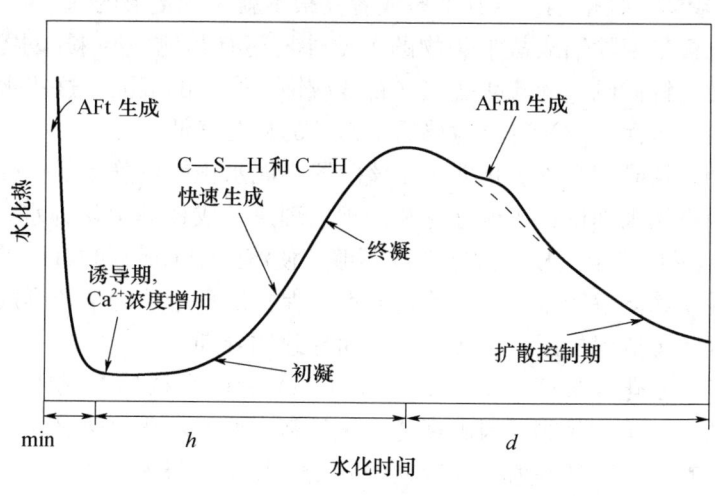

图 2-1-1 水泥水化放热随时间的变化

表 2-1-1 硅酸盐水泥水化反应各阶段的物理意义

阶段	化学反应	物理变化	力学性能变化
第1min（溶解期）	碱性硫酸盐和铝酸盐的早期快速溶解；C_3S 的早期水化；AFt 的形成	高速放热	液相组成变化可以影响以后的凝结
第1h（诱导期）	硅酸盐浓度降低而 Ca^{2+} 离子浓度增加；C-H 和 C-S-H 核开始形成；Ca^{2+} 浓度达到过饱和状态	早期水化物的形成；放热速率降低；黏度继续增加	AFt 和 AFm 的形成可以影响凝结和工作性；硅酸钙的水化决定了诱导期末的初凝
3~12h（加速期）	C_3S 的快速化学反应；C-S-H 和 C-H 的形成；Ca^{2+} 离子的过饱和度降低	水化产物快速形成；浆体变硬；孔隙率降低；高速放热	由塑性稠度变为刚性稠度（初凝和终凝）；早期强度的发展
后期减速阶段	C-S-H 和 C-H 的扩散-控制形式；钙矾石重新结晶成单硫酸盐；可能有一些硅酸盐的聚合作用；C_3S 水化变得充分	放热量减小；孔隙率继续减小；颗粒之间和浆体之间发生黏结	强度发展速率降低；蠕变降低；孔隙率和水化系统的形态决定它的强度、体积稳定性和耐久性

(1) 溶解-沉淀期：又称预诱导期/诱导前期，水泥一旦与水接触，水泥中的某些易溶组分（碱、硫酸盐、铝酸盐）迅速溶解于水中，离子浓度迅速增大，液相中的铝酸钙、硫酸盐和碱的浓度迅速增大，溶解期持续时间约 60min，该阶段溶解于水中的离子主要有 Ca^{2+}、OH^-、Na^+、K^+、SO_4^{2-} 和 $Al(OH)_4^-$。

紧接溶解反应的是铝酸盐水化物的快速沉淀：

$$6Ca^{2+} + 2Al(OH)_4^- + 3SO_4^{2-} + 4OH^- \longrightarrow C_6AS_3H_{32}(AFt) \qquad (2\text{-}1\text{-}1)$$

$$4Ca^{2+} + 2Al(OH)_4^- + 2X^- + 4OH^- \longrightarrow C_4AX_2H_n \qquad (2\text{-}1\text{-}2)$$

事实上，式（2-1-2）AFt 中的硫会被硅和氢氧根所取代，在硫酸钙缺乏的情况下，A-H（铝凝胶）和单硫型硫铝酸钙（或其固溶体）都有可能形成，在更早时，形成的 AFt 相 XRD 峰较弱，且很难辨认其形态或者其根本就是无定形的。

在水泥水化极早期除铝酸盐水化物的沉淀外，还有其他一些来自水泥（含"亚稳"的半水石膏和无水钾镁矾）的硫酸盐相（石膏或钾石膏）的沉淀。这些水化物差不多和铝酸盐同时沉淀，进而导致混凝土搅拌后工作性的显著降低。

(2) 诱导期：诱导期又称静止期，在该阶段水泥水化就像静止了一样。目前对于水泥的诱导期成因有两大理论：成核理论和保护层理论。成核理论认为水化硅酸钙（C-S-H）或 $Ca(OH)_2$ 形成稳定晶核的过饱和度不够，使溶液中 Ca^{2+} 和 OH^- 的离子浓度保持较高水平，水泥矿物溶解困难，而导致诱导期。保护层理论认为早期形成的水化物包裹在水泥颗粒表面，形成保护层，延缓水化，而导致诱导期。

(3) 加速期：水化硅酸钙（C-S-H）、$Ca(OH)_2$ 稳定晶核的形成或水化物保护层因化学反应、渗透压、重结晶等原因破裂使水化重新开始，水化放热迅速增加，大量水化物生成，水化放热曲线出现峰值，加速期的开始一般认为与水泥的初凝对应。

(4) 减速期：减速期又称扩散反应期，指加速期以后的阶段，此时随着水化的进行，孔隙率继续降低，水化放热速率也降低，随着颗粒表面水化产物层的不断变厚，水化反应进入水、离子等扩散控制的减速阶段，故称为减速期。

2. 聚合物乳液对水泥水化的影响

聚合物乳液由聚合物颗粒和乳化剂（一般为表面活性剂）组成，其中不溶于水的聚合物颗粒以乳化剂（或共聚物）为媒介通过特殊工艺（或反应）分散在乳化剂（或共聚物）溶液中，这个过程即乳化[17]。乳化剂一般具有两亲等特性，有较高的 HLB 值（Hydrophile-Lipophile Balance Number，亲水疏水平衡值），因为乳化的需要，乳化剂在水中的浓度一般远超过其 CMC（Critical Mollle Concentration）值[18]。

Ohama 认为用于水泥基材料的聚合物乳液在水泥水化环境下应有较高的化学稳定性，且对水泥水化应无较大影响。聚合物颗粒本身一般极性不强，但由于表面吸附了大量乳化剂，常表现出极性。一些研究表明部分聚合物乳液会在水泥水化环境下发生反应，生成新的水化产物[19-21]；此外有研究表明，聚合物乳液会干扰水化物的成核、生长和形态；但对水化产物进行 XRD 测试后，也有研究表明加入聚合物乳液后，没有新的水化产物形成[22,23]。

聚合物一般会延长水泥水化诱导期，这可认为是聚合物颗粒在水泥颗粒表面的吸附与成膜阻止水泥水化等的物理作用以及与 Ca^{2+} 等作用形成螯合物等的化学作用共同作用的结果[24-30]，但目前很少加以区分，这很大部分原因在于聚合物颗粒太小（0.1μm 级），以至于易被当成"溶液"。但将聚合物乳液和外加剂（以减水剂为主）对水泥水化的影响进行对比后，就会发现，除去聚合颗粒成膜等的物理作用，大多聚合物乳液对水泥水化的影响与减水剂高度一致，而且聚合物还有一定的减水作用[30-34]。

与减水剂一样，聚合物乳液（掺量小于 5%）一般在水化早期缓凝，而在后期加速水化，其早期缓凝的主要原因是其对水泥颗粒表面活性反应点的吸附、与 Ca^{2+} 形成螯合物、影响水化物成核与生长等，这些都与减水剂的作用机理类似，当然不包括聚合物成膜阻碍离子、水等溶出与扩散这些物理作用。此外聚合物颗粒有选择性地吸附在与其带相反电荷的水泥颗粒表面，且对水泥浆体的 Zeta 电位有较大影响，这些都是典型的减水剂行为。

与减水剂一样，聚合物乳液中的部分物质（乳化剂或亲水基团）会掺杂在水泥水化产物中，形成有机-无机复合物，造成水化产物的 XRD、IR、NMR、DSC 等行为偏移，但基本上不会出现新的物质。且相比于其他矿物及其水化产物，聚合物乳液与水泥中的 C_3A 或 C_3A 的水化产物如铝酸盐、钙矾石（AFt）和单硫型硫铝酸盐（AFm）作用更为强烈，而这也是典型的减水剂行为。

因此，聚合物乳液对水泥水化的影响是物理作用与化学作用综合的结果，其物理作用与聚合物颗粒有关，而其化学作用与乳化剂或其亲水基团有关，且其化学作用与减水剂对水泥的作用较为类似。

3. 乳化沥青对水泥水化的影响

乳化沥青中对水泥水化有影响的组分可简单分为三大类，即沥青颗粒、乳化剂、无机物（$HCl/CaCl_2$）等，其中的沥青颗粒除表面吸附的乳化剂外，基本是水化惰性的，但当其被水泥颗粒吸附并成膜后，包裹在水泥颗粒表面，会阻止水化进一步进行，且在溶液中的部分会干扰水化物的成核与生长；水泥乳化沥青砂浆采用阳离子乳化沥青，因此与集料间的作用较为明显；乳化沥青中的无机物以 HCl 为主，其与水泥早期水化形成的 $Ca(OH)_2$ 反应，生成 $CaCl_2$，有促凝的作用。文献[25,35-37]研究表明，乳化沥青加入水泥后没有新的水化产物生成，沥青与水泥之间早期没有化学反应，水泥水化产物中没有新的矿物相生成，但发现乳化沥青的加入，均对水泥水化过程有不同程度的缓凝作用，乳化沥青的加入量越大，缓凝作用越明显，阴离子乳化沥青的缓凝作用明显强于阳离子乳化沥青，且水泥颗粒对乳化沥青有较明显的吸附[25]。

2.1.2 水泥-乳化沥青胶凝体系的水化放热

乳化改性沥青是改性沥青经高温下熔融，并通过胶体磨剪切至一定大小，同时通过乳化剂乳化后得到的产物，其粒径比一般聚合物乳液要大一个数量级，为 μm 级，改性沥青本身为憎水性物质，而乳化剂一般为离子型表面活性剂，如本书所用的阳离子型乳化剂。

图 2-1-2 为水泥-乳化沥青胶凝体系水化放热速率曲线，试验时保持浆体中的水灰比（水/水泥）为 0.716，各试样的配比见表 2-1-2。

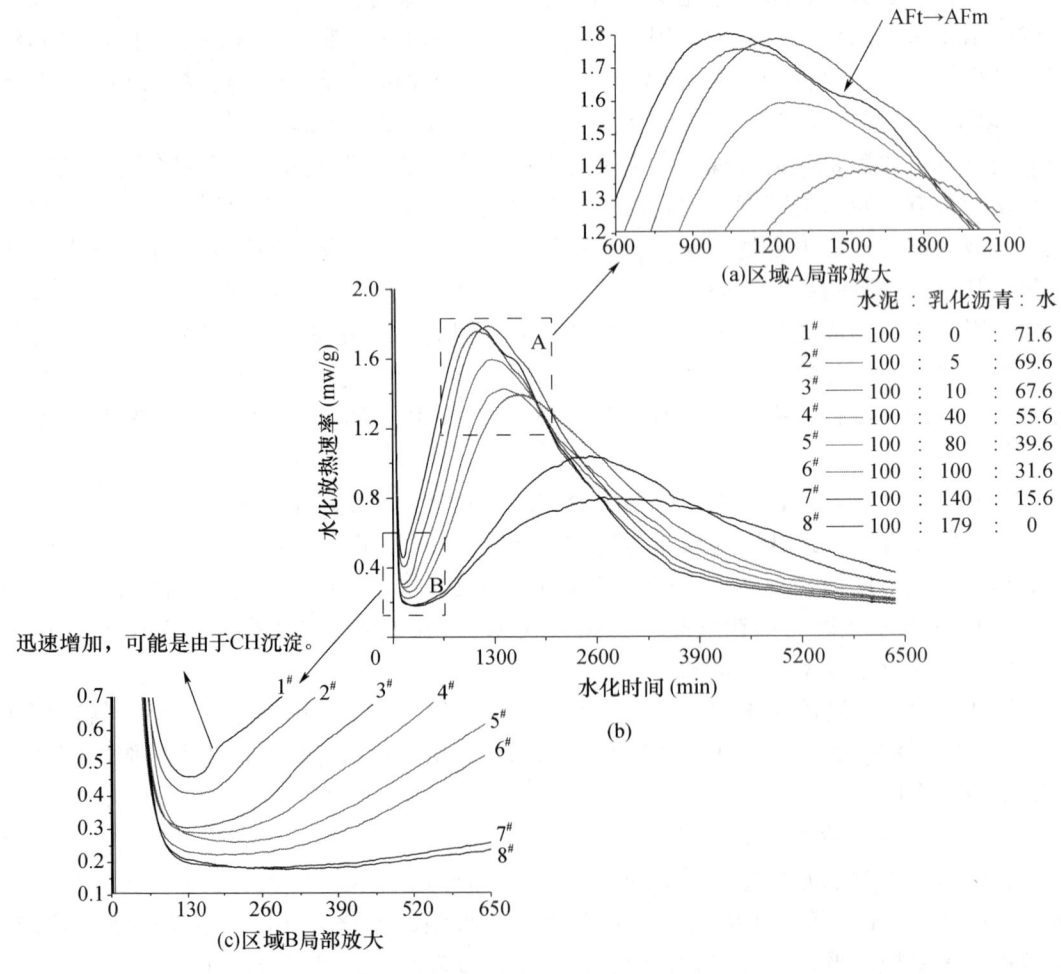

图 2-1-2　水泥-乳化沥青复合胶凝体系水化放热速率

第2章 水泥乳化沥青砂浆凝结与硬化特性

表 2-1-2 水泥-乳化沥青复合胶凝体系的配比

材料 \ 编号	1#	2#	3#	4#	5#	6#	7#	8#
水泥	100	100	100	100	100	100	100	100
乳化沥青	0	5	10	40	80	100	140	179
水	71.6	69.6	67.6	55.6	39.6	31.6	15.6	0

从图 2-1-2 中的 1# 曲线可以看出，水泥与水混合后，很快便出现放热峰，这与水泥水化早期的矿物溶解以及生成的早期水化产物如 AFt 等有关；随后水化放热速率逐渐减小，曲线在出现峰值后下降，反应进入诱导期；水化放热速率在 1000min 左右达到峰值后减缓，曲线下降，水化进入减速期。掺沥青乳液浆体和纯水泥浆体的早期水化放热特性相似，都在水化 0～10min 出现峰值为 50mW 左右的放热峰，同时也都存在溶解期、诱导期、加速期、减速期等几个典型的水化阶段，但也有些不同。

首先是乳化沥青对水泥水化的延缓作用。从图 2-1-2（a）可以看出，加入乳化沥青后，在同样的水灰比下，水化放热速率曲线第二个峰出现的时间由 1# 曲线的 1050min 左右，延长至 9# 曲线的 3000min 左右，同时放热速率峰值由 1# 曲线的 1.8mW/g 左右降低至 0.8mW/g 左右。乳化沥青对水泥水化的延缓可能与水泥颗粒对沥青颗粒和乳化剂的吸附以及乳化剂对水化物成核的干扰有关。

清华大学阎培渝教授等通过环境扫描电镜（ESEM）和光学显微镜观察了水泥-乳化沥青胶凝体系结构的发展，发现沥青颗粒由于静电作用吸附在水泥颗粒表面，随着水泥水化的进行，沥青颗粒破乳形成连续沥青薄膜，包裹黏结水泥及水化产物，最终形成沥青膜与水化产物互穿的有机-无机复合结构。沥青颗粒在水泥颗粒表面吸附与成膜将形成水的屏蔽层，阻止离子的溶出，而延缓水泥的水化。此外，乳化沥青中的阳离子乳化剂可能与溶液中的离子作用，干扰水化物成核的干扰等而延缓水泥的水化。

另外在 1400min 左右时，从编号为 1# 的纯水泥水化放热速率曲线上可较明显地看到因 AFt 转化为 AFm 放热而导致的凸起，如图 2-1-2（b）所示。但在 2#、3# 曲线上，该凸起开始变得不明显，而在 4#、5#、6#、7#、8#、9# 曲线上，该凸起基本消失了，这表明乳化沥青对水泥在该阶段的水化造成了影响。

此外，当水化时间为 200min 左右，在图 2-1-2（c）的 1# 曲线上，可看到水化放热速率降至最低并保持一段时间后，放热速率急剧增大，曲线急剧上升，并在急剧上升一段时间后，上升速率变缓，该峰值与 C_3S 的比表面积有关，且比表面积越大，峰值越高，并认为这可能与水化物的成核有关[37]。作者在试验中也观测到了相应的电阻率突然增大[38]。但在图 2-1-2（c）的 2#、3# 曲线上，该急剧上升的时间滞后，并变得不明显，且在 4#、5#、6#、7#、8#、9# 曲线上，该急剧上升段也消失了。

这可能与沥青颗粒在水泥颗粒表面活性点的吸附有关。Makar 等[39]用低温场发射扫描电镜（Cold Field Emission SEM）对该阶段的 C_3S 矿物表面进行了观察，发现在该阶段 C_3S 矿物表面出现了水化物，并迅速生长，进行 DSC 分析后发现其中的 $Ca(OH)_2$ 迅速增加，并认为这与水化物的表面成核作用有关，且认为该过程一般依靠表面活性点完成。当水泥颗粒表面吸附大量沥青颗粒后（其表面活性点更容易被吸附），依靠表面活性点的成核作用将受到抑制,从而导致放热速率增加变缓,并导致放热速率急剧上升段在4#、5#、6#、7#、8#、9#曲线上的消失。

2.2 水泥乳化沥青砂浆水化物相特性

将表2-1-2配比的水化龄期为540d的样品用酒精终止水化,研磨,并在40℃的环境下干燥24h,将获得的样品进行X射线衍射(XRD)测试结果,如图2-2-1所示。

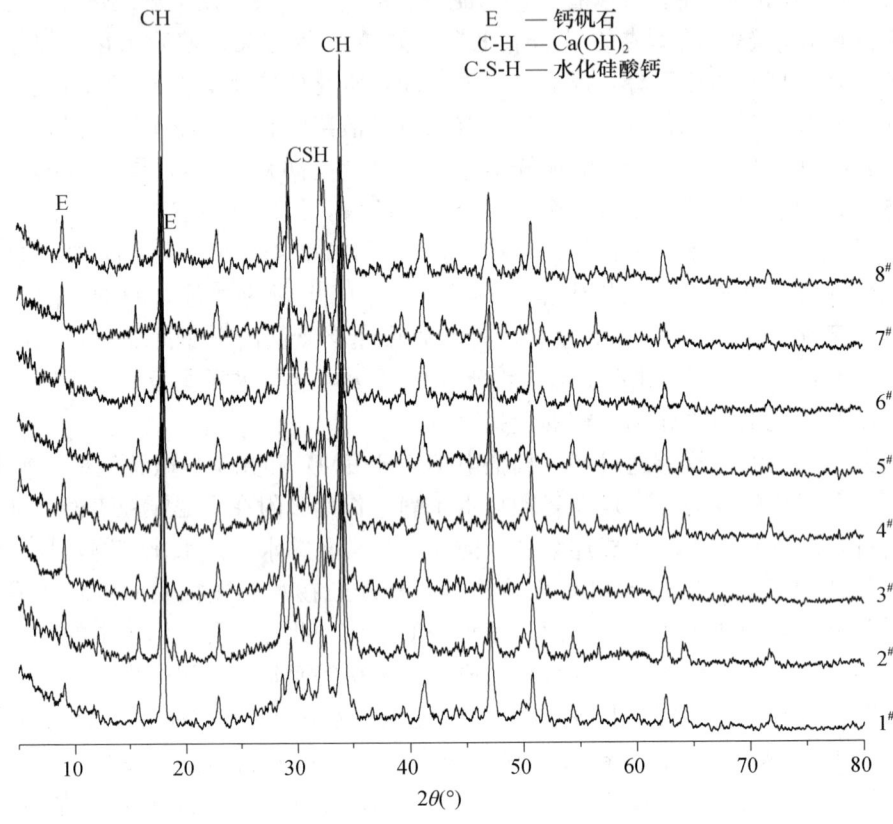

图2-2-1 水泥-乳化沥青复合胶凝体系水化样XRD分析(540d)

在图2-2-1中,可看到和1#样品纯水泥的XRD测试结果相比,其他样中并没有新增衍射峰,这一定程度上表明乳化沥青的加入并没有使水泥生成新的可用XRD探明的水化产物,这与王金刚等[25]观测的结果一致。但将1#样品和其他样品相比,其钙矾石衍射峰要显著弱于其他样,考虑其他样中水泥的含量本来就较少,因此得到的结果与图2-1-2(b)的结果呼应,即乳化沥青的加入抑制了钙矾石(AFt)向单硫型硫铝酸盐(AFm)的转化,从而使得图2-1-2(b)中1#样品的放热速率曲线在1400min凸起消失和AFt衍射峰的增强。钙矾石(AFt)向单硫型硫铝酸盐(AFm)的转化时发生的反应为:

$$C_6AS_3H_{32}(AFt)+2C_3A+4H_2O \longrightarrow 3C_4ASH_{12}(AFm) \tag{2-2-1}$$

可能因为乳化沥青破乳成膜后,将形成的水泥水化物如钙矾石等包裹,而使得各种离子、水扩散比较困难，从而使得式（2-2-1）的反应受到抑制，而使得 1# 样品放热速率曲线在 1400min 凸起消失和 AFt 衍射峰的增强。

在将以上样品进行红外光谱分析后，结果如图 2-2-2、图 2-2-3 所示。图 2-2-2（a）为波数为 600~800cm^{-1} 的吸收峰，从图 2-2-2（a）可以看出，随着乳化沥青掺量的增加，1# 曲线在 647.1cm^{-1} 的吸收峰开始变得不明显，在 6# 曲线上开始消失，而在 8# 曲线上，该峰分裂为 618.6cm^{-1} 和 668.3cm^{-1} 的两个峰，同时 1# 曲线上 730.0cm^{-1} 左右的吸收峰逐渐偏移至 8# 曲线的 719.9cm^{-1} 处。此外在图 2-2-2（b）中，在波数为 950~1050cm^{-1}，1# 曲线的吸收峰为 971.6cm^{-1}，而随着乳化沥青掺量的增加，该峰也分裂为 8# 曲线的 965.3cm^{-1} 和 989.4cm^{-1} 两个吸收峰。而在波数为 1400~1500cm^{-1}，1# 曲线存在 1428.1cm^{-1} 和 1475.0cm^{-1} 两个吸收峰，但在 8# 曲线上，1428.1cm^{-1} 吸收峰基本消失，而 1475.0cm^{-1} 峰也移至 1461.5cm^{-1}。

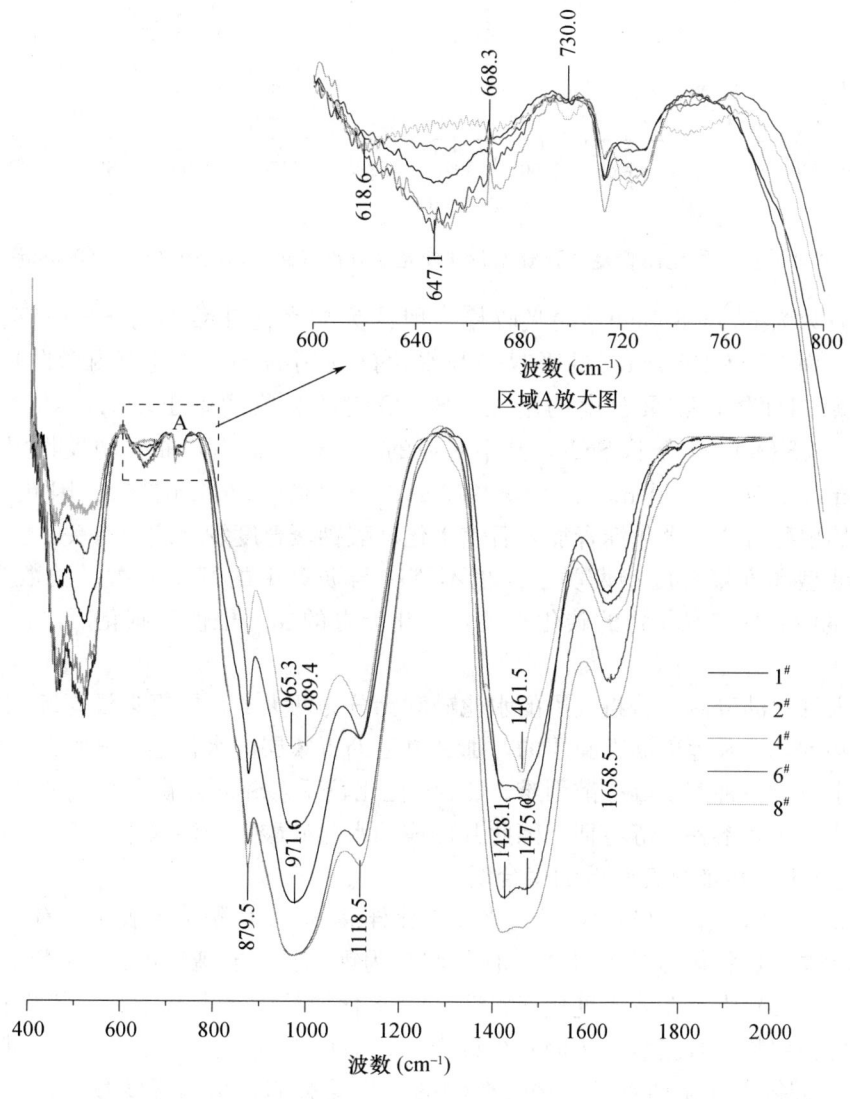

图 2-2-2　水泥-乳化沥青复合胶凝体系红外光谱分析（540d，波数 400~2000cm^{-1}）

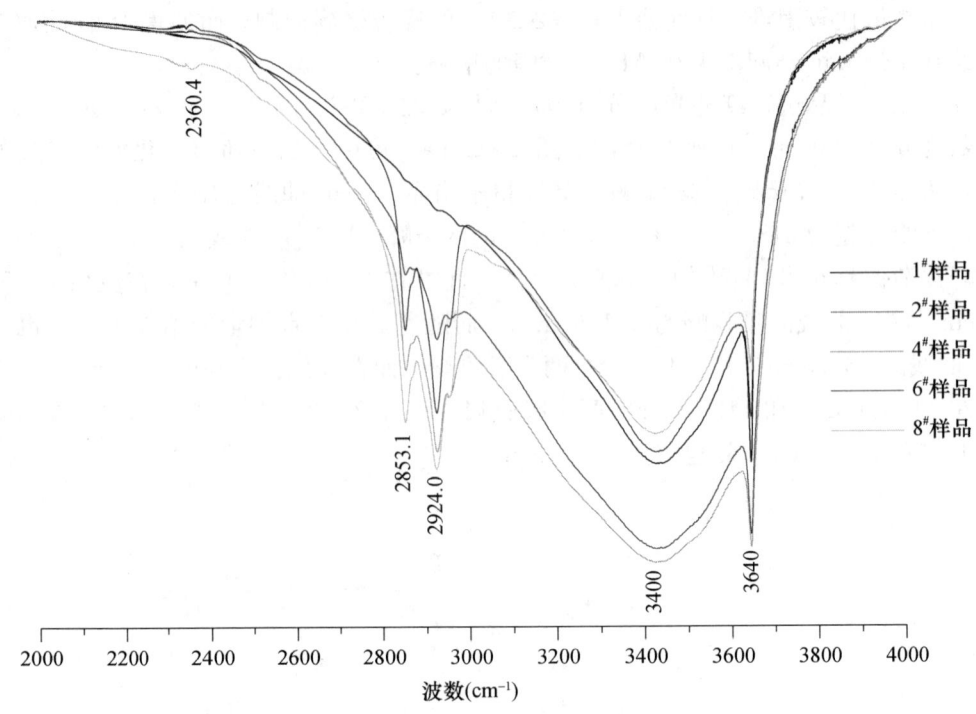

图 2-2-3　水泥-乳化沥青复合胶凝体系红外光谱分析（540d，波数 2000～4000cm^{-1}）

其中波数为 600～800cm^{-1} 的吸收峰一般认为与水化硅酸钙的 Si—O 键面外弯曲振动有关，而 950～1050cm^{-1} 的吸收峰与水化硅酸钙的 Si—O 键面内弯曲振动有关，且对于硅氧四面体，随聚合度的增加，Si—O 键的吸收频率也增大。如 $(SiO_4)^{4-}$、$(Si_2O_7)^{6-}$、$(SiO_3)^{2-}$、架状 SiO_2，其中对应的 Si—O 键面内弯曲振动吸收频率分别为 830～890cm^{-1}、900～930cm^{-1}、950～970cm^{-1}、1060～1200cm^{-1}[40]。因此，图 2-2-2 中吸收峰的偏移可能与乳化沥青加入后使水化硅酸钙聚合度发生改变有关，吸收峰分裂为低聚合度型和高聚合度型两类。但也不排除与沥青中的基团有关。波数为 1400～1700cm^{-1} 的吸收峰与水化物的碳化有关，乳化沥青的加入也使其碳化后的产物发生了改变。

在掺入乳化沥青后，若将其中的水化硅酸钙分为两大类，即靠近沥青膜层的或与沥青膜层接触的，以及远离沥青膜层的，那么靠近沥青膜层的水化硅酸钙形成环境具有有机掺杂、水以及各种离子等扩散困难、Ca/Si 比比较低（Si 氧化物和 Ca^{2+} 在沥青膜的影响下进一步不一致溶解）等特征，因此其形成的水化硅酸钙与溶液中所形成不一致，其 Ca/Si 比应较低，可能具有较低的聚合度。

在图 2-2-4（a）中，编号为 1# 纯水泥水化样品 SEM 观测结果表明可看到明显的板状物和针状物，板状物为 $Ca(OH)_2$，而针状物为钙矾石，能谱显示其 Ca/Si 比为 5.65。而在图 2-2-4（b）中，在掺入乳化沥青后，8# 水化样品中基本看不到板状物和针状物，只看到一层膜状物，且膜状物表面有少许白点，对白点进行能谱分析后，表明其 Ca/Si 比为 2.26，即掺入乳化沥青后，水化产物的生长受影响，结晶程度减弱，水化产物的沉淀与乳化沥青的破乳成膜交织进行。

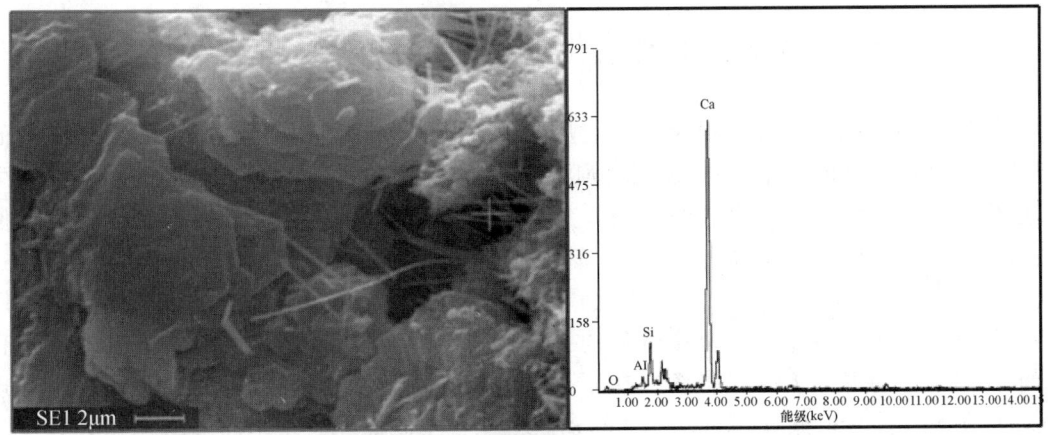

(a) 1#样品

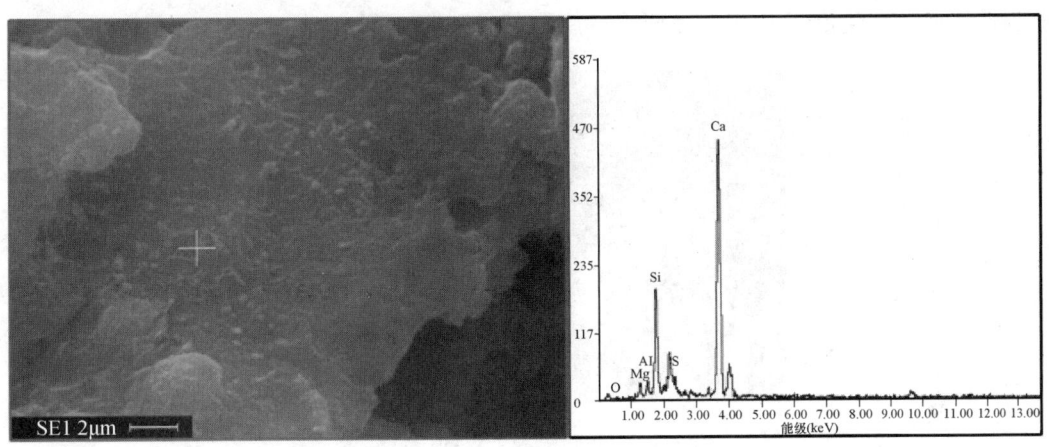

(b) 8#样品

图 2-2-4 水泥-乳化沥青复合胶凝体系的扫描电镜及能谱分析

图 2-2-3 为各个配比的水化样在波数为 2000~4000cm^{-1} 红外吸收光谱曲线，其中的 2853.1cm^{-1}、2924.0cm^{-1} 是与烷基有关的—CH$_3$ 不对称伸缩振动和—CH$_2$ 对称伸缩振动峰；2360.4cm^{-1} 为季铵盐 N$^+$ 的伸缩振动峰；烷基以及季铵盐基团均与乳化沥青的乳化剂有关。而波数为 3400cm^{-1} 左右的峰与—OH 的伸缩振动吸收峰有关（即与水化产物，如水化硅酸钙、钙矾石、单硫型硫铝酸盐有关）；3640cm^{-1} 吸收峰是与钙矾石有关的吸收峰。

从图 2-2-3 可以看出，即使在近 540d 以后，水化物中与乳化剂有关的吸收峰仍然相当明显，这说明乳化剂基团在硬化后的水泥浆体中较为稳定，并没有转化为其他物质或发生老化、分解等，这对水泥乳化沥青砂浆的耐久性是较为不利的。乳化剂存在害处之一是易作为介质，在砂浆浸水后将其中的沥青颗粒带出，而我国目前在水泥乳化沥青砂浆应用中出现了砂浆的脆化、空化、失沥青化现象，可能与沥青被浸出有关，因此应给予适当的关注。

2.3 水泥乳化沥青砂浆膨胀特性

与充填层体积变形有关的水泥乳化沥青砂浆膨胀性能对充填层饱满度影响较大，而饱满度对其使用性能又十分重要，饱满度不够，将导致轨道板边角处与灌注袋脱离，列车运行时，轨道板就会发生翘曲现象，甚至"吊板"，既影响列车运行的安全性，又使边角处砂浆长期处于列车冲击作用下，降低其疲劳寿命与耐久性能。

《客运专线铁路 CRTS Ⅰ 型板式无砟轨道水泥乳化沥青砂浆暂行技术条件》中采用 250mL 量筒，通过测量浆体高度变化的方法来测定水泥乳化沥青砂浆的 1d 膨胀率，且要求水泥乳化沥青砂浆的膨胀率应在 1‰～3‰。然而与现有规范不同的是，在施工现场，水泥乳化沥青砂浆充填层是上压轨道板的条件下膨胀的，加上轨道板压紧装置（防轨道板上浮，如图 2-3-1 所示）的压力，砂浆膨胀时的压力将远大于轨道板的重力。为此本节对水泥乳化沥青砂浆在受压下的膨胀特性进行了研究。

图 2-3-1 防轨道板上浮的压紧装置

水泥乳化沥青砂浆的早期膨胀主要与铝粉发气有关，而后期膨胀主要与形成钙矾石有关。早期膨胀量大且迅速，影响因素较多，起保证灌注饱满度的作用；后期膨胀量较小，较为稳定，起保证砂浆充填层的体积稳定性和维持轨道板标高的作用，由于早期膨胀与后期膨胀在膨胀机理、膨胀速度、膨胀作用上均有较大区别，本节将分开讨论；另外，由于水泥乳化沥青早期膨胀量较大，较难控制，本节以早期膨胀特性为重点。

2.3.1 影响水泥乳化沥青砂浆膨胀特性的因素

1. 水泥水化

水泥浆体的早期收缩主要分为化学收缩、毛细收缩和内源性收缩等。化学收缩主要是指水泥水化反应物体积大于其生成物体积导致的收缩，尽管水泥完全水化后的水化产物是水化总体积的约 2.2 倍，但对于水泥-水体系的总体积来说，却是缩小的，几种熟料矿物在水体系中的体积变化见表 2-3-1。

随着水泥的水化，浆体内部将变得干燥，此时水退入毛细孔内部，造成毛细孔中水的凹液面曲率半径减小，从而使毛细孔水的表面张力增加，压缩浆体而造成收缩。另外，由于水泥凝胶具有巨大的比表面积，胶体表面有较高的表面能，因此具有相当高的表面张力，使浆体受到较大的压缩应力，水分子的吸附可使表面张力降低，当水泥水化使浆体内部干燥时,将造成压缩应力的升高,而造成收缩。

表 2-3-1 熟料矿物在水体系中体积的变化表[40]

反应式	分子量 (g)	密度 (g/cm³)	体系绝对体积 (cm³)		固相绝对体积 (cm³)		绝对体积的变化 (%)	
			反应前	反应后	反应前	反应后	体系	固相
$2C_3S+6H_2O \Longrightarrow$ $C_3S_2H_3+3Ca(OH)_2$	456.6 108.1 342.5 222.3	3.15 1.00 2.71 2.23	253.1	226.1	145.0	226.1	−10.67	+55.39
$2C_2S+4H_2O \Longrightarrow$ $C_3S_2H_3+Ca(OH)_2$	344.6 72.1 342.5 74.1	3.26 1.00 2.71 2.23	177.8	159.6	105.7	159.6	−10.2	+50.99
$C_3A+3CaSO_4 \cdot 2H_2O+$ $26H_2O \Longrightarrow$ $C_3A \cdot 3CaSO_4 \cdot 32H_2O$	270.18 516.51 450.40 1237.09	3.04 2.32 1.00 1.79	761.91	691.11	311.51	691.11	−9.29	+121.86
$C_3A+6H_2O \Longrightarrow C_3AH_6$	270.18 108.10 378.28	3.04 1.00 2.52	196.98	150.11	88.88	150.11	−23.79	+68.89

2. 灌注袋渗水

在施工条件下,影响水泥乳化沥青砂浆体积稳定性的另一个因素是灌注袋的渗水。如图 2-3-2 所示,在施工现场,砂浆灌注袋需承受来自轨道板(压强为 0.005MPa)以及压紧装置的压力,尽管理论要求灌注袋透气的同时不透水,但水甚至沥青还是极易从灌注袋中渗出,当渗水量较多时,就会影响充填层的体积稳定性。

图 2-3-2 现场施工中灌注袋的渗水

3. 铝粉的发气膨胀

水泥乳化沥青砂浆的早期膨胀主要与铝粉发气有关,而后期膨胀主要与形成钙矾石有关,早期发生的反应为[41]:

$$2Al + 3Ca^{2+} + 6H_2O + 6OH^- \Longrightarrow 3CaO \cdot Al_2O_3 \cdot 6H_2O + 3H_2\uparrow$$
$$2Al + Ca^{2+} + 2OH^- + 6H_2O \Longrightarrow Ca[Al(OH)_4]_2 + 3H_2\uparrow \qquad (2\text{-}3\text{-}1)$$

依照式（2-3-1）可知，铝粉发气需消耗 OH^-，需要一个碱性的环境，而这样的碱性环境可由水泥水化提供。

（1）温度的影响：温度对铝粉发气膨胀的影响主要有3个方面：水泥乳化沥青砂浆的 pH 值随温度升高而增大，因此能使铝粉发气反应提前；另外，温度将使反应的活化能升高，而使反应速率加快；此外，温度将影响式（2-3-1）中的化学平衡。

（2）铝粉细度的影响：铝粉的细度也将对式（2-3-1）的反应产生影响，首先其表面能将影响式（2-3-1）中的化学平衡；另外，细度将影响比表面积也将影响砂浆化学反应速率。

（3）压强的影响：由式（2-3-1）可知，铝粉产生氢气的反应是产生气体的反应，压强的增大将使反应向左移动；此外压强还使所形成气泡内部氢气的浓度增大，压强的增大对铝粉发气膨胀的影响是双向的，而且都是不利的，而轨道板重力加压紧装置即可看成是压力下的膨胀。

4. 膨胀剂膨胀

水泥乳化沥青砂浆所用膨胀剂为 UEA 膨胀剂（简称 U 型膨胀剂）。U 型膨胀剂是由硫铝酸钙水泥熟料、适量明矾石和石膏共同磨制而成，其中硫铝酸盐熟料矿物组成有无水硫铝酸钙（C_4A_3S）、游离石膏和石灰、少量的 $\beta\text{-}C_2S$。以无水硫铝酸钙（C_4A_3S）为早期膨胀源，以明矾石为中期膨胀源[42]。

U 型膨胀剂的主要水化产物为 C-S-H 凝胶、钙矾石和 $Ca(OH)_2$，凝胶状的钙矾石吸水肿胀和孔缝中的钙矾石结晶构成了膨胀驱动，掺 U 型膨胀剂水泥浆体早期发生的膨胀反应为：

$$C_4A_3S + 6Ca(OH)_2 + 8CaSO_4 + 90H_2O \longrightarrow 3(C_3A \cdot 3CaSO_4 \cdot 32H_2O) \qquad (2\text{-}3\text{-}2)$$

后期发生的膨胀反应为：

$$2KAl_3(SO_4)_2(OH)_6 + 13Ca(OH)_2 + 5CaSO_4 + 78H_2O \longrightarrow$$
$$3(C_3A \cdot 3CaSO_4 \cdot 32H_2O) + 2KOH \qquad (2\text{-}3\text{-}3)$$

影响钙矾石形成的因素将影响 U 型膨胀剂的膨胀效果，如温度、湿度等均对 U 型膨胀剂的膨胀产生较大影响。

在实际施工中，水泥乳化沥青砂浆将灌入轨道板下面的灌注袋中，且灌注袋的材料为聚酯无纺布，具有一定的透气、透水能力；另外轨道板用螺栓支撑，具有有限收缩性（当收缩至低于轨道板底面时，轨道板将由支撑螺栓支撑）；同时当砂浆高度超过轨道板底面时，膨胀将在承受轨道板重力下进行。因此在本书中，将模拟现场环境，研究直径为 10cm、高度为 20cm 圆筒形灌注袋中的水泥乳化沥青砂浆在不同情况下的膨胀特性。

2.3.2 水泥乳化沥青砂浆的早期膨胀特性及影响因素

1. 水泥乳化沥青砂浆的早期膨胀特性

水泥乳化沥青砂浆早期膨胀率随时间的变化如图 2-3-3 所示，水泥乳化沥青砂浆在拌制后，膨胀率随时间的变化大致可以分为4个阶段，即先收缩，再迅速膨胀，然后缓慢收缩，最后体积趋于稳定。

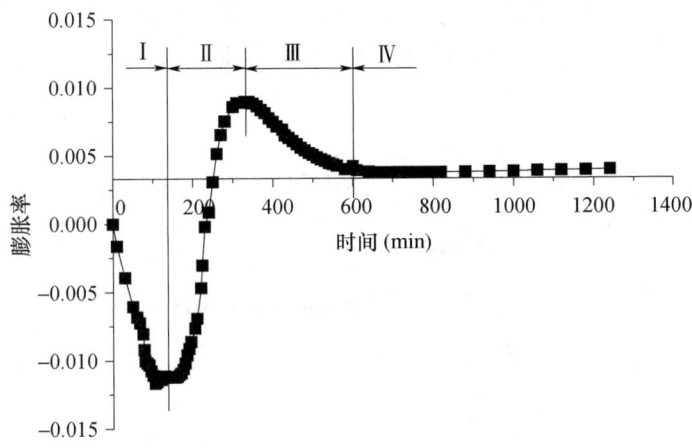

图 2-3-3　水泥乳化沥青砂浆早期膨胀率随时间的变化（20℃）

图 2-3-3 中，阶段Ⅰ持续 150min 左右，持续时间与浆体的 pH 值变化及铝粉细度密切相关，最小值与水泥水化、灌注袋渗水、浆体稠度等有关；阶段Ⅱ持续 200min 左右，持续时间与铝粉掺量和浆体的 pH 值有关；阶段Ⅲ持续 250min 左右，阶段Ⅲ的结束时间或与浆体稳定结构的形成有关，其产生原因与膨胀压导致的灌注袋渗水和水泥水化有关；阶段Ⅳ为稳定阶段，仍存在微小膨胀；各阶段的产生原因、持续时间以及膨胀率的影响因素将在后面讨论。

水泥乳化沥青砂浆初凝时间一般为 6h 以后，而图 2-3-3 中的膨胀基本在 6h 内完成，初凝之前使浆体膨胀的优点之一是使浆体在流动状态中受膨胀作用而充盈灌注袋，这样既可保证充填层的灌注饱满度，同时过大膨胀率又不易使轨道板上浮；另一个优点是流动状态下浆体在较大膨胀作用下不会产生裂缝；此外，浆体流动状态下受压可起到类似预应力的效果，加强充填层的整体性。

2. 灌注袋材质对水泥乳化沥青砂浆早期膨胀的影响

从易施工、易维护和砂浆的耐久性考虑，水泥乳化沥青砂浆采用袋注法施工，装填砂浆的灌注袋材料为聚酯类无纺布，采用热轧或针刺的方法加工而成，具有一定的透气与透水能力。为研究灌注袋材质对水泥乳化沥青砂浆充填层体积稳定性的影响，笔者测试了水泥乳化沥青砂浆在聚酯无纺布类灌注袋（透气、透水）与塑料袋（不透气、不透水）中的膨胀特性，结果如图 2-3-4 所示。

图 2-3-4 表明，灌注袋的材质对水泥乳化沥青砂浆膨胀特性有较大影响。首先是阶段Ⅰ的膨胀率，采用不透气也不透水的塑料袋使砂浆在阶段Ⅰ的收缩从 1.12% 减小到了 0.71%，这表明浆体在阶段Ⅰ的收缩有很大一部分是灌注袋渗水引起的；但是除去这部分作用，塑料袋中砂浆在阶段Ⅰ仍有 0.71% 的收缩量，水泥早期水化很难产生如此大的收缩，因为早期水泥水化相当有限；因此水泥乳化沥青砂浆的早期收缩可能是浆体稠化后，因毛细压力导致的气泡被压缩产生的（水泥乳化沥青砂浆含气量为 8%～12%）。

两处砂浆在阶段Ⅱ膨胀量接近，其中塑料袋中浆体膨胀量稍大于灌注袋的。

两处砂浆在阶段Ⅲ的收缩相差较大，其中塑料袋中浆体约收缩 0.32%，而灌注袋中的浆体收缩了 0.50%，同样这种差别可能与灌注袋渗水有关。铝粉发气导致浆体内部产生较大压力,一方面使浆体膨胀,另一面使水等易被排出,当灌注袋为透水性材质时,可通过"排水"来减压。阶段Ⅲ的收缩同样也与水泥水化收缩以及毛细压力产生的气泡被压缩有关。

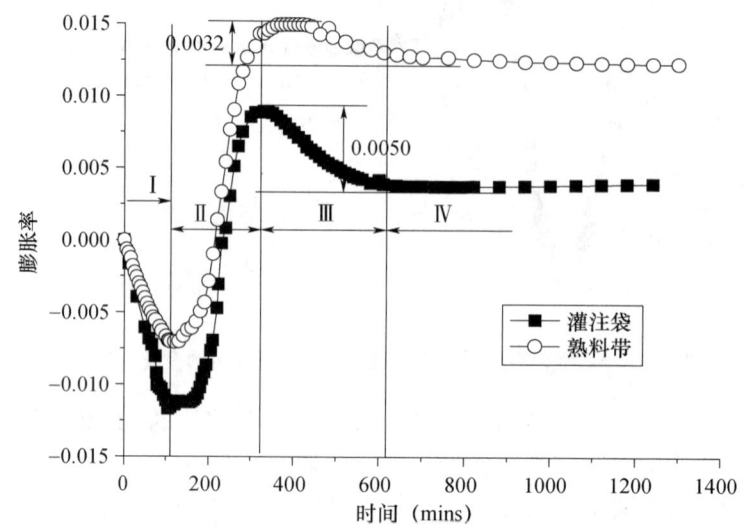

图 2-3-4　水泥乳化沥青砂浆在聚酯无纺布类灌注袋与塑料袋中的膨胀特性

由图 2-3-4 还可知,两处砂浆膨胀各阶段开始及结束时间基本一致,这表明砂浆在某个阶段膨胀与否是一个与砂浆本身性能密切相关的参数。

当膨胀率较大时,灌注袋可以通过"排水"的方式将部分多余膨胀消化,这在实际应用中有很大的好处,由于设计要求轨道板的标高应控制在不大于 0.5mm 范围,过大的膨胀率将对轨道板标高不利。

3. 温度对水泥乳化沥青砂浆早期膨胀的影响

选择 20℃、35℃、45℃ 三个温度,探讨温度对水泥乳化沥青砂浆膨胀率的影响,不同温度下的水泥乳化沥青砂浆膨胀率随时间的变化如图 2-3-5 所示。

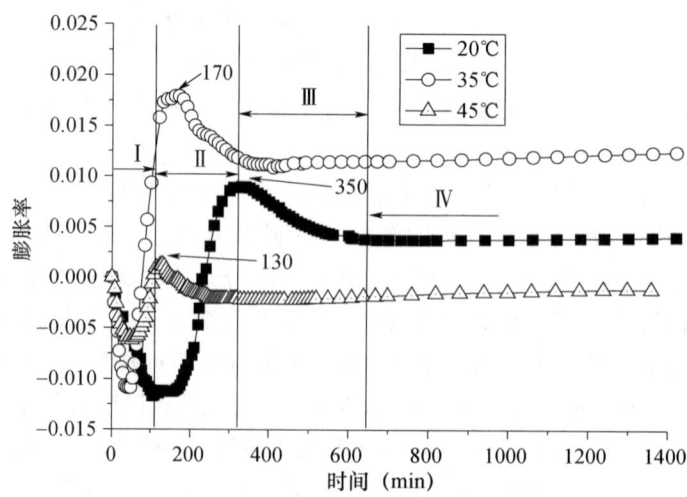

图 2-3-5　不同温度下水泥乳化沥青砂浆膨胀率随温度的变化

图 2-3-5 表明，随着温度的升高，水泥乳化沥青砂浆膨胀开始与结束的时间大大提前，温度为 20℃时，阶段Ⅱ的开始时间为 150min 左右，而当温度为 35℃时，阶段Ⅱ的开始时间则为 45min 左右；20℃浆体阶段Ⅱ的结束时间为 340min，而 35℃、45℃浆体阶段Ⅱ的结束时间分别为 160min 和 128min；阶段Ⅲ的结束时间也有类似规律，见表 2-3-2。

表 2-3-2 温度对水泥乳化沥青砂浆膨胀率的影响

温度 (℃)	阶段Ⅱ开始 (min)	阶段Ⅱ结束 (min)	阶段Ⅲ结束 (min)	阶段Ⅰ膨胀率 增加量	阶段Ⅱ膨胀率 增加量	阶段Ⅲ膨胀率 增加量	最终膨胀率
20	150	340	605	−0.0110	0.0200	−0.0050	0.0041
35	45	160	350	−0.0109	0.0279	−0.0067	0.0124
45	43	128	223	−0.0062	0.0075	−0.0029	−0.0011

温度对各膨胀阶段开始时间的影响可能与温度对砂浆水化的影响有关，在本章 2.4 节的图 2-4-6 (a) 中，当温度从 20℃升至 35℃时，砂浆的 pH 值也随之升高，由于铝粉反应需要较高的 pH 值，因此温度升高有利于依靠铝粉发气反应产生的膨胀作用提前。

温度还对浆体各阶段的膨胀量产生了显著影响，在阶段Ⅱ，浆体膨胀量随温度增加，表现出先增加、后减小的现象，同样这可能与温度对浆体性能的影响有关。温度首先影响浆体的 pH 值，在图 2-4-6 (a) 中，35℃浆体的 pH 值要高于 20℃的，pH 值的升高使 OH^- 浓度增大，而使铝粉发气反应速度增加，进而使膨胀力增大，但在图 2-4-6 (b) 中，55℃浆体的 pH 值却低于 45℃。另外，如本章 2.4 节，高温使乳化沥青在体系中的破乳速度加快，破乳形成的沥青膜将水泥颗粒、铝粉包裹，阻止其发生反应，进而使砂浆膨胀率降低。

在图 2-3-5 中，与 20℃的浆体相比，35℃、45℃浆体在阶段Ⅳ都有不同程度的膨胀，其中 35℃浆体膨胀了 0.0016，45℃浆体膨胀了 0.0011，而 20℃浆体在阶段Ⅳ只膨胀了 0.0003，这可能与因包裹未反应完全的铝粉在后期反应有关。如本章 2.4 节图 2-4-10 (b) 所示，破乳后的沥青将水泥矿物、铝粉包裹，而使铝粉 1d 内未完全反应。

在阶段Ⅲ，由于乳化沥青高温下破乳较快，浆体迅速稠化并形成稳定骨架，45℃浆体的收缩量要小于 20℃和 35℃的浆体。在表 2-3-2 中，浆体在阶段Ⅱ膨胀得越多，在阶段Ⅲ则收缩得越多，这可能与膨胀压导致的灌注袋渗水有关。

上述结果表明，温度对水泥乳化沥青砂浆的膨胀有相当大的影响，一方面将影响砂浆膨胀各阶段开始与结束的时间；另一方面还将影响浆体在各阶段的膨胀量；因此，施工时需根据现场温度对工艺等进行相应调整，且应避免过高的温度，因为在本书所述条件下，浆体在 45℃时甚至出现了净收缩现象。

4. 压力对水泥乳化沥青砂浆早期膨胀的影响

在水泥乳化沥青砂浆充填层的施工中，易发生过量灌注，使轨道板上浮，而使充填层的膨胀在承受轨道板压力下发生；此外为防止轨道板上浮，而在轨道板四周安装防上浮的限位装置，这样当轨道板上浮时，浆体还需承受由限位装置带来的压力。

其中因轨道板重力带来的压力为 0.005MPa，而限位装置带来的压力为 0~0.0106MPa，因此笔者研究了水泥乳化沥青砂浆在压力下的膨胀行为。试验时使用与现

场同材质的 φ100mm×200mm 圆筒形灌注袋，灌入拌制好的水泥乳化沥青砂浆，然后放入同尺寸 PVC 管中，扎好袋口并上压规定质量的砝码，然后记录砂浆的高度变化。不同压力下水泥乳化沥青砂浆膨胀率随时间的变化如图 2-3-6 所示。

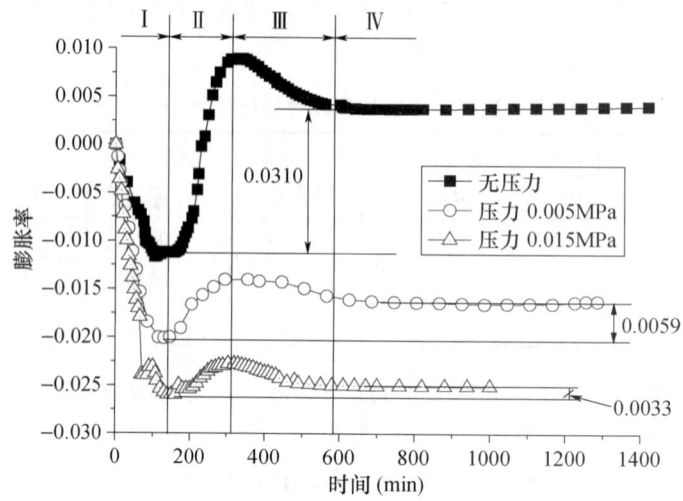

图 2-3-6　不同压力下水泥乳化沥青砂浆膨胀率随时间的变化

图 2-3-6 表明，压力对浆体的膨胀率产生了较大影响，浆体在阶段 I 的收缩随压力的增加而增大，在没有任何压力下，收缩量为 0.011，而在施加 0.015MPa 的压力后，浆体在阶段 I 的收缩达到了 0.026，这同样与灌注袋的渗水有关，压力越大，渗水越多，这在一定程度上也说明渗水是导致阶段 I 收缩的原因。此外，浆体在阶段 II 的膨胀率随压力的增大而减小，在不加压的情况下，阶段 II 的膨胀率为 0.0310，而当施加压力为 0.005MPa 时，膨胀率降低至 0.0059，即降低了 80% 以上，说明膨胀率对压力较为敏感，由于现有的有关水泥乳化沥青砂浆膨胀率的测试方法并未考虑浆体受压情况，其结果与现场实际有较大差别。

表 2-3-3　压力对水泥乳化沥青砂浆膨胀率的影响

压力 （MPa）	阶段 II 开始 （min）	阶段 II 结束 （min）	阶段 III 结束 （min）	阶段 I 膨胀率 增加量	阶段 II 膨胀率 增加量	阶段 III 膨胀率 增加量	最终膨胀率
0	140	340	605	−0.0110	0.0310	−0.0050	0.0041
0.005	130	355	625	−0.0201	0.0067	−0.0031	−0.0157
0.015	160	330	580	−0.0260	0.0048	−0.0026	−0.0251

在图 2-3-6、表 2-3-3 中，不同压力下浆体膨胀开始与结束时间较为接近，这表明外界压力不是膨胀启动与结束的主要原因。

在实际工程中，轨道板用螺栓支撑，具有有限收缩性（当收缩至低于轨道板底面时，轨道板将由支撑螺栓支撑），同时当砂浆高度超过轨道板底面时，膨胀将在承受轨道板重力以及压紧装置压力下进行，因此在以上情况下，最终高度与最低高度之差才有意义，如图 2-3-6 所示。图 2-3-3 表明，即使在受压的情况下，砂浆也能保持一定的膨胀量，这可保证其灌注饱满度。

2.3.3 水泥乳化沥青砂浆的后期膨胀特性

水泥乳化沥青砂浆后期体积变化对其性能也十分重要，一般来说，水泥乳化沥青砂浆的后期膨胀与所掺入膨胀剂的膨胀作用有关，本节所用 U 型膨胀剂在水化后生成钙矾石，凝胶状的钙矾石吸水肿胀和孔缝中的钙矾石结晶构成了膨胀驱动力。水泥乳化沥青砂浆的后期膨胀以补偿收缩为主，即通过砂浆中的膨胀剂在后期产生微膨胀来补偿砂浆因水化、失水引起的收缩，以达到补偿收缩的目的。

水泥乳化沥青砂浆后期膨胀率随时间的变化如图 2-3-7 所示。从图中可知，环境温度为 20℃，无纺布灌注袋和塑料袋中的砂浆膨胀率随时间增加基本不变；即使在承受 0.015MPa（3 块轨道板重力）的压力下，膨胀率也基本不变，这表明硬化后的砂浆有较好的体积稳定性。

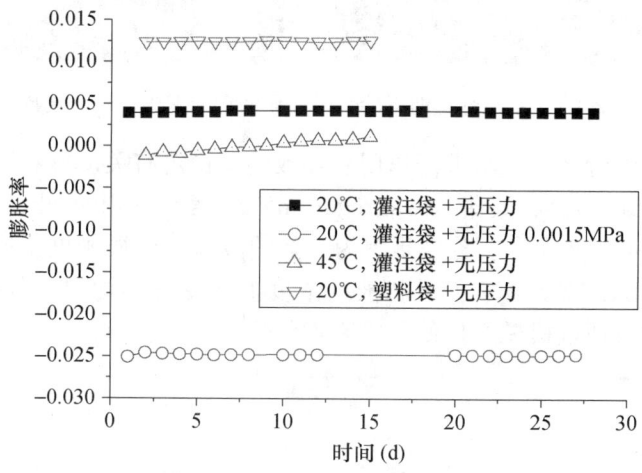

图 2-3-7 水泥乳化沥青砂浆后期膨胀率随时间的变化

由图 2-3-7 可知，放置至 45℃环境下的浆体，其膨胀率在 1d 后一直增加，从 1d 的 −0.00113 增加至半个月后的 0.00115。45℃浆体膨胀率较小的原因可能是乳化沥青高温下破乳将水泥颗粒、铝粉包裹，导致其在 1d 膨胀率较小。此外，温度对 U 型膨胀剂的影响也不可忽视，高温（不能太高，否则将导致钙矾石分解[43,44]）可能使水泥水化加快，进而使 U 型膨胀剂生成钙矾石的膨胀反应加快，而使膨胀率增加。

2.4 温度对水泥乳化沥青砂浆硬化的影响

2.4.1 高温下水泥乳化沥青砂浆迅速失去流动性现象

在水泥乳化沥青砂浆中，相比于水泥和乳化沥青，其主要组分之一的砂相当于惰性填料，对水泥水化以及乳化沥青的破乳影响不大。由上节的研究结果可知，沥青乳液的掺入对水泥的正常水化影响不大，水泥水化过程仍然可分为溶解期、诱导期、加速期和减速期，且使水化诱导期大大延长。而由水泥混凝土科学可知，在水泥水化诱导期，水泥混凝土的施工性能可以很好地保持；因此正常情况下，水泥乳化沥青砂浆应有较长的可工作时间，在施工现场也确实如此。

但当乳化沥青受到污染或砂浆温度较高时，就会出现水泥乳化沥青砂浆瞬间失去流动性现象，如图2-4-1所示。水泥乳化沥青砂浆在拌制时，就迅速失去流动性，变成黏稠、松散类似于沥青混凝土的物质，且这种黏稠、松散状态会保持相当长的一段时间。

图2-4-1　水泥乳化沥青砂浆中乳化沥青的絮凝、破乳现象

这可能与乳化沥青高温下与水泥作用后导致的不稳定有关。乳状液的不稳定形式有3种，即分层（Creaming）、聚集（Aggregation）或絮凝（Flocculation）、聚结（Coalescence），如图2-4-2所示[45]。分层是因为分散的液珠与介质密度不同，乳状液放置后产生液珠上乳或下沉的现象，它使乳状液的浓度上下变得不均匀，分层现象总会出现，对于乳化沥青一般可通过机械搅拌使其重新均匀。

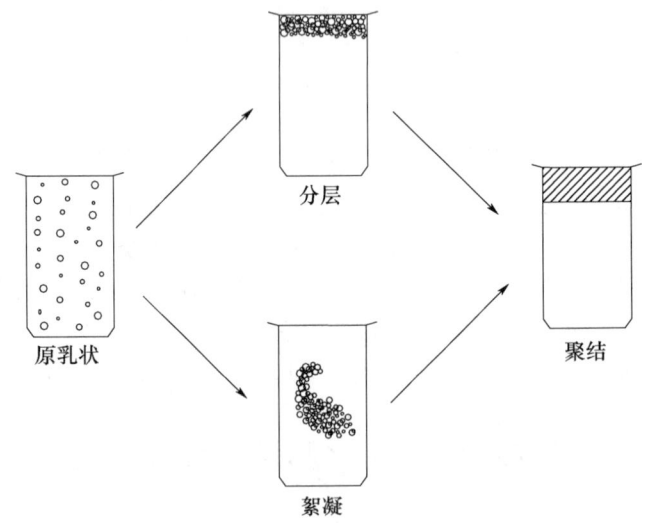

图2-4-2　乳状液不稳定的几种表现

聚结又称凝并，是在聚集之后发生的过程，这时聚集所形成的团中的小液珠互相合并，并不断长大，使之成为一个大液滴，这是不可逆的过程，它使得乳状液中的颗粒数目逐渐减少，液滴不断增大，最后导致乳状液完全破坏。乳状液的稳定性与其聚结速度直接有关，而后者取决界面上所形成的吸附膜的性质。欲使液珠不发生凝并，要求乳化剂在液体之间形成一个有一定强度的屏障，并能承受一定的压力而不破坏。这种屏障的

形成与乳化剂及油、水相的性质有关。影响乳状液稳定性的因素通常有界面张力、界面膜的性质、电荷力作用。

为探明导致水泥乳化沥青砂浆中乳化沥青在高温下絮凝、破乳的原因，笔者测试了浆体不同温度下的pH值变化，并对水化产物类型进行了观测。

2.4.2 不同温度下水泥乳化沥青砂浆体系的pH值变化

选择20℃、35℃、45℃和55℃四个温度，分别在这些温度下，将乳化沥青与砂、水泥、水按水泥乳化沥青砂浆中的比例拌和，研究各体系性能在不同温度下随时间的变化，不同温度下体系pH值随时间的变化如图2-4-3所示。

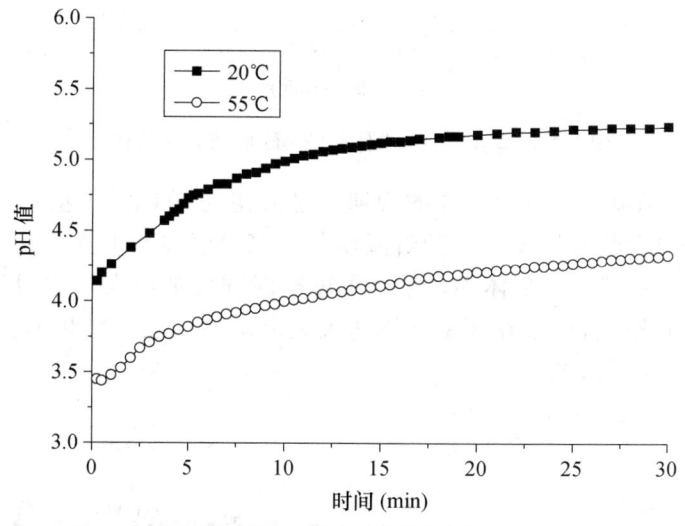

图2-4-3 不同温度下乳化沥青-砂体系pH值随时间的变化

图2-4-3的结果表明，乳化沥青-砂体系中，随着静置时间的增加，浆体的pH值缓慢增大，并在15min后增加十分缓慢。这可能与乳化沥青表面的双电层与砂的作用有关，本书所用乳化沥青为阳离子乳化沥青，所离解形成的季铵盐N^+与砂的表面存在吸附作用。整个过程中pH值仍小于7.0，即浆体仍呈酸性，且随温度增加无异常变化，由于乳化沥青为耐酸碱型，因此浆体仍能保持稳定，这也可从浆体的稠度随时间增加并没有明显变化看出。当温度升高后，由于温度对乳化沥青表面双电层的影响，浆体的pH值减小。

乳化沥青-水体系的pH值随时间的变化如图2-4-4所示，在该体系中，浆体pH值几乎不随时间而变化（除去刚开始的0.25min因刚接触原因导致的pH值过大），这表明乳化沥青-水体系是一个较为稳定的体系。图2-4-4中乳化沥青pH值随温度增加而降低明显，当温度从20℃升高至55℃时，浆体pH值从2.0降低至1.0左右，也即H^+的浓度增加了10倍，这可能与高温下乳化沥青颗粒表面的双电层被压缩有关，这一定程度上也说明乳化沥青性能的温度敏感性。

图2-4-5为乳化沥青-水泥复合胶凝体系浆体的pH值随时间的变化。图2-4-5说明乳化沥青-水泥复合胶凝体系中，其pH值不但随时间变化明显，而且不同温度下，其变化规律不同。20℃时，浆体pH值随时间不断增大；但在55℃时，浆体pH值却表现

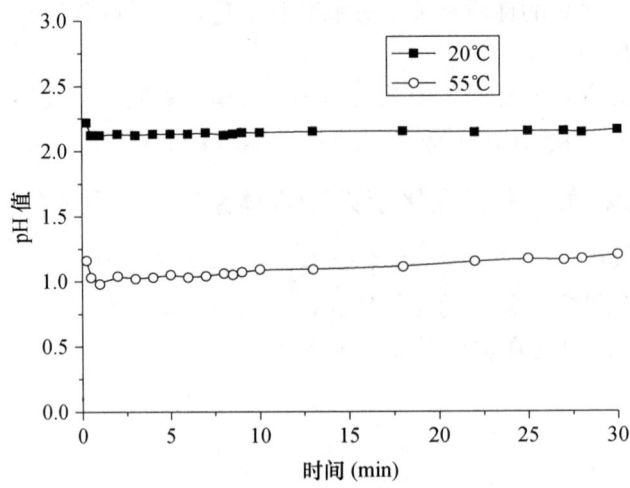

图 2-4-4　乳化沥青-水体系的 pH 值随时间的变化

出随时间先增加，后减小，然后增加的规律，且最初的 pH 值即达到了 12.0 以上。即在乳化沥青-水泥复合胶凝体系中，随着温度的升高，浆体 pH 值随时间变化的规律出现了反常。同时，在 55℃的浆体中，浆体稠度随时间增加增大较为明显。以上结果表明水泥复合胶凝乳化沥青砂浆在高温下迅速失去流动性可能是乳化沥青-水泥复合胶凝体系在高温下不稳定引起的。

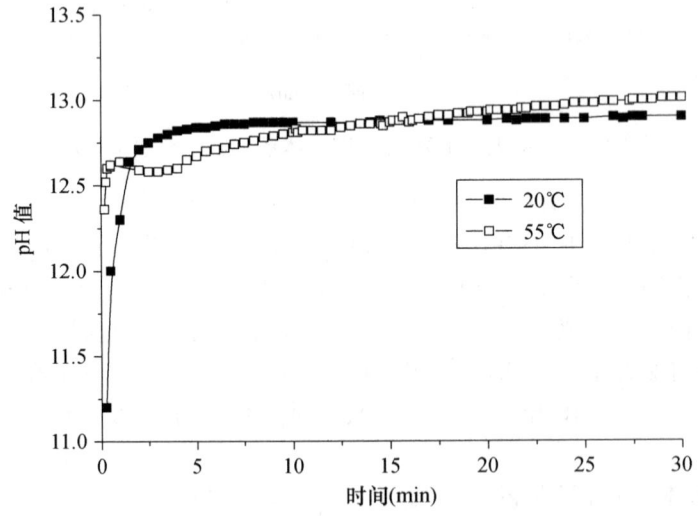

图 2-4-5　乳化沥青-水泥复合胶凝体系的 pH 值随时间的变化

高温下，乳化沥青-水泥复合胶凝体系不稳定的原因之一可能是浆体的 pH 值较高，由于水泥乳化沥青砂浆所用乳化沥青为阳离子乳化沥青，为增加其稳定性，需将浆体的 pH 值调至 7.0 以下，而乳化沥青和水泥拌和后，瞬间浆体的 pH 值即达到了 12.0 以上，因此乳化沥青可能在这种环境下破乳。为此，在 55℃下，用 NaOH 溶液将乳化沥青的 pH 值调至 13.0，发现乳化沥青仍呈棕色，且流动性良好，并没有明显破乳现象，这一方面说明该乳化沥青有较好的耐高温、耐酸碱能力；另外也排除了破乳因 pH 值过高导致。

对不同温度下的水泥乳化沥青砂浆的 pH 值随时间变化进行测试，结果如图 2-4-6 所示。

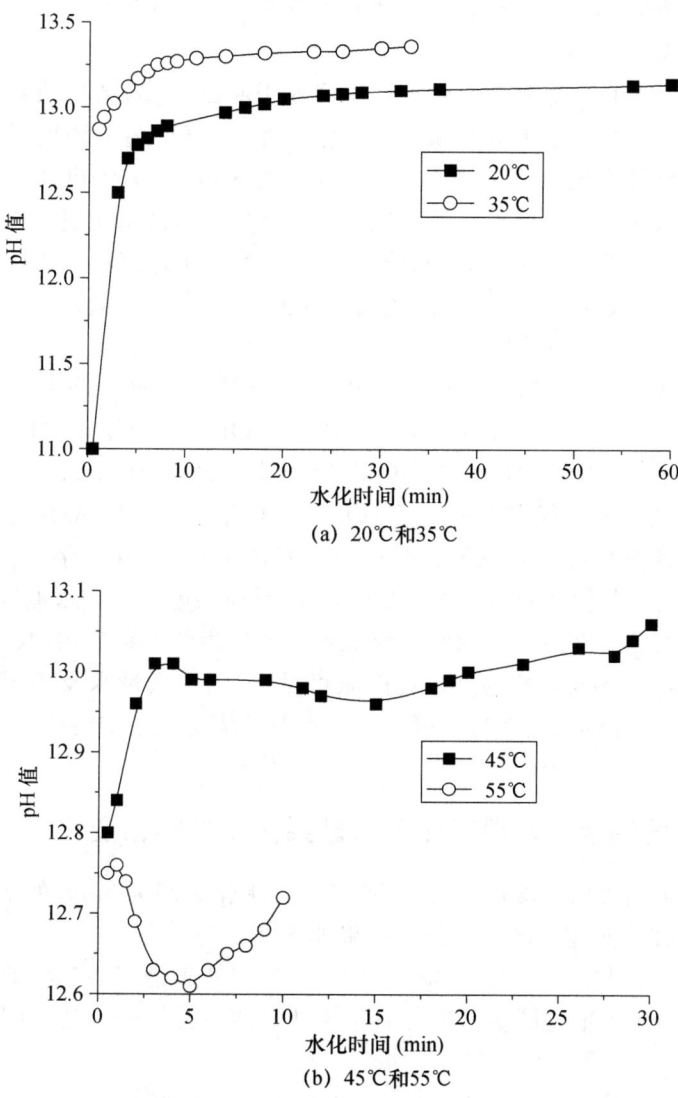

图 2-4-6　温度对水泥乳化沥青砂浆 pH 值随时间变化的影响

图 2-4-6（a）表明，在较低的温度下，水泥乳化沥青砂浆在加水拌和后，砂浆 pH 值瞬间达到较高水平，且随着水化时间的增加，浆体的 pH 值升高，和水泥净浆一样，这与水泥矿物的早期水化有关，作为主要水化产物之一，$Ca(OH)_2$ 一般很早就出现在浆体中。图 2-4-6（a）还表明，随着温度的升高，浆体的 pH 值也增大，这可能与高温对水泥水化的促进有关，高温既有利于水泥矿物的活化，又有利于各种离子的电离，因此浆体 pH 值随温度的升高而增大。

但在图 2-4-6（b）中，浆体 pH 值随水化时间的增加出现了反常，与高温下的乳化沥青-水泥复合胶凝体系一样，浆体 pH 值随时间先增大，后减小，然后增大，而且随着温度的升高，早期上升段和下降段持续时间均变短。当温度为 45℃时，早期上升段时间为 5min 左右，下降段时间为 10min 左右，而当温度升至 55℃时，上升时间只持续了 1min，而下降段时间只持续了 4min。这些均表明在高温下，体系早期发生某种突变，这种突变造成了浆体 pH 值的减小，同时也造成图 1-2-5 中高温下水泥乳化沥青砂浆流动能力的迅速丧失。

高温下体系 pH 值降低有三种情况，一种是 $Ca(OH)_2$ 的结晶消耗掉了部分 OH^-。高温使水泥矿物的溶解速率大大加快，而使溶液中 $Ca(OH)_2$ 的浓度迅速增加，但由于 $Ca(OH)_2$ 的溶解度随温度升高而减小，因此溶液中 $Ca(OH)_2$ 将迅速达到过饱和，而发生结晶和沉淀，从而使 2.2 节中水泥水化诱导期缩短，而使水化直接进入加速期。

另一种情况是铝酸盐水化物如钙矾石（AFt）等的快速沉淀导致了溶液 pH 值的降低。在式（2-4-1）、式（2-4-2）中，每生成 1mol AFt 或铝酸盐水化物，需消耗 4 mol 的 OH^-，而使浆体 pH 值降低。

$$6Ca^{2+}+2Al(OH)_4^-+3SO_4^{2-}+4OH^- \longrightarrow C_6AS_3H_{32} \qquad (2-4-1)$$

$$4Ca^{2+}+2Al(OH)_4^-+2X^-+4OH^- \longrightarrow C_4AX_2H_n \qquad (2-4-2)$$

$$C_3A+CH+12H \longrightarrow C_4AH_{13} \qquad (2-4-3)$$

式（2-4-3）的反应一般在高浓度 $Ca(OH)_2$ 环境下进行，C_4AH_{13} 是一种六方片状物相，通常情况下其很快转化为 AFt，但高浓度 $Ca(OH)_2$ 环境的存在会使其稳定化[16]，显然高温使这种可能性大大增加。式（2-4-3）的反应一般将导致水泥发生闪凝。

最后一种情况是，在高温下水泥水化加速，所发生的一系列物理、化学作用使乳化沥青絮凝、破乳，并形成絮状物（现场肉眼可见），吸附大量水及离子（用手挤絮状物有大量清水渗出），并将水泥颗粒包裹，阻止水泥矿物的进一步溶解，从而导致浆体 pH 值的降低。

2.4.3 不同温度下水泥乳化沥青砂浆体系的物相变化

为此，将温度为 20℃、35℃、45℃和 55℃，水化时间为 5min 的水泥乳化沥青砂浆水化样分别进行红外光谱（IR）分析，结果如图 2-4-7 所示。

在图 2-4-7（a）中，各样品在 400~2000cm^{-1} 红外光谱带振动峰的位置和强度基本一致，400~2000cm^{-1} 光谱带主要为与水泥熟料矿物有关的光谱带，因此几个样品基本没有差别。

在图 2-4-7（b）中，2853.1cm^{-1}、2924.0cm^{-1} 是与烷基有关的—CH_3 不对称伸缩振动和—CH_2 对称伸缩振动峰；2360.4cm^{-1} 为季铵盐 N^+ 的伸缩振动峰；烷基以及季铵盐基团均与乳化沥青的乳化剂有关。3400cm^{-1} 左右的峰与—OH 的伸缩振动吸收峰有关（水泥的水化物大多含有—OH 基团，其中托勃莫来石为 3440~3460cm^{-1}，硬硅钙石 3420~3460cm^{-1}，钙矾石（AFt）3420cm^{-1}，单硫型硫铝酸盐（AFm）3480cm^{-1}，水化硫铁酸钙 3400cm^{-1}；3600~3700cm^{-1} 的峰主要与铝酸盐类水化物有关。

图 2-4-7（b）表明，随着温度的升高，图谱中与烷基有关的—CH_3 不对称伸缩振动和—CH_2 对称伸缩振动峰增加明显，这表明随着温度的升高，水化样中与乳化剂有关的物质含量增加。此外，随着温度的升高，在 45℃、55℃样品中出现了与铝酸盐水化物有关的吸收峰，这表明温度升高促进了与生成铝酸盐水化物有关的反应，这也与水泥水

化理论相符合。温度的升高还使 3400cm^{-1} 左右的—OH 伸缩振动吸收峰发生了位移，其随温度升高逐渐变小，由于—OH 伸缩振动吸收峰位置与—OH 的状态有关，有—OH 游离大于—OH 结合，因此吸收峰的偏移表明温度升高使其中的水化产物发生了改变。

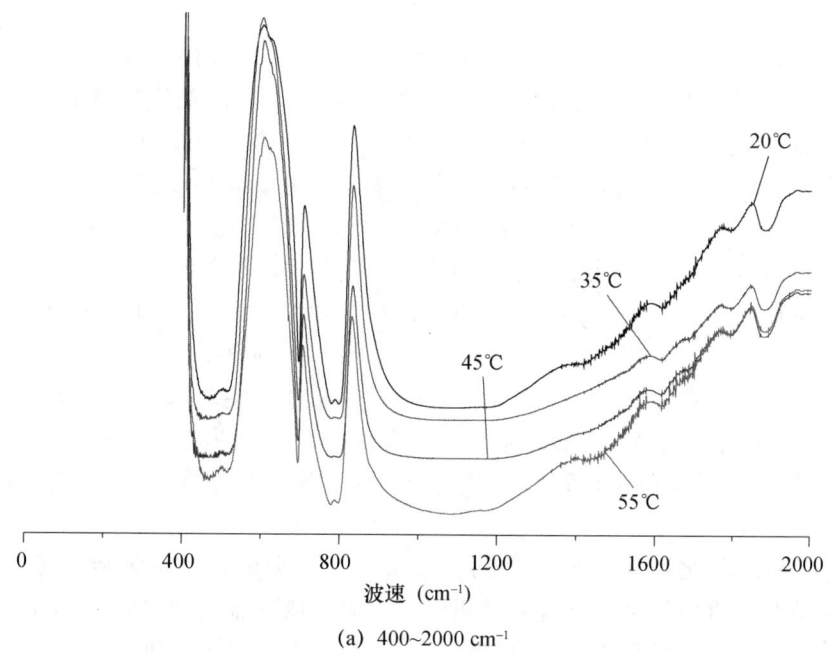

(a) 400~2000 cm^{-1}

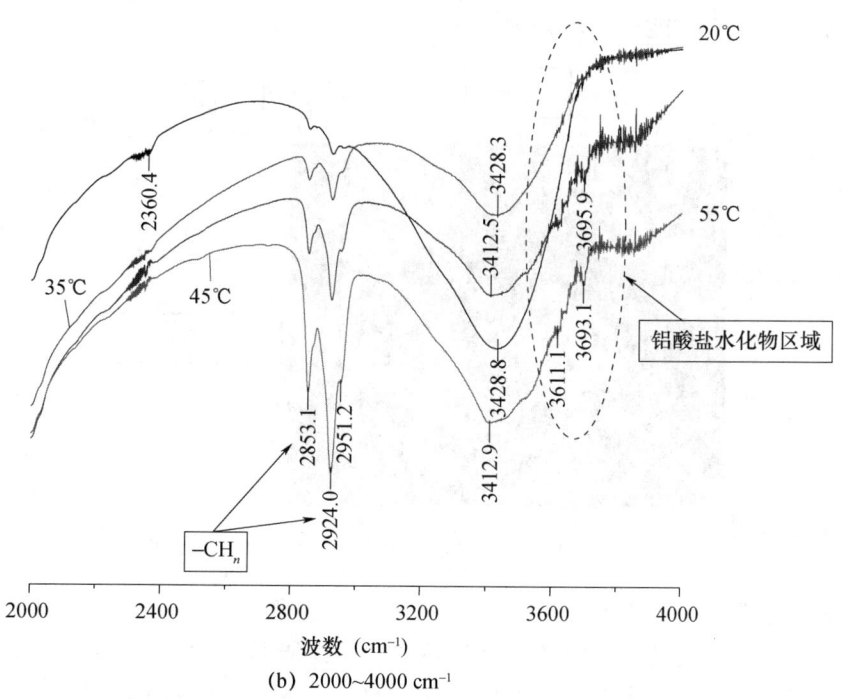

(b) 2000~4000 cm^{-1}

图 2-4-7　不同温度水泥乳化沥青砂浆水化样的红外光谱分析（水化 5min）

乳化剂与 C_3A 以及铝酸盐水化物间的作用可能导致了乳化沥青的破乳，大量研究表明，有机物与水泥中的 C_3A、$f\text{-}CaO$ 矿物以及 C_3A 的水化产物 AFt、AFm、铝酸盐水化物间的作用强烈，且易选择性地吸附于 C_3A、$f\text{-}CaO$ 矿物表面，而这些作用通常会导致水泥与外加剂适应性不良，并导致外加剂对水泥中的石膏类型、碱含量等敏感。

Roncero 等[46]和 Basile 等[47]认为外加剂通过与 C_3A 和硫酸盐作用而影响钙矾石的形成。Prince 等[48]认为相比于水泥中的 C_3S、C_2S 矿物，外加剂优先吸附于 C_3A 矿物表面。Silva 等研究发现，EVA 乳液与 C_3A 的作用大于与 C_3S 的作用。曾晓辉等研究表明外加剂的掺入能使水泥水化的电阻率曲线发生显著变化。而 Vovk 等[49]认为有机物能插层进入铝酸盐水化物中，并形成有机矿物相（Organo-Mineral Phase，OMP）。

水泥中 C_3A 矿物对有机物的强作用主要与其高水化活性有关，水泥主要矿物的水化活性依次为 $C_3A > C_3S > C_2S > C_4AF$，$C_3A$ 在加水后，发生的水解反应为

$$C_3A \longrightarrow 3Ca^{2+} + 2Al(OH)_4^- + 4OH^- \tag{2-4-4}$$

其中的 $Al(OH)_4^-$ 可以看作吸附了 OH^- 的氢氧化铝凝胶，Corstanje 等[50]提出 C_3A 反应表面上有无定形的 $Al(OH)_3$ 形成，Skalny 等[51]认为水化颗粒表面存在富铝层并导致 C_3A 缓凝，而 Bensted 等认为富铝层是 $Al(OH)_3$ 或 $Al(OH)_3$ 与 $Ca(OH)_2$ 的共沉淀物。

乳化沥青所用乳化剂与传统的木钙、萘系减水剂类似，即均为离子型的表面活性剂，不同的是本书所用乳化剂离解后带正电荷，为阳离子乳化剂，乳化剂要实现其乳化作用一般需有较高的亲水亲油平衡值（HLB 值）。乳化沥青的细观结构如图 2-4-8 所示，即吸附有乳化剂的沥青颗粒分散在充满乳化剂的溶液中，即乳化剂的浓度必须超过其临界胶束浓度（CMC）才能产生较强的乳化作用。

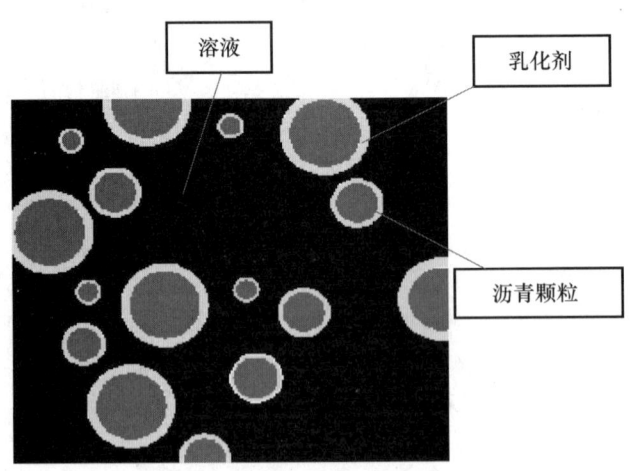

图 2-4-8　乳化沥青的细观结构示意图

乳状液稳定性的决定因素是界面膜的强度与紧密程度[30]。若界面膜中吸附分子排列紧密，不易脱附，膜具有一定的强度与粘弹性，则能形成稳定的乳状液。制备乳状液时，必须加入一定量的乳化剂，才能形成稳定的乳状液，这是因为需要有足够量的乳化剂分子吸附在油-水界面上，若乳化剂浓度较低，在界面上吸附分子少，膜中分子排列

松散，乳状液则是不稳定的。

因此，极有可能是 C_3A 水化产生的带负电荷的铝酸盐类凝胶对乳化剂以及沥青颗粒的吸附导致了乳化沥青的破乳，这可从高温水化样的红外光谱曲线上—CH_3 不对称伸缩振动和—CH_2 对称伸缩振动峰明显增强可以看出。乳化剂离解形成的带正电荷基团与带负电荷的铝凝胶产生静电吸引，而凝胶类物质的高比表面积特性使吸附作用大大增强，乳化剂憎水基团憎水性也加剧了这种作用，最后沥青颗粒也以乳化剂为媒介吸附于铝酸盐水化物表面。乳化剂被吸附后，图 2-4-8 中沥青颗粒表面的乳化剂吸附层结构变得松散，颗粒表面的双电层被改变，静电斥力减弱，沥青颗粒逐渐聚集、絮凝，进而破乳，过程如图 2-4-9 所示。

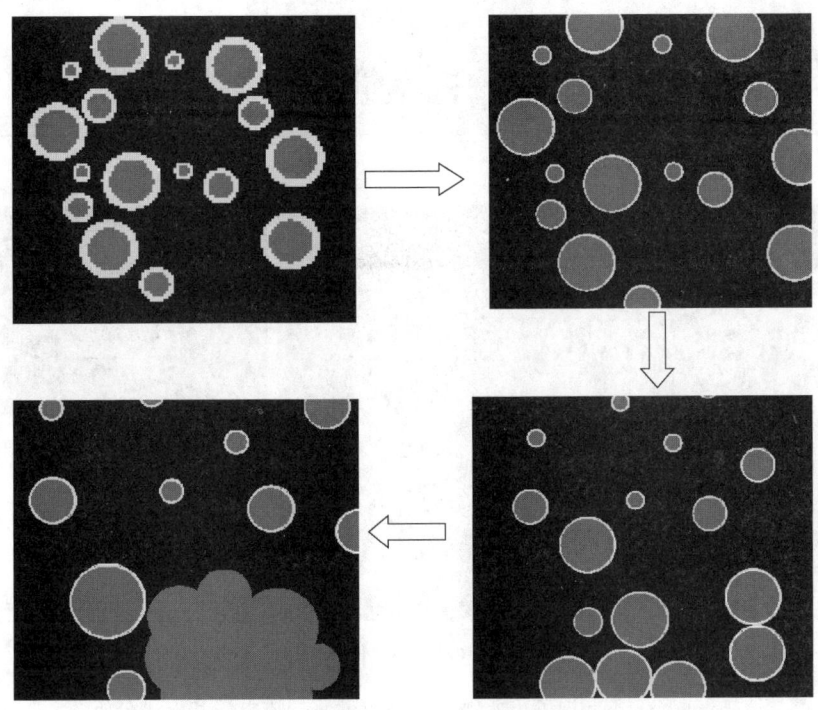

图 2-4-9　乳化剂被消耗后的破乳过程

高温会加剧上述过程的发生，式（2-4-3）中形成的铝酸盐水化物对 OH^- 的消耗，絮状物对水、OH^- 的吸附，以及沥青破乳成膜对水泥颗粒的包裹，导致浆体中 OH^- 浓度降低，进而使高温下浆体水化早期 pH 值的降低。常温下，若乳化沥青体系不够稳定，也可能导致破乳，这可从图 2-4-7（b）中 20℃、水化 5min 的样品中也存在与—CH_3 不对称伸缩振动和—CH_2 对称伸缩振动有关的吸收峰可以看出，这可能与接触时部分乳化剂被吸附有关；若乳化沥青不稳定，这种吸附过程就可能导致絮凝、破乳现象发生。

对龄期为 10d，温度分别为 20℃、55℃ 的样品进行 SEM 和 EDS 分析，结果如图 2-4-10 所示。在图 2-4-10（a）的 20℃样品的 SEM 和 EDS 照片中，可以看到大量蜂窝状以及针状物质，这些物质为水泥的水化物，且对针状物进行 EDS 分析后，发现其主要元素为 Ca、S、Al，即针状物可能为钙矾石。而在图 2-4-10（b）的 55℃样品的 SEM、

EDS 分析中，除 Ca(OH)$_2$ 外，并不能较为明显地看到与水泥水化产物有关的物质，但沥青膜层则较为明显。

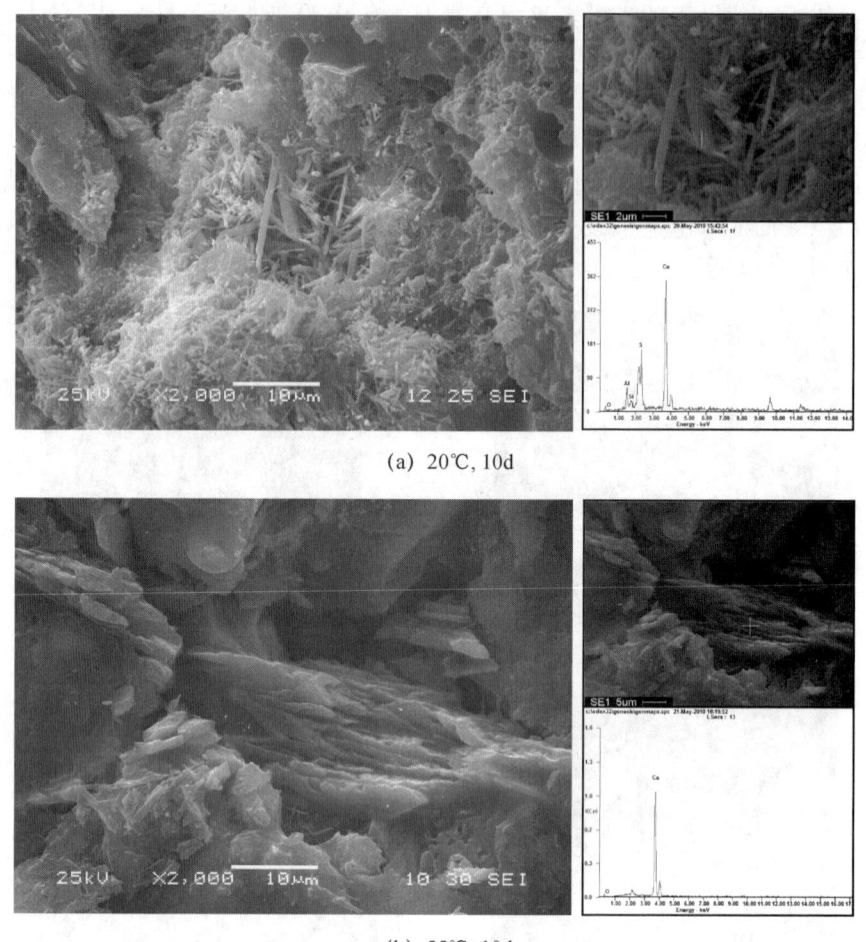

(a) 20℃, 10d

(b) 55℃, 10d

图 2-4-10 不同温度下水泥乳化沥青砂浆扫描电镜和能谱分析

乳化沥青高温下的破乳成膜包裹在水泥颗粒表面，形成保护层，阻止水泥矿物的溶解和水的扩散，导致水泥水化缓慢，即使 10d 后，55℃浆体中也不能较明显地看到水泥水化产物。

将水泥乳化沥青砂浆中加入一定量的聚羧酸减水剂，研究其对砂浆可工作时间的影响。如图 2-4-11 所示，在 45℃温度下，不掺减水剂的浆体在 10min 后流动度即从 23.2s 增加到 62.5s，且不到 20min，浆体即失去流动性；而掺 0.1%的减水剂后（以乳化沥青质量计，下同），浆体在 60min 内，仍能保持流动能力，并能实现施工；当减水剂掺量升至 0.3%时，浆体在流动度甚至可以 60min 之内保持规范所要求的 18~26s；在掺入 0.5%减水剂后，在 10min 和 20min 浆体的流动度不仅没有增加，反而出现了减少，刘世安等[52]也发现了该现象，并解释为"减水剂后效"。与减水剂相对应的是，传统意义的水泥缓凝剂，如糖钙类，对水泥乳化沥青砂浆体系流动度损失改善并不明显，即使浆体出现严重缓凝（几天不硬）也是如此。

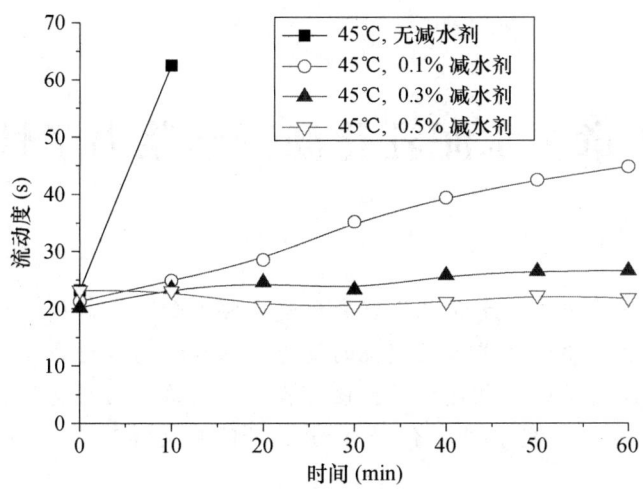

图 2-4-11　聚羧酸减水剂对水泥乳化沥青砂浆可工作时间的影响

基于上述研究，笔者认为：正常情况下，水泥乳化沥青砂浆流动度的损失是因为水泥水化引起的；而非正常的流动度损失是因为乳化沥青破乳引起的。且在正常情况下，大部分的乳化沥青破乳应以水泥水化使乳化沥青浓缩、合并破乳为主；而在非正常情况下，则表现为水泥早期生成的铝酸盐水化物吸附乳化剂使体系失稳、乳化沥青破乳的形式。聚羧酸类减水剂因能形成乳化剂与水泥矿物间的"隔离带"，而使乳化沥青保持稳定，进而起到改善水泥乳化沥青砂浆可工作时间的作用，但同时乳化剂对减水剂的影响（竞争性吸附[53,54]），导致了减水剂对水泥的作用延迟（"减水剂后效"）。

第 3 章　水泥乳化沥青砂浆力学性能

【内容提要】

在板式无砟轨道系统中，水泥乳化沥青砂浆主要承受竖向荷载，且荷载可分为静载与动载两部分，静载主要为轨道板及钢轨的重力，动载除列车重力外，还有因列车振动导致的荷载等。列车行驶过程也是水泥乳化沥青砂浆充填层的动态加载过程，这将导致加载速率的变化，因此研究水泥乳化沥青砂浆不同应变率下的压应力行为有特别的意义。

本章首先分析了组成材料对 CA 砂浆静态力学性能的影响，建立了 CA 砂浆与组成的关系。其次探讨了 CA 砂浆在不同应变率下的动态力学性能，研究了 CA 砂浆减振和抗冲击性能，建立了其受压本构关系。

3.1　水泥乳化沥青砂浆静态力学性能

本节探讨水泥乳化沥青砂浆组成材料（细集料、水泥、乳化沥青、聚合物乳液、纤维等）对其静态力学性能的影响，并建立 CA 静态力学性能与组成的关系。

3.1.1　组成材料对水泥乳化沥青砂浆静态力学性能的影响

1. 应力-应变测试

如图 3-1-1 所示，将按规定流程拌制好的 CA 砂浆装入 $\phi 50 \times 50\mathrm{mm}$ 圆柱体试模中，在标准养护条件下养护至规定龄期，然后取出进行力学性能实验，采用微电子万能实验机进行应力-应变测试，由 CA 砂浆的应力应变曲线（$\sigma\text{-}\varepsilon$ 曲线）可知，由于实验时施加在试件上的初始应力较小，导致试件的初始位移变化量较难获得，而 CA 砂浆的切线模量在加载曲线中期表现出极好的线性相关性，笔者选取 CA 砂浆应变量为 0.002～0.004 的 120 个点进行线性拟合，相关性 $R^2>0.9995$，极好地表征了 CA 砂浆在单轴受压状态下的线性变形。因此，采用 CA 砂浆试件 1/3 轴心抗压强度处的切线模量 E_t 来表征其静态弹性模量 E_{CA}，峰值应力代表其静态抗压强度。取 3 个试件的平均值作为实验结果。

2. 细集料品种对 CA 砂浆静态力学性能的影响

（1）阳离子乳化沥青。

使用阳离子乳化沥青时，不同砂品种对 CA 砂浆强度的影响见表 3-1-1。对于使用阳离子乳化沥青的 CA 砂浆，砂材质不同，强度有较明显的差异。其中，采用石英岩为砂的原料制备的 CA 砂浆强度最高，达 3.695MPa，软化系数值也最高，但仍仅为 0.677，低于受潮湿较轻或次要结构所要求的大于 0.75 的水平。而采用大理石为砂的原料制备的 CA 砂浆强度则相当低，仅为 1.484MPa，其软化系数也相当低，仅为 0.427，为相当不耐水的级别。

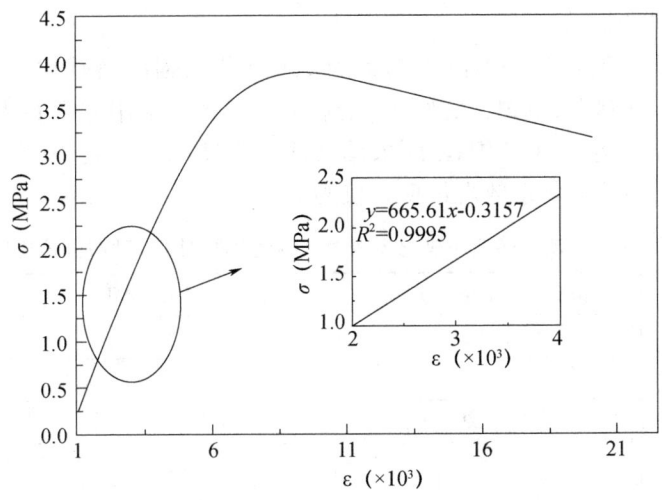

图 3-1-1　CA 砂浆应力应变曲线（σ-ε 曲线）

表 3-1-1　使用阳离子乳化沥青时砂的材质对 CA 砂浆性能影响

干料类型	饱水前的强度（MPa）	饱水后的强度（MPa）	软化系数（%）
大理石（阳）	1.484	0.633	0.427
方解石（阳）	3.486	2.140	0.614
玄武岩（阳）	3.100	1.893	0.611
花岗岩（阳）	3.441	2.170	0.631
石英（阳）	3.695	2.501	0.677

不同材质砂 CA 砂浆强度与软化系数的关系如图 3-1-2 所示。即 CA 砂浆的强度越高，其软化系数越大，两者呈线性关系。由于砂在 CA 砂浆中主要起"颗粒增强"的作用[55]，且砂本身的强度远大于水泥或沥青基体的强度，因此砂对 CA 砂浆强度的影响主要与界面结合强度有关。CA 砂浆强度与软化系数的关系与该论点相吻合，即界面结合越紧密，结合强度就越高，同时结合面也越不易遭受水的侵蚀，软化系数也就越高。

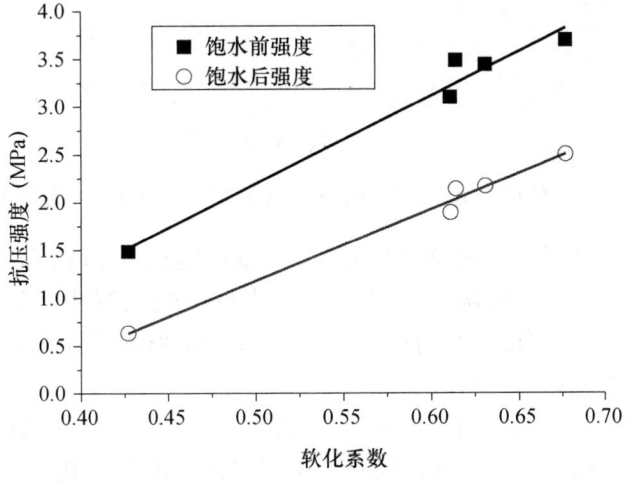

图 3-1-2　使用阳离子乳化沥青时 CA 砂浆强度与软化系数的关系

(2) 阴离子乳化沥青。

使用阴离子乳化沥青时，不同砂制备的 CA 砂浆的强度及软化系数见表 3-1-2。同样，砂的材质给 CA 砂浆的强度带来较大的影响。其中，采用方解石为砂的原料制备的 CA 砂浆强度最高，达 3.603MPa，而采用玄武岩为砂的原料制备的 CA 砂浆强度则最低，为 2.529MPa，其软化系数也最低，仅为 0.579。

表 3-1-2　使用阴离子乳化沥青时，砂的材质对 CA 砂浆强度影响

干料类型	饱水前的强度（MPa）	饱水后的强度（MPa）	软化系数（%）
大理石（阴）	2.562	1.736	0.678
方解石（阴）	3.603	2.238	0.621
玄武岩（阴）	2.529	1.464	0.579
花岗石（阴）	3.003	1.818	0.605
石英（阴）	3.265	2.099	0.643

各种砂制备的 CA 砂浆软化系数与其强度的关系如图 3-1-3 所示。与阳离子乳化沥青制备的 CA 砂浆不同，CA 砂浆强度与软化系数基本无关，其他因素可能影响了 CA 砂浆的强度。由于水泥水化后生成大量的 $Ca(OH)_2$，为强碱性，形成的水化 C-S-H 凝胶带正电荷，由于阴离子乳化沥青的沥青颗粒带负电荷，与阳离子乳化沥青相比，两者所形成的复合凝胶体电荷类型发生了较大变化，即正、负电荷均带有，而水泥水化物和阳离子乳化沥青所形成的复合凝胶体仅带有正电荷。

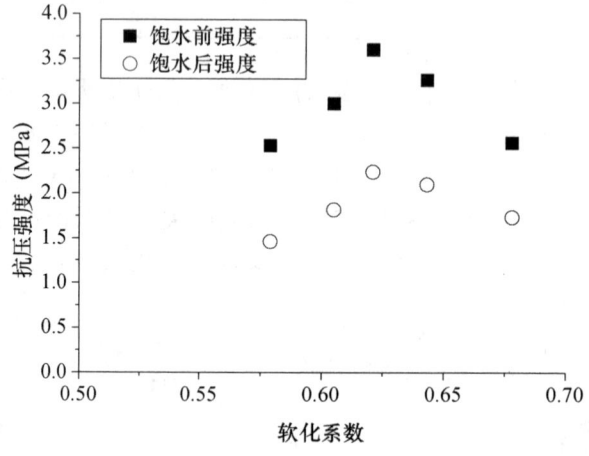

图 3-1-3　使用阴离子乳化沥青时 CA 砂浆强度与软化系数的关系

将不同的砂浸泡在水中，浸泡 7d 左右，测试浸泡液的 pH 值，其结果见表 3-1-3。从表中可知，大理石的 pH 值高达 10 左右，也表现出较强碱性，而其他岩石仅为 8 左右，接近中性的水平。同时，大理石作为砂时 CA 砂浆强度对乳化沥青的电荷类型十分敏感，软化系数也变化相当大。

因此，可以这样解释"大理石现象"：首先由于大理石呈较强碱性，因此其颗粒表面在水中带正电荷，由于阳离子乳化沥青、水泥水化物也带正电荷，电荷相斥的原因使得其制备的 CA 砂浆强度较低、耐水性较差；同时由于阴离子乳化沥青带负电荷，电荷

吸引的原因使得大理石能与沥青颗粒形成较好的结合，因此其制备的 CA 砂浆强度较高、耐水性也较好；大理石表面较光滑可能也是其强度较低的原因。

表 3-1-3　CA 砂浆用砂的 pH 值

岩石种类	pH 值
大理石	10.14
方解石	8.25
花岗石	8.10
玄武岩	8.32
石英	8.20

（3）不同乳化沥青对比。

乳化沥青电荷类型对 CA 砂浆强度的影响可以分为两大类，其中大理石和方解石（碳酸钙质岩石）采用阳离子乳化沥青时，其强度低于阴离子乳化沥青的；而对于玄武岩、花岗岩和石英岩（二氧化硅质岩石），其规律恰好相反，如图 3-1-4 所示。在 CA 砂浆耐水性试验中也可以看到类似规律，如图 3-1-5、图 3-1-6 所示，在使用阳离子乳化沥青时，大理石、方解石饱水后其强度降低幅度高于阴离子乳化沥青；而对于玄武岩、花岗岩和石英岩，饱水后，使用阳离子乳化沥青时，其耐水性优于阴离子乳化沥青。

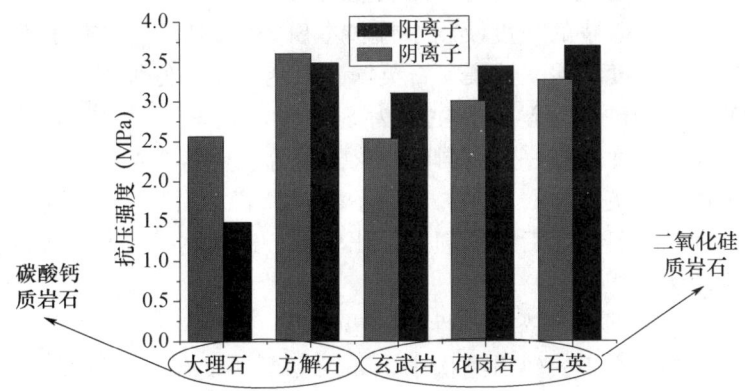

图 3-1-4　饱水前的 CA 砂浆强度

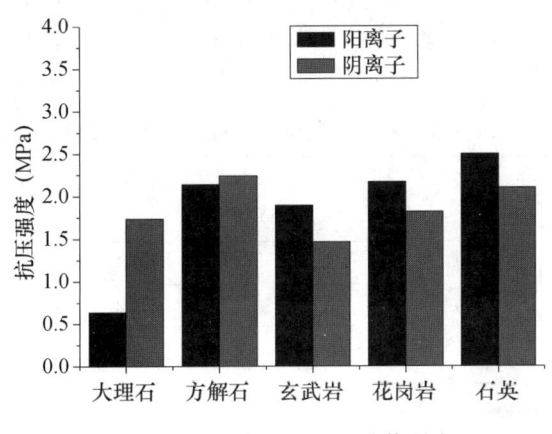

图 3-1-5　饱水后的 CA 砂浆强度

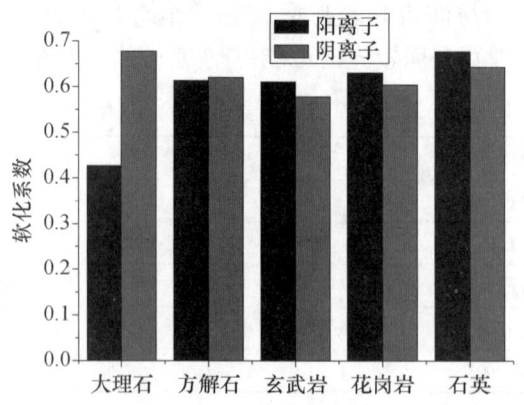

图 3-1-6 不同乳化沥青 CA 砂浆的软化系数

上述现象可能与砂的化学组成有关。大理石和方解石的化学成分主要为 $CaCO_3$,为碱性集料,其在水中电离后表面带正电荷,因此更易吸附负电荷的沥青颗粒,即与阴离子乳化沥青能更好地吸附与结合,强度较高,抗水侵蚀能力较强。而玄武岩、花岗岩和石英的化学成分主要为 SiO_2,为酸性集料,在水中电离后表面带负电荷,因此更易吸附正电荷的沥青颗粒,即与阳离子乳化沥青能更好地吸附与结合,强度较高,同样抗水侵蚀能力较强。也即与有关沥青混合料的研究结果不同,在 CA 砂浆中,乳化沥青的电荷类型严重影响了 CA 砂浆的强度及耐水性,本研究中的碱性集料大理石(碳酸钙质)制备的 CA 砂浆,其强度均比酸性集料石英(二氧化硅质)低很多。

综合上面研究,当砂的化学成分主要为 SiO_2 时,宜采用阳离子乳化沥青,所拌制的 CA 砂浆强度和耐水性均较好;而当砂的化学成分主要为 $CaCO_3$ 时,宜采用阴离子乳化沥青。总的来说,石英质岩石对阴、阳离子乳化沥青均有较好的适应性,CA 砂浆饱水前后的强度均较高,且饱水后强度损失率比较低,这表明沥青与砂界面结合较好,粘结强度较高,是较为理想的砂材料。

3. 沥青掺量对 CA 砂浆静态力学性能的影响

由前面研究可知,在板式轨道结构中,要求 CA 砂浆有一定抗拉强度与变形能力,通过改变沥青与水泥的掺量来研究所配置 CA 砂浆的力学性能,进而以选定配合比。在水泥的掺量为 367kg/m³ 和砂的掺量为 732kg/m³ 的情况下,使乳化沥青的掺量从 100kg 增加至 650kg,并依据 CA 砂浆的流动性加入水和减水剂,以研究沥青对 CA 砂浆强度的影响。CA 砂浆配比以及测试的抗压强度、抗折强度和折压比见表 3-1-4。

表 3-1-4 CA 砂浆配比及强度(龄期 28d)

编号	砂 (kg/m³)	水泥 (kg/m³)	乳化沥青 (kg/m³)	抗折强度 (MPa)	抗压强度 (MPa)	折压比
1	732	367	0	7.64	43.21	0.18
2	732	367	100	7.82	29.77	0.26
3	732	367	250	8.05	22.67	0.36
4	732	367	300	4.11	7.03	0.58

续表

编号	砂 (kg/m³)	水泥 (kg/m³)	乳化沥青 (kg/m³)	抗折强度 (MPa)	抗压强度 (MPa)	折压比
5	732	367	400	3.80	6.06	0.63
6	732	367	500	3.29	5.53	0.61
7	732	367	650	2.54	4.28	0.59

注：采用试件尺寸为 160mm×40mm×40mm。

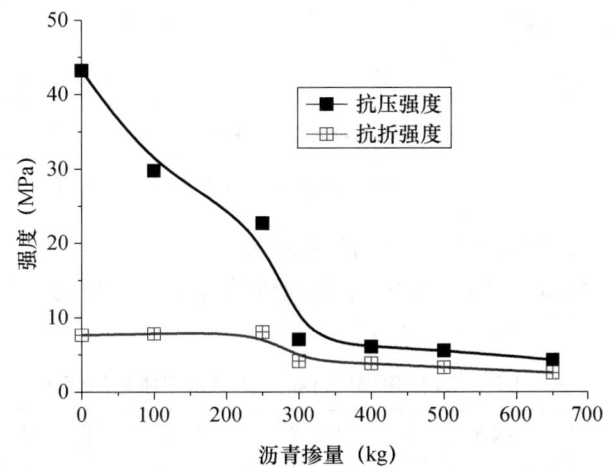

图 3-1-7 CA 砂浆强度随沥青掺量的变化

由图 3-1-7 可知，随着乳化沥青掺量的增加，CA 砂浆的强度迅速降低，其中乳化沥青掺量为 300kg 左右时，CA 砂浆强度随沥青掺量增加降低尤为明显，抗压强度由 22.67MPa 降低为 7.03MPa，这可能与 CA 砂浆基体结构发生变化有关。假如 28d 龄期时水泥的水化程度为 30%，水泥水化时生成水化物的体积等于水泥加水的体积（水泥完全水化需水量为其质量的 0.28 左右），那么单位体积的 CA 砂浆中水泥颗粒及其水化物的体积为

$$367\times0.8/3.1+367\times0.3\times0.28+367\times0.2/3.1=149.2L \quad (3-1-1)$$

当乳化沥青掺量为 250kg 时，乳化沥青的蒸发残留物含量为 60%，沥青的理论密度为 1.03g/cm³，因此，单位体积的 CA 砂浆中沥青的体积为

$$250\times60\%/1.03=145.6L \quad (3-1-2)$$

在 CA 砂浆中，砂为颗粒增强相，沥青、水泥、水泥水化物构成基体相。也即当乳化沥青掺量为 250kg 时，CA 砂浆的基体结构开始从水泥（及水化物）相占主导转变为沥青相占主导，进而导致 CA 砂浆强度迅速下降。

CA 砂浆折压比随乳化沥青掺量的变化如图 3-1-8 所示，随着乳化沥青掺量的增加，CA 砂浆的折压比先增加后减少，由于折压比是评价材料韧性的重要指标，折压比较低的材料较易开裂，从而引起耐久性的降低。当乳化沥青的掺量为 400kg 左右时折压比达到最大值 0.63，这表明，为实现 CA 砂浆的较好的抗拉与变形能力，乳化沥青的最佳掺量为 400 左右。

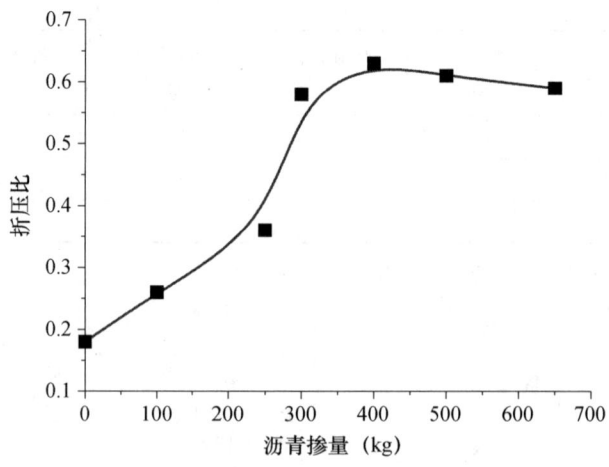

图 3-1-8 CA 砂浆折压比随乳化沥青掺量的变化

4. 水泥掺量对 CA 砂浆静态力学性能的影响

保持乳化沥青的掺量不变,而改变水泥及砂的质量,得到的 CA 砂浆强度及折压比见表 3-1-5。

表 3-1-5 CA 砂浆强度及折压比随水泥掺量的变化

编号	砂 (kg/m³)	水泥 (kg/m³)	乳化沥青 (kg/m³)	抗折强度 (MPa)	抗压强度 (MPa)	折压比
1	732	367	300	4.11	7.03	0.58
2	600	500	300	6.61	15.67	0.42
3	450	650	300	6.12	20.00	0.31
4	732	367	400	3.80	6.06	0.63
5	600	500	400	3.37	5.43	0.62
6	450	650	400	2.74	5.47	0.51

注:采用试件尺寸为 160mm×40mm×40mm。

如图 3-1-9、图 3-1-10 所示,当乳化沥青掺量为 300kg 时,随着水泥用量增加,CA 砂浆强度增加,抗折强度由 4.11MPa 增加至 6.12MPa,而抗压强度则由 7.03MPa 增加至 20.00MPa,即相比于抗折强度,CA 砂浆抗压强度随水泥掺量的增加更为明显。但当乳化沥青掺量为 400kg 时,强度随水泥掺量的变化恰好相反,随水泥用量的增加反而减少,抗折强度由 3.80MPa 增加至 2.74MPa,而抗压强度则由 6.06MPa 降低至 5.47MPa。

CA 砂浆折压比随水泥掺量的变化如图 3-1-11 所示,随着水泥掺量的增加,CA 砂浆的折压比降低,这表明 CA 砂浆逐渐变脆,CA 砂浆易出现开裂的风险。纯水泥砂浆的折压比为 0.20~0.30,CRTSⅡ型 CA 砂浆的折压比为 0.45 左右,CRTSⅠ型 CA 砂浆的折压比为 0.65 左右。在图 3-1-11 中,CA 砂浆折压比最高为 0.63,折压比接近 CRTSⅠ型 CA 砂浆的水平。

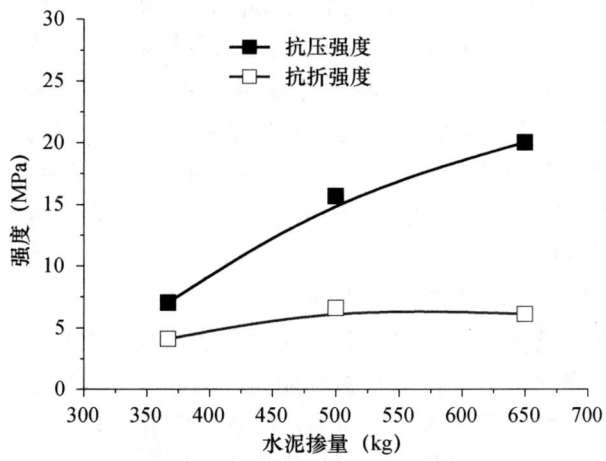

图 3-1-9 CA 砂浆强度随水泥掺量的变化（乳化沥青掺量 300kg）

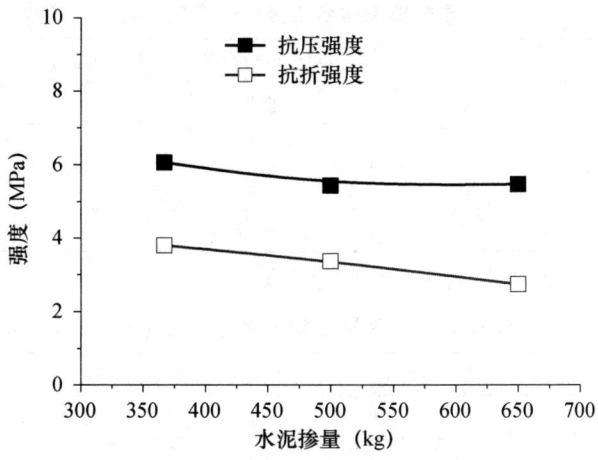

图 3-1-10 CA 砂浆强度随水泥掺量的变化（乳化沥青掺量 400kg）

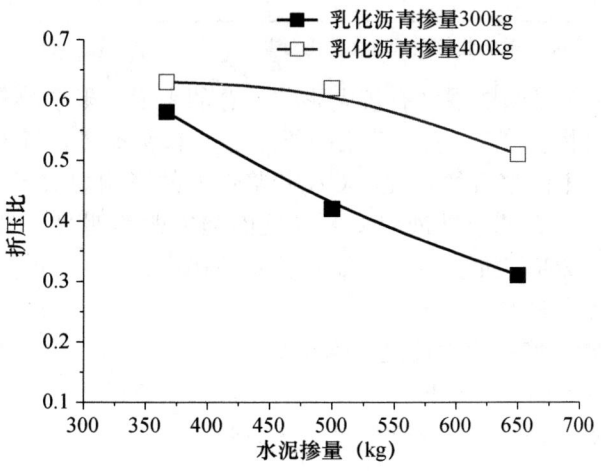

图 3-1-11 CA 砂浆折压比随水泥掺量的变化

由图 3-1-9、图 3-1-10 可以看出，当乳化沥青掺量为 300kg 时，水泥掺量对抗折强度影响并不明显，而当乳化沥青掺量为 400kg，水泥掺量对抗压强度却并不明显，这同样与 CA 砂浆基体结构有关。当乳化沥青掺量为 300kg 时，在水泥掺量为 500kg、650kg 的情况下，CA 砂浆基体为水泥及水化物占主导的脆性结构，因此表现为高抗压强度和低折压比特征。而当乳化沥青掺量为 400kg 时，在水泥掺量为 367kg、500kg 的情况下，CA 砂浆基体为沥青占主导的柔性结构；因此表现为低抗压强度（满足要求即可）和高折压比特征。

5. 聚合物乳液对 CA 砂浆静态力学性能的影响

用于建筑材料的聚合物乳液一般为高分子化合物，其掺入在乳化沥青后，可改善沥青的温度敏感性、抗老化性以及抗水损害等能力，因此大规模用于沥青的改性。笔者选择了目前使用较多丙烯酸、丁苯橡胶（SBR）以及苯丙乳液，以等质量取代乳化沥青的形式加入 CA 砂浆中，以研究聚合物对 CA 砂浆性能的影响。试验选取了两个乳化沥青的掺量，以从其中优选出最佳的配合比，试验结果见表 3-1-6、表 3-1-7。

表 3-1-6　CA 砂浆力学性能随聚合物掺量的变化（乳化沥青掺量 300kg）

编号	聚合物种类	掺量（kg）	抗压强度（MPa）	抗折强度（MPa）	折压比
0	无	0.0	6.21	3.86	0.62
1	丙烯酸乳液	25	6.28	4.12	0.66
2	SBR 乳液	25	5.91	3.83	0.65
3	苯丙乳液	25	6.37	4.20	0.66

注：乳化沥青掺量为 375kg，聚合物等质量取代乳化沥青。

表 3-1-7　CA 砂浆力学性能随聚合物掺量的变化（乳化沥青掺量 400kg）

编号	聚合物种类	掺量（kg）	抗压强度（MPa）	抗折强度（MPa）	折压比
0	无	0.0	6.06	3.80	0.63
1	丙烯酸乳液	50	5.85	3.91	0.67
2	SBR 乳液	50	5.94	3.89	0.65
3	苯丙乳液	50	6.32	4.42	0.70

注：乳化沥青掺量为 400kg，聚合物等质量取代乳化沥青。

聚合物乳液对 CA 砂浆的强度有较大影响，总的来说，聚合物对 CA 砂浆的韧性有改善作用，加入聚合物乳液后，CA 砂浆的折压比均有所提高，且聚合物掺量越高，折压比的改善越明显。不同聚合物乳液对 CA 砂浆强度的影响规律不同，SBR 乳液对 CA 砂浆的强度有所降低，而苯丙乳液对 CA 砂浆的强度改善明显，且能较大幅度地提高 CA 砂浆的折压比，改善其抗裂性。当苯丙乳液的掺量为 $50kg/m^3$ 时，对 CA 砂浆的抗压强度与抗折强度均有较大的改善。

6. 纤维对 CA 砂浆静态力学性能的影响

分别将木纤维、聚丙烯纤维掺入 CA 砂浆中，来研究纤维对 CA 砂浆抗裂性能的影响，纤维掺量（体积分数）及力学性能见表 3-1-8。

表 3-1-8 CA 砂浆力学性能随纤维掺量的变化

编号	纤维种类	掺量（%）	抗压强度（MPa）	抗折强度（MPa）	折压比
0	无	0.0	6.06	3.8	0.63
1	木质纤维	1.5	7.08	4.33	0.61
2	木质纤维	2.5	5.52	3.27	0.59
3	木质纤维	3.5	5.41	3.35	0.62
4	木质纤维	4.5	5.98	3.62	0.61
5	聚丙烯纤维	1.0	5.86	4.05	0.69
6	聚丙烯纤维	2.0	5.78	4.23	0.73
7	聚丙烯纤维	3.0	5.96	4.22	0.71

表 3-1-8 表明，掺入纤维对 CA 砂浆的强度有较大影响，在加入纤维后，CA 砂浆的抗压强度有所降低。可能由于木纤维较短，且易团聚，因此当掺量较低时，可改善沥青胶的力学性能，抗压强度与抗折强度均较高。但当木纤维的掺量较高时，其不易分散等缺点导致其严重降低了 CA 砂浆的强度，无法发挥其阻裂的作用，因此掺入后 CA 砂浆的抗折强度以及折压比均有所降低。

聚丙烯在 CA 砂浆中能较好地分散，且较长，因此其对 CA 砂浆抗折强度的改善特别明显，当聚丙烯纤维的体积掺量为 2% 时，CA 砂浆的抗折强度可达 4.23MPa，折压比可达 0.73，使 CA 砂浆表现出相当强的韧性。综合考虑纤维的分散性、强度、耐久性与经济性，建议 CA 砂浆采用聚丙烯纤维，且纤维的掺量为水泥的 2%。

3.1.2 水泥乳化沥青砂浆静态力学性能与微观组成的关系

本节通过测试不同配合比 CA 砂浆静态抗压强度和弹性模量，采用理论方法计算其胶空比 x，并结合对已有文献 CA 砂浆抗压强度 f 和弹性模量 E_{CA} 数据的统计结果，运用 Hashin 复合球模型，从水泥水化产物、水泥凝胶骨架、水泥沥青复合胶凝体系和水泥乳化沥青（CA）砂浆 4 个尺度，建立 CA 砂浆的静态受压力学模型，分析 CA 砂浆弹性模量 E_{CA}、抗压强度 f 与组成的关系。

1. CA 砂浆试件制备

以无机胶凝材料（水泥 C＋膨胀剂 E，B）为基本单位 1，通过调整乳化沥青（A）与无机胶凝材料的比例（A/B），砂（S）与无机胶凝材料的比例（S/B），绝对用水量与无机胶凝材料的比例（W/B 比），配合比见表 3-1-9。将搅拌好的 CA 砂浆注入 ϕ50 mm×50 mm 的模具内，约 24h 拆模，然后在（20±3）℃，相对湿度（65±5）% 条件下养护 180d，进行力学测试。

表 3-1-9 实验配合比（%）

组号	C	E	S	A	W	减水剂	铝粉
1	85	15	200	95	80	0.00	0.014
2	85	15	200	88	70	0.55	0.014
3	85	15	150	82	70	0.00	0.014

续表

组号	C	E	S	A	W	减水剂	铝粉
4	85	15	150	88	70	0.23	0.014
5	85	15	150	95	70	0.48	0.014
6	85	15	150	68	60	0.00	0.013
7	85	15	150	75	60	0.11	0.013
8	85	15	150	82	60	0.24	0.013
9	85	15	150	88	60	0.36	0.013
10	85	15	150	95	60	0.44	0.013
11	85	15	100	68	60	0.50	0.014
12	85	15	100	75	60	0.60	0.014
13	85	15	100	82	60	0.80	0.014
14	85	15	100	88	60	0.50	0.013
15	85	15	100	95	60	0.40	0.013
16	85	15	100	102	60	0.50	0.013

2. 水泥乳化沥青浆体各相体积分数计算

邓德华[56]等基于Powers[57]和Brown yard[57]的研究结果推导出了水泥乳化沥青各相体积分数计算公式，实验结果表明理论计算值与实测值相差5%以内。故笔者采用式（3-1-3）～式（3-1-10）计算了CA砂浆硬化浆体组成参数，计算时不考虑含量较少的外加剂。

（1）新拌水泥乳化沥青中水泥浆的体积分数$V_{cp,0}$：

$$V_{cp,0}=\frac{C/\rho_c+W/\rho_w}{W/\rho_w+C/\rho_c+A/\rho_A}=\frac{W/C+\rho_w/\rho_c}{W/C+\rho_w/\rho_c+\rho_w/\rho_A \times A/C} \quad (3\text{-}1\text{-}3)$$

式中，A为沥青固体含量，g；C为水泥用量，g；W为水的用量，g；ρ_w为水的密度，1.0 g/cm³；ρ_c为水泥的密度，3.12 g/cm³；ρ_A为固体沥青的密度，1.02 g/cm³。

（2）新拌浆体的初始孔隙率P：

$$P=V_{cp,0}\frac{W/\rho_w}{W/\rho_w+C/\rho_c}=\frac{W/C}{W/C+\rho_w/\rho_c} \quad (3\text{-}1\text{-}4)$$

（3）未水化水泥的体积分数V_{cs}：

$$V_{cs}=V_{cp,0}(1-P)(1-\alpha) \quad (3\text{-}1\text{-}5)$$

（4）水泥水化物固体体积分数V_{gs}：

$$V_{gs}=1.52(1-P)V_{cp,0}\alpha \quad (3\text{-}1\text{-}6)$$

（5）凝胶水（凝胶孔）体积分数V_{cw}：

$$V_{cw}=0.60(1-P)V_{cp,0}\alpha \quad (3\text{-}1\text{-}7)$$

（6）毛细水（毛细孔）体积分数V'_{cw}：

$$V'_{cw}=V_{cp,0}[P-1.32(1-P)\alpha] \quad (3\text{-}1\text{-}8)$$

（7）化学收缩引起的体积变化率V'_{cs}：

$$V'_{cs}=0.20(1-P)V_{cp,0}\alpha \quad (3\text{-}1\text{-}9)$$

(8) 水泥水化物体积分数 V_{CH}:

$$V_{CH}=2.12(1-P)V_{cp,0}\alpha \tag{3-1-10}$$

3. 不同配比下 CA 砂浆静态力学特性

根据式（3-1-4）～式（3-1-10）计算不同配比下水泥乳化沥青浆体各相体积分数。由于相关文献［58-64］都集中于分析 CA 砂浆静态抗压强度，本书为获得不同配比 CA 砂浆静态弹性模量数据，测试了养护龄期为 180d，物理性能和施工性能均满足"暂行技术条件"要求的 CA 砂浆力学性能。在硬化沥青水泥胶凝体系中，其主要组成为水泥水化物、毛细孔和沥青及自由水，其在浆体中的体积含量及 CA 砂浆力学性能参数见表 3-1-10 和表 3-1-11。

表 3-1-10　基于文献数据 CA 砂浆硬化浆体组成计算值及其力学性能

W/C	A/C	α	V_{CH}	V_{cw}	V_{ap}	x	σ (MPa)	文献
0.67	1.00	0.97	0.334	0.132	0.497	0.347	1.75	[60]
0.67	0.90	0.97	0.352	0.139	0.471	0.366	2.53	[60]
0.67	0.70	0.97	0.393	0.155	0.409	0.41	4.26	[60]
0.60	0.90	0.97	0.366	0.105	0.489	0.381	2.55	[60]
0.55	0.70	0.97	0.423	0.090	0.441	0.444	4.35	[60]
0.71	0.77	0.80	0.305	0.208	0.423	0.325	1.98	[59]
0.74	0.80	0.80	0.295	0.218	0.425	0.314	1.87	[59]
0.76	0.83	0.80	0.287	0.223	0.430	0.306	1.83	[59]
0.55	0.30	0.97	0.566	0.120	0.253	0.603	19.26	[61]
0.45	0.30	0.97	0.619	0.037	0.276	0.664	24.90	[61]
0.65	0.30	0.97	0.521	0.189	0.233	0.553	21.90	[61]
0.70	0.86	0.97	0.354	0.155	0.452	0.368	3.61	[61]
0.61	0.86	0.97	0.372	0.113	0.475	0.387	4.69	[61]
0.80	0.86	0.97	0.336	0.198	0.429	0.348	4.56	[61]
0.50	0.35	1.00	0.584	0.066	0.295	0.618	21.00	[62]
0.60	0.35	1.00	0.538	0.140	0.272	0.566	19.40	[62]
0.60	0.20	1.00	0.609	0.158	0.176	0.646	29.60	[62]
0.50	0.30	0.80	0.488	0.145	0.264	0.544	16.70	[63]
0.52	0.40	0.80	0.441	0.147	0.318	0.487	12.85	[64]
0.56	0.70	0.80	0.347	0.141	0.438	0.375	6.64	[64]
0.60	0.90	0.80	0.302	0.145	0.489	0.322	3.21	[64]
0.40	0.30	0.80	0.536	0.061	0.290	0.604	15.90	[65]
0.50	0.30	0.80	0.488	0.145	0.264	0.544	15.80	[65]
0.60	0.30	0.80	0.448	0.215	0.242	0.495	13.80	[65]
0.70	0.30	0.80	0.414	0.275	0.224	0.453	13.40	[65]

续表

W/C	A/C	α	V_{CH}	V_{cw}	V_{ap}	x	σ (MPa)	文献
0.60	0.00	0.80	0.591	0.284	0.000	0.675	37.20	[65]
0.60	0.10	0.80	0.534	0.257	0.096	0.602	26.60	[65]
0.60	0.50	0.80	0.385	0.185	0.347	0.420	8.40	[65]
0.60	0.70	0.80	0.338	0.163	0.427	0.364	2.60	[65]

注：W/C—水灰比；A/C—沥灰比；α—水泥水化度；V_{CH}—硬化水泥沥青砂浆中水泥水化物体积分数（包括凝胶孔）；V_{cw}—毛细孔水体积分数（毛细孔）；V_{ap}—硬化水泥沥青砂浆中沥青体积分数；x—胶空比；σ—砂浆抗压强度。

表 3-1-11　基于实验 CA 砂浆硬化浆体组成计算值及其力学性能

序号	α	V_{CH}	V_{cw}	V_{ap}	x	σ (MPa)	E (MPa)
1	0.97	0.343	0.277	0.343	0.357	1.75	391
2	0.97	0.376	0.236	0.347	0.392	3.53	525
3	0.97	0.385	0.241	0.332	0.402	2.67	450
4	0.97	0.376	0.236	0.347	0.392	2.59	419
5	0.97	0.366	0.229	0.365	0.381	2.30	364
6	0.97	0.440	0.197	0.314	0.462	4.48	788
7	0.97	0.427	0.191	0.336	0.447	4.29	717
8	0.97	0.414	0.185	0.356	0.433	3.50	621
9	0.97	0.403	0.181	0.372	0.422	3.05	466
10	0.97	0.391	0.175	0.390	0.409	2.53	461
11	0.97	0.440	0.197	0.314	0.462	4.40	767
12	0.97	0.427	0.191	0.336	0.447	3.44	624
13	0.97	0.414	0.185	0.356	0.433	3.19	586
14	0.97	0.403	0.181	0.372	0.422	2.65	496
15	0.97	0.391	0.175	0.390	0.409	2.70	415
16	0.97	0.381	0.171	0.407	0.397	2.27	393

注：E—弹性模量。

4. CA 砂浆的微细观结构及静态受压力学模型分析

对 CA 砂浆进行背散射电子成像分析（BSE）和扫描电子显微镜（SEM）分析，结果如图 3-1-12 所示，在 CA 砂浆基体中，水泥凝胶体和沥青相混合，砂被包裹在其中，同时浆体中充满大量微小的气孔。CA 砂浆经长期（30d）沥青溶出处理后 BSE 及 SEM 结果（图 3-1-13）表明，对于 Ⅱ 型 CA 砂浆沥青被溶出后，水泥胶凝体为连续骨架将砂粒包裹（图 3-1-13b）。Ⅰ型Ⅱ型凝胶体上都观察到许多直径 5μm 左右的球形空洞，这可能是沥青颗粒被溶出后而留下的，说明沥青可能并未完全包裹水泥颗粒。而 C-S-H 凝胶作为硅酸盐水泥水化物的主要组成部分，其与沥青之间的相互作用与 CA 砂浆微结构的形成密切相关，研究表明沥青与 C-S-H 凝胶之间没有发生插层反应和"开孔"效应，没有改变 C-S-H 凝胶的微孔结构和生成新物相，即沥青相和 C-S-H 凝胶为简单的物理混合[65]。因此，CA 砂浆可视为沥青、水泥胶凝体、砂粒组成的多相复合材料，砂粒悬浮在沥青水泥胶浆中。

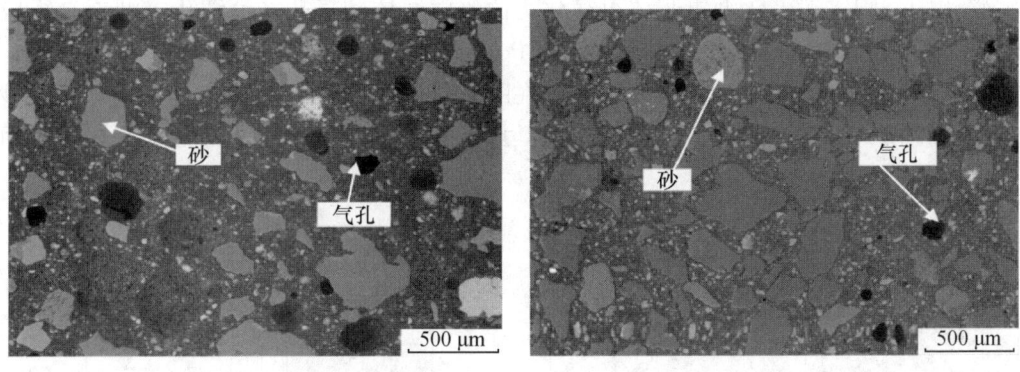

(a) Ⅰ型CA砂浆　　　　　　　　　　　(b) Ⅱ型CA砂浆

图 3-1-12　Ⅰ型和Ⅱ型 CA 砂浆沥青未溶出处理的 BSE 分析

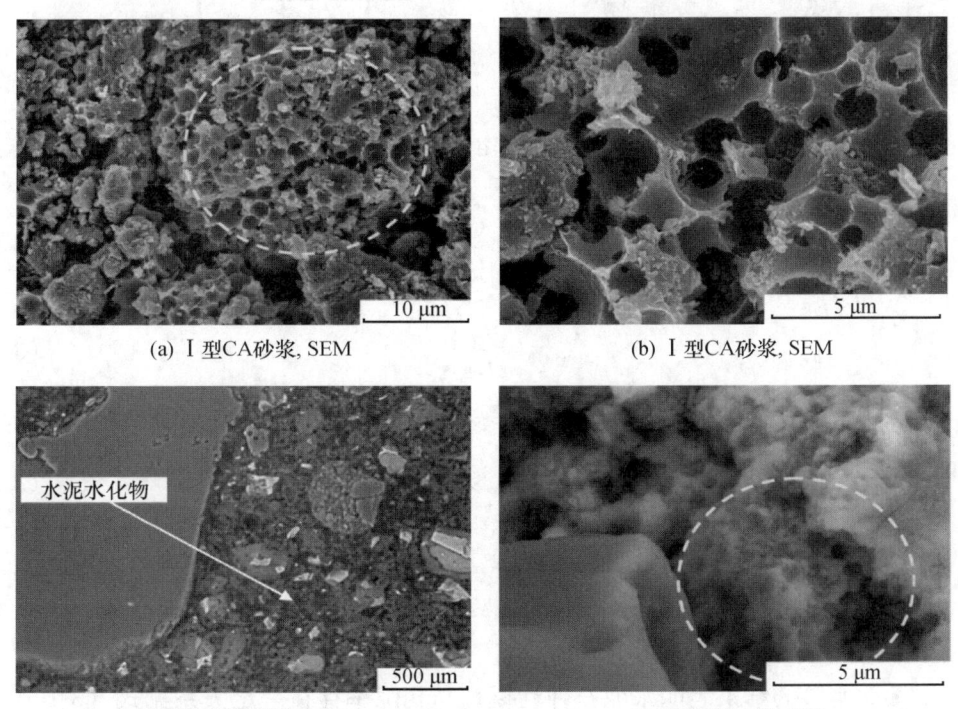

(a) Ⅰ型CA砂浆，SEM　　　　　　　　(b) Ⅰ型CA砂浆，SEM

(c) Ⅱ型CA砂浆，BSE　　　　　　　　(d) Ⅱ型CA砂浆，BSE

图 3-1-13　沥青溶出处理后的 CA 砂浆 BSE 及 SEM 分析

基于上述 CA 砂浆微观结构，采用 Hashin 提出用于描述多相复合材料的力学特性的复合球模型[66]。如图 3-1-14 所示，此模型由一系列尺寸渐变的球（砂粒）夹杂嵌入在连续的基体相（水泥-沥青胶凝体系）中组成。尽管每个复合球模型的大小并不一样，但 a_n/b_n（a_n 为砂粒半径；b_n 为复合球半径）为常数。

进行单轴受压实验时，砂粒与沥青水泥胶凝浆体受到的应力相等。将沥青水泥砂浆简化为由沥青水泥浆体和集料组成的两相复合材料，建立材料复合模型，如图 3-1-15 所示。若将沥青视为孤立体存在水泥浆体中，则沥青水泥浆体可简化为由沥青和水泥浆体（含毛细孔）组成的材料复合模型（图3-1-15，模型1）。若将沥青视作气孔分布于硬化水泥浆体中，则水泥乳化沥青浆体可简化为由水泥浆体和气孔（毛细孔＋沥青）组成的材料复合模型（图3-1-15，模型2）。由于Pouliot等[67]认为在水泥乳化沥青砂浆中，沥青的掺入将大幅度降低砂浆的强度，分布在刚性基体中沥青应被看作是气孔，其对砂浆强度和弹性模量的贡献比较有限，即在较低加载速度下，沥青可认为有应变行为，而没有应力行为[68]。

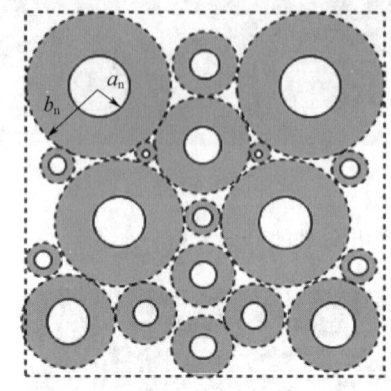

图3-1-14 复合球模型图

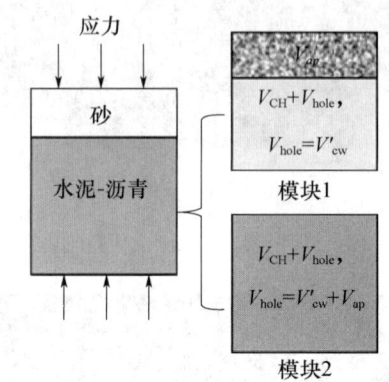

图3-1-15 沥青水泥浆体-砂粒复合体系受力示意图

根据Huck定律：

$$\sigma_{CA}=\varepsilon_{CA} \cdot E_{CA}, \ \sigma_{CA}=\sigma_B=\sigma_s \tag{3-1-11}$$

$$\varepsilon_{CA}=\varepsilon_B+\varepsilon_s \tag{3-1-12}$$

$$\varepsilon_{CA}=\frac{\sigma}{E_B}+\frac{\sigma}{E_s} \tag{3-1-13}$$

因为$E_s \gg E_B$，所以

$$\frac{\sigma}{E_B} \gg \frac{\sigma}{E_s} \tag{3-1-14}$$

$$\varepsilon_B \gg \varepsilon_s \tag{3-1-15}$$

又

$$\varepsilon_{CA} \approx \varepsilon_B \tag{3-1-16}$$

$$\sigma=\varepsilon_{CA}E_{CA}=\varepsilon_B E_B \tag{3-1-17}$$

因此

$$E_{CA} \approx E_B \tag{3-1-18}$$

5. CA砂浆静态弹性模量与组成的关系

Verbeck实验的结果表明水泥石弹性模量与孔隙率存在一定关系见式（3-1-19）。如图3-1-16所示，CA砂浆的弹性模量E_{CA}与水泥水化物体积分数V_{CH}也存在相似的幂函数关系，表明沥青在硬化水泥浆体中可视为气孔（也验证了Pouliot等的假设），其对CA砂浆弹性模量E_{CA}的贡献十分有限。

$$E=E_0(1-P_c)^3 \tag{3-1-19}$$

式中，E为水泥石的弹性模量；E_0为孔隙率为零的弹性模量，水化凝胶体的弹性模量约为14GPa；P_c为孔隙率，$1-P_c \approx V_{CH}$。

若将沥青视为低模量固体穿插于水泥浆体中，则沥青水泥浆体又可简化为由沥青和水泥浆体组成的材料复合模型（图3-1-15，模型1）。水泥沥青浆体弹性模量E_B应满足

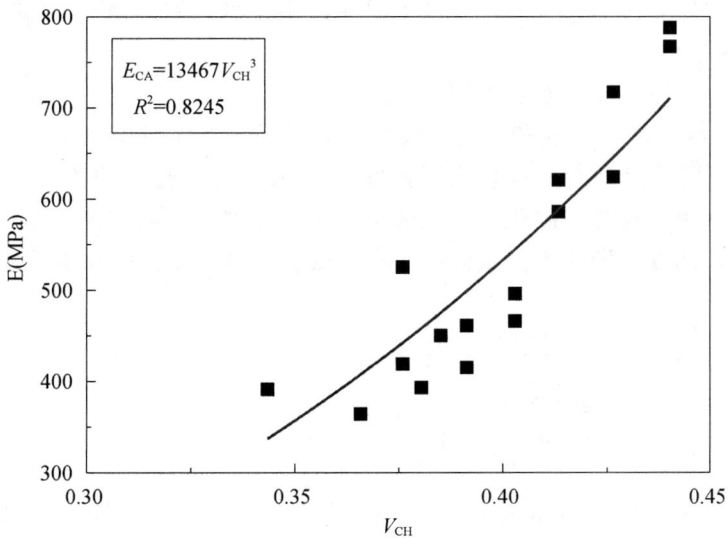

图 3-1-16 CA 砂浆弹性模量 E_{CA} 与水泥水化物体积分数 V_{CH} 的关系（沥青视为气孔）

式（3-1-20）：

$$\frac{1}{E_B}=\frac{1}{E_c}+\frac{1}{E_A} \tag{3-1-20}$$

根据 Verbeck 实验的结果 $E_c=E_0(1-P_c)^3$（式 3-1-19）可得 CA 砂浆弹性模量 E_{CA} 另一种数学表达式（3-1-21）：

$$E_{CA} \approx E_B = \frac{E_A \cdot E_0(1-P_c)^3}{E_A+E_0(1-P_c)^3} = \frac{E_A \cdot E_0(V_{CH})^3}{E_A+E_0(V_{CH})^3} \tag{3-1-21}$$

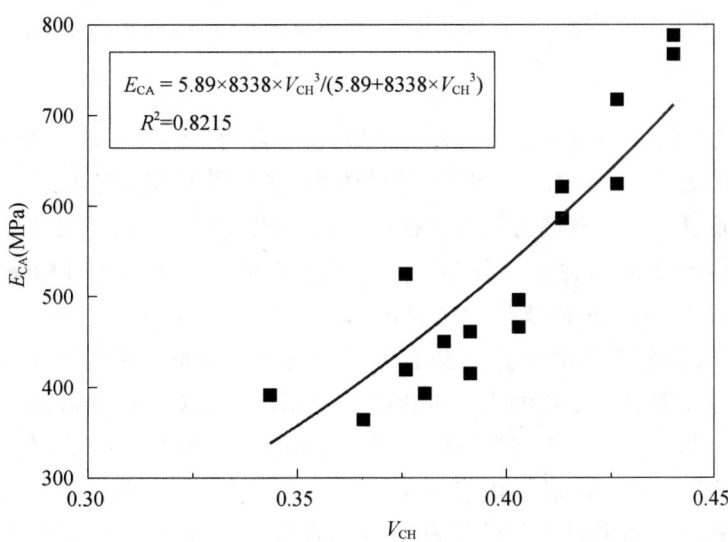

图 3-1-17 CA 砂浆弹性模量 E_{CA} 与水泥水化物体积分数 V_{CH} 的关系（沥青视为低模量相）

从图 3-1-17 可看出，实验结果与式（3-1-21）有较好的相关性（$R^2=0.8215$），说明沥青可能穿插于水泥浆体中，CA 砂浆弹性模量 E_{CA} 由沥青弹性模量 E_A 和水泥浆体弹性模量E_0共同决定,拟合结果$E_A=5.89$ MPa,相比水泥浆体弹性模量$E_0=8338$MPa,E_{CA}仍主要取决于E_0。

6. CA砂浆静态抗压强度与组成的关系

T. C. Powers[69]基于实验和理论分析得到水泥石的强度与胶空比x存在幂函数关系(式3-1-22),且研究表明CA砂浆抗压强度f与水泥浆体密切相关[67]。如图3-1-18所示,若将沥青视为气孔存在硬化水泥浆体中,抗压强度f与胶空比x也存在相似的幂函数关系。因此,沥青在硬化水泥浆体中可视为气孔,其对CA砂浆抗压强度f的贡献比较有限。

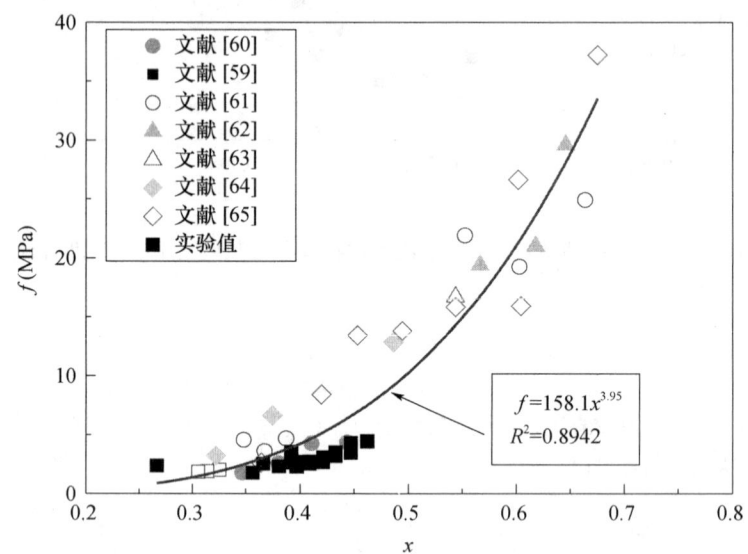

图3-1-18 CA砂浆抗压强度f与胶空比x的关系(沥青视为气孔)

$$f=f_0 x^n \quad (3\text{-}1\text{-}22)$$

式中,f为水泥石的抗压强度;f_0为毛细孔为零(即$x=1$)时水泥石的强度;n为实验常数,一般为2.6~3.0;x为凝胶体的体积/水泥浆体所占空间。

若将CA砂浆中的沥青视为气孔存在时,胶空比模型$f=f_0 x^n$可用于表征CA砂浆抗压强度f与胶空比x的关系(图3-1-18),水泥石弹性模量E与孔隙率P_c的模型(式3-1-19)也可用于表征CA砂浆弹性模量E_{CA},E_{CA}与水泥水化物相体积分数V_{CH}的关系(图3-1-16),CA砂浆在承受静态荷载时低模量的沥青仅起到胶凝体骨架的填充作用,其静力学性能主要取决高模量的水泥水化物凝胶相。根据CA砂浆静态力学性能(抗压强度f和弹性模量E_{CA})与组成参数的关系,并结合CA砂浆BSE结果,对CA砂浆微结构可做如下推断:CA砂浆硬化浆体中水泥水化物仍为连续相并构成复合胶凝体骨架,沥青穿插其中,沥青对CA砂浆静态抗压强度f和静态弹性模量E_{CA}贡献比较有限,可视为气孔存在。

CA砂浆作为一种粘弹性材料,其具有明显的应变率敏感性,随着应变率的增大,其动态抗压强度、弹性模量和峰值应力处应变均随之增加。因此,在分析CA砂浆动态力学性能时沥青作用不容忽视。

3.2 水泥乳化沥青砂浆动态力学性能

本节以现场取样和室内模制 CA 砂浆试件为对象,具体探讨不同应变速率下 CA 砂浆的力学性能以及不同初始静荷载作用下 CA 砂浆的动态力学性能。

3.2.1 应变速率对 CA 砂浆力学性能的影响

1. 单向压应力状态下的力学性能试验

进行水泥乳化沥青砂浆在单向压应力状态下的力学性能试验时,采用现场取样 CA 砂浆试件和室内模制 CA 砂浆试件。

CA 砂浆层的应变速率范围为 $1\times10^{-5}\sim1\times10^{-1}\mathrm{s}^{-1}$,相应的加载速率应为 0.03~300mm/min。综合考虑试验系统的加载能力,同时也应尽可能反映实际运营过程中 CA 砂浆充填层的服役性能,因此本书试验所用的加载速率分别为 0.03mm/min、0.3mm/min、3mm/min 和 30mm/min,对应的应变速率分别为 $1\times10^{-5}\mathrm{s}^{-1}$、$1\times10^{-4}\mathrm{s}^{-1}$、$1\times10^{-3}\mathrm{s}^{-1}$ 和 $1\times10^{-2}\mathrm{s}^{-1}$,取 $1\times10^{-5}\mathrm{s}^{-1}$ 作为准静态状态加载速率。每组试验取 3 个试件进行加载,若测试时的试验结果离散性较大,则增加试件数量以保证试验数据的有效性。具体的试验过程如下:

(1) 第一步,试验时将 CA 砂浆试件安装在试验机的两个加载面之间,CA 砂浆试件的受压面与试验机的加载面采用滑石粉进行减摩处理,调整试验机的加载面,使其靠近 CA 砂浆试件但不施加任何荷载。

(2) 第二步,采用计算机进行控制,使加载头以 0.5mm/min 的加载速率加载到设定的预加荷载值(本次试验设定 0.05MPa),然后卸载。重复预加载 3 次,以消除试验过程中的误差并检验设备工作是否正常。

(3) 第三步,正式加载。按照试验的要求,调整加载头以预定的加载速率对 CA 砂浆试件进行加载。加载过程中与万能试验机配套的数据采集系统自动采集加载过程中的试件压缩变形和荷载值,试验完毕后取下试件,进行下一个试件的加载。

试验过程中实测得到的加载头位移变化过程如图 3-2-1 所示,从图可见,试验机的加载头位移变化近似为直线,这说明该试验机能保证 CA 砂浆试件的应变速率为恒值。

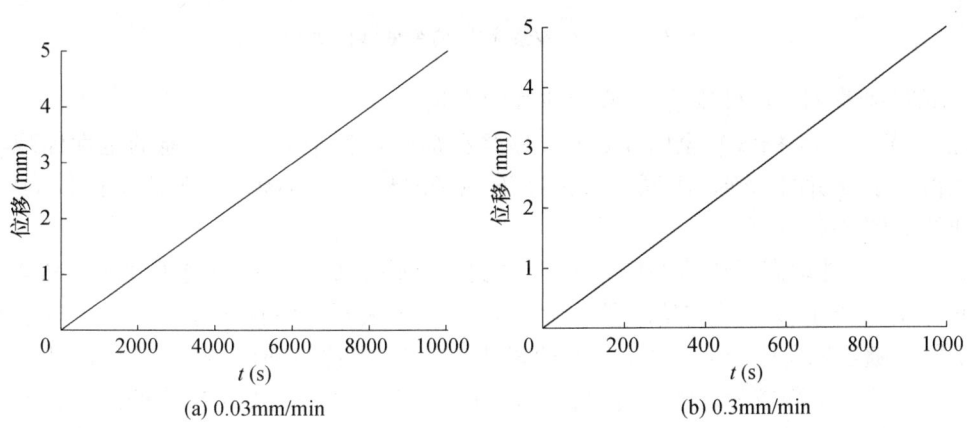

(a) 0.03mm/min (b) 0.3mm/min

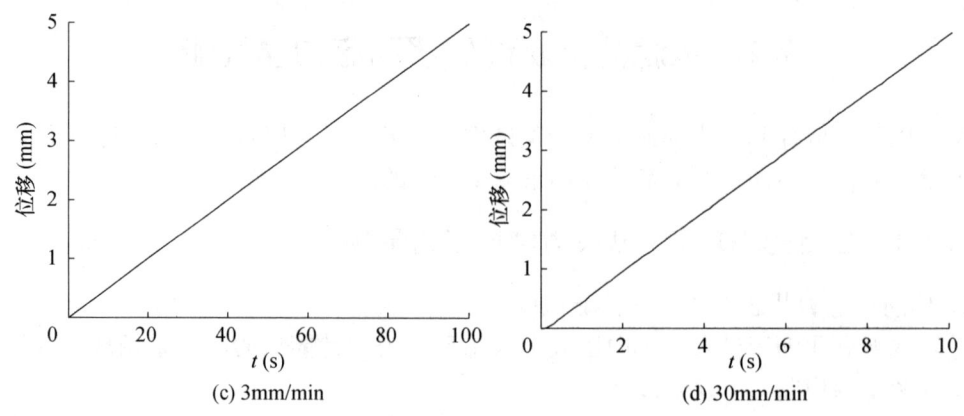

图 3-2-1 实测加载头位移变化

如图 3-2-2 所示，加载时由于设备或操作的原因使得应力-应变曲线中 0~0.25MPa 内的应力变化缓慢（图中 AB 段），进行数据处理时从 B 点作切线，以切线与横坐标的交点 C 作为修正后的原点。以应力-应变曲线的最高点的横、纵坐标作为 CA 砂浆试件峰值应力处的应变和极限抗压强度。

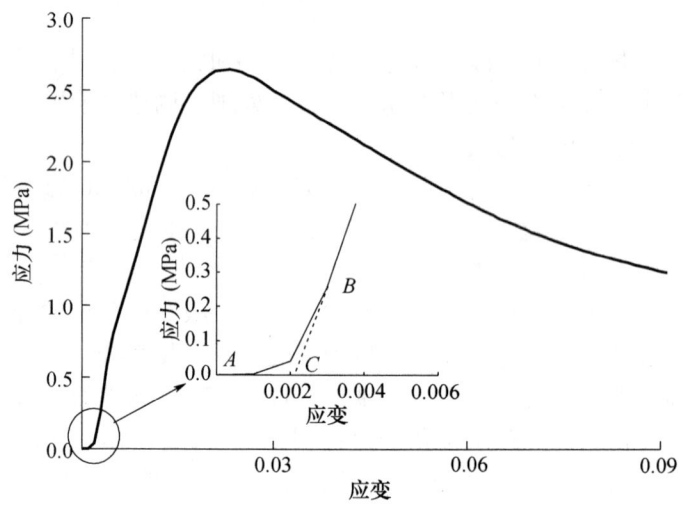

图 3-2-2 CA 砂浆应力-应变曲线的处理

2. 应变速率对 CA 砂浆应力-应变曲线的影响

应力-应变（$\sigma\varepsilon$ 曲线）全曲线是 CA 砂浆在加载过程中的力学性能的全面体现，是进行其他力学分析的基础，不同应变速率下现场取样与室内模制 CA 砂浆试件的应力-应变曲线如图 3-2-3 所示。

CA 砂浆试件动态受压后的应力-应变全曲线反映了 CA 砂浆的受压性能，从图 3-2-3 可知，CA 砂浆在受压的初始阶段，应力-应变基本表现为线性关系，即 CA 砂浆处于弹性阶段，随着轴向应力的增大，CA 砂浆开始产生非线性变形，应力-应变曲线达到峰值后发生弯曲，下降较为缓慢，这是由于沥青的存在，改善了 CA 砂浆的断裂韧性，增强了 CA 砂浆的变形能力，呈典型的粘弹性材料特征，当 CA 砂浆试件的应变达到 8%

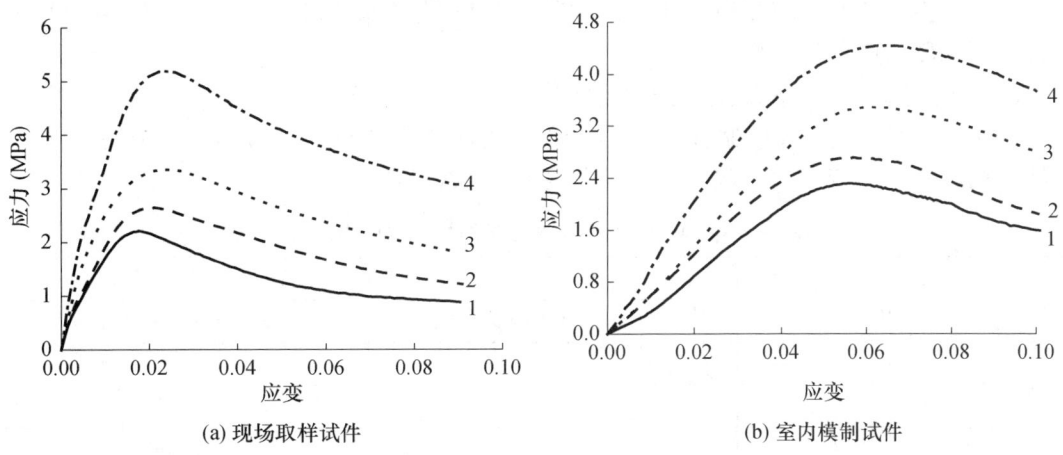

(a) 现场取样试件　　　　　　　　(b) 室内模制试件

图 3-2-3　CA 砂浆典型应力-应变曲线

注：1—应变速率为 $1\times10^{-5}s^{-1}$；2—应变速率为 $1\times10^{-4}s^{-1}$；3—应变速率为 $1\times10^{-3}s^{-1}$；4—应变速率为 $1\times10^{-2}s^{-1}$

时，仍具有一定的承载力，其决定性因素是 CA 砂浆内部网络结构的形态和水泥水化与沥青膜结构之间的联结形式。通过扫描电子显微镜（SEM）观察，CRTSⅠ型 CA 砂浆的微观结构如图 3-2-4 所示。

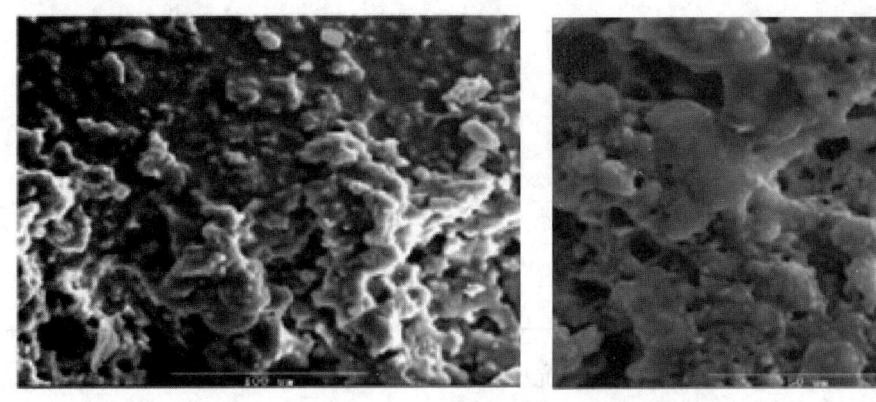

图 3-2-4　CRTSⅠ型 CA 砂浆的 SEM 图

从图 3-2-4 可以看出，CA 砂浆的空间结构是以乳化沥青破乳凝结形成的网络结构为主，水泥水化产物填充在网络结构中，并相互搭接，形成 CA 砂浆的微观结构。CA 砂浆达到极限抗压强度后，CA 砂浆的沥青网络结构并未完全遭到破坏，沥青网络结构将约束 CA 砂浆的横向变形的发展，使 CA 砂浆内部的裂隙面接触，而裂隙面的最终错动需要克服的摩擦力相应增加[70]，宏观表现为 CA 砂浆的应变达到 8% 时，仍具有较高的强度。

从图 3-2-3 还可以看出，不同应变速率下 CA 砂浆的应力-应变曲线形状存在较大的差异，且 CA 砂浆的抗压强度和峰值应力处的应变均随着应变速率的增大而增大。对于现场取样 CA 砂浆试件，当应变速率从 $1\times10^{-5}s^{-1}$ 增大到 $1\times10^{-2}s^{-1}$ 时，CA 砂浆的抗压强度由 2.221MPa 增大至 5.189MPa，同时峰值应变由 0.01758 增加至 0.02375。而对于室内模制 CA 砂浆试件，CA 砂浆的抗压强度则由 2.312MPa 增加到 4.433MPa，同时峰值应变由 0.04825 增加至 0.06019。下面将具体分析应变速率对 CA 砂浆抗压强度、弹性模量和峰值应变的影响。

3. 应变速率对 CA 砂浆抗压强度的影响

抗压强度是描述 CA 砂浆力学性能的重要力学参数，根据试验测得的应力-应变全曲线数据，不同应变速率下现场取样与室内模制 CA 砂浆试件的抗压强度值见表 3-2-1。

表 3-2-1　不同应变速率下 CA 砂浆的极限抗压强度（MPa）

应变速率（s^{-1}）	试验	抗压强度（MPa）	
		现场取样 CA 砂浆试件	室内模制 CA 砂浆试件
1×10^{-5}	1	2.221	2.312
	2	2.10	2.324
	3	2.115	2.20
	平均值	2.145	2.278
1×10^{-4}	1	2.646	2.802
	2	2.605	2.794
	3	2.642	2.787
	平均值	2.631	2.794
1×10^{-3}	1	3.595	3.416
	2	3.497	3.478
	3	3.354	3.370
	平均值	3.482	3.421
1×10^{-2}	1	5.189	4.449
	2	5.362	4.492
	3	5.499	4.433
	平均值	5.350	4.458

从表 3-2-1 可知，CA 砂浆试件的极限抗压强度在同一应变速率下表现出不等的离散性，这是试验不可避免的误差造成的，但 CA 砂浆试件的平均抗压强度随应变速率的增大有明显增加的趋势。对于现场取样的 CA 砂浆试件，相对于应变速率为 $1\times10^{-5}\,s^{-1}$ 时的抗压强度，当应变速率为 $1\times10^{-4}\,s^{-1}$、$1\times10^{-3}\,s^{-1}$、$1\times10^{-2}\,s^{-1}$ 时，CA 砂浆的平均抗压强度分别增加了 22.66%、62.33%、149.42%。而对于室内模制的 CA 砂浆试件，相对于应变速率为 $1\times10^{-5}\,s^{-1}$ 时的抗压强度，当应变速率为 $1\times10^{-4}\,s^{-1}$、$1\times10^{-3}\,s^{-1}$、$1\times10^{-2}\,s^{-1}$ 时，CA 砂浆的平均抗压强度分别增加了 22.65%、50.17% 和 95.69%。

已有研究表明，CA 砂浆的抗压强度、弹性模量以及峰值应力处应变均随应变速率呈幂指数变化，认为 CA 砂浆的抗压强度与应变速率的关系可表示为 $y=ax^b$。考虑幂指数函数还可表示为 $y=a+bx^c$，式中 y 为 CA 砂浆在不同应变速率下的抗压强度，x 为应变速率，a、b、c 为拟合曲线系数，因此本节将采用不同的幂指数函数来表示 CA 砂浆的平均抗压强度与应变速率的关系。图 3-2-5 给出了按不同幂指数函数拟合的 CA 砂浆平均抗压强度与应变速率的变化曲线。

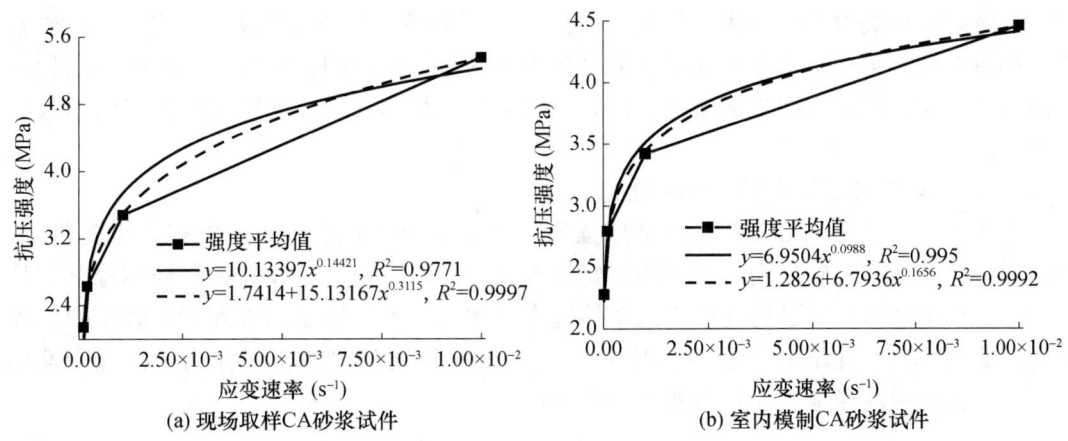

图 3-2-5　CA 砂浆抗压强度与应变速率的关系

图 3-2-5 中，y 为同一应变速率下不同 CA 砂浆试件的强度平均值，x 为应变速率。当仅考虑拟合优度时，采用形如 $y=a+bx^c$ 的幂指函数能更好地拟合 CA 砂浆的平均抗压强度与应变速率的关系。

为进一步研究 CA 砂浆试件平均抗压强度的应变速率效应，定义强度提高系数

$$y_\sigma = \frac{\bar{\sigma}_\mathrm{d}}{\bar{\sigma}_\mathrm{s}} \tag{3-2-1}$$

式中，y_σ 为不同应变速率下 CA 砂浆的强度提高系数；$\bar{\sigma}_\mathrm{d}$ 为不同应变速率下 CA 砂浆的动态抗压强度的平均值，$\bar{\sigma}_\mathrm{s}$ 为准静态抗压强度平均值；CA 砂浆的强度提高系数与应变速率之间的关系如图 3-2-6 所示。

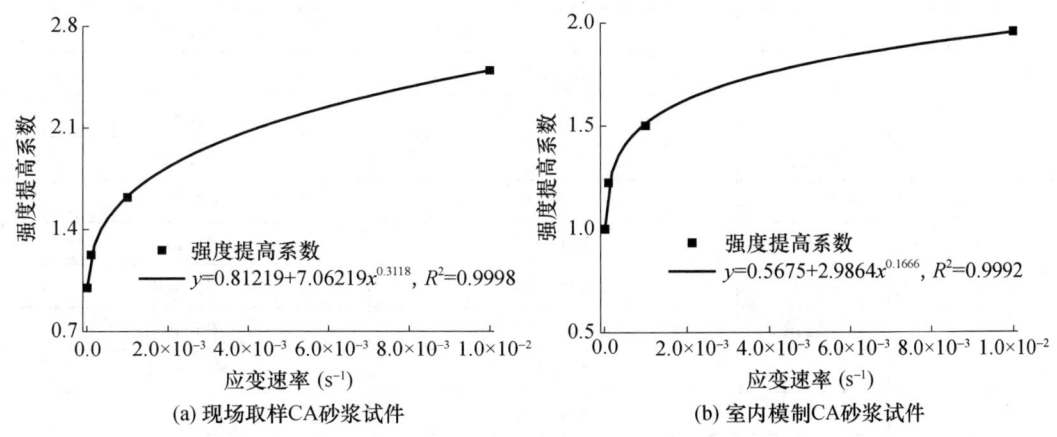

图 3-2-6　CA 砂浆强度提高系数与应变速率的关系

从图 3-2-6 可以看出，当应变速率从 $1\times10^{-5}\,\mathrm{s}^{-1}$ 增大到 $1\times10^{-2}\,\mathrm{s}^{-1}$ 时，现场取样 CA 砂浆试件的强度提高了约 2.5 倍，室内 CA 砂浆试件的强度提高了约 1.95 倍。

材料的力学性能主要取决材料的微观结构，从 CA 砂浆的微观结构可知，CA 砂浆中的沥青含量较高，凝聚成膜后的沥青基体作为连续相起黏结集料的作用，而水泥水化产物及砂等作为分散相分散在沥青基体中，起填充和辅助黏结作用。对于 CA 砂浆试件，其本身存在许多微裂缝或初始损伤，应变速率越大，荷载作用时间越短，CA 砂浆

在破坏时多数微裂缝来不及完全扩展，而只能沿耗能最快的路径发展。另外，CA 砂浆是一种由沥青网络包裹水泥水化产物的结构，当荷载作用时间较短时，沥青网络结构的横向惯性约束作用也将阻碍裂缝的发展，因此 CA 砂浆的抗压强度随应变速率的增大而显著提高。

4. 应变速率对 CA 砂浆弹性模量的影响

应变速率不仅影响 CA 砂浆的抗压强度，对 CA 砂浆的变形特性也有着重要影响。弹性模量是描述 CA 砂浆变形特性的重要参数之一，谢友均、王发洲、孔祥明等[70-74]均认为 CA 砂浆的弹性模量均随应变速率的增大而增大，为了定量地描述 CA 砂浆弹性模量随应变速率的变化情况，本书采用 0～1/3 抗压强度处的割线模量作为不同应变速率下 CA 砂浆的弹性模量，即采用如下公式计算

$$E_d = (\sigma_{1/3} - \sigma_0)/(\varepsilon_{1/3} - \varepsilon_0) \tag{3-2-2}$$

式中，E_d 为 1/3 抗压强度处的割线模量；$\sigma_{1/3}$ 为 1/3 抗压强度处的应力；σ_0 为初始应力值，本书试验中初始应力值为 0；$\varepsilon_{1/3}$ 为 $\sigma_{1/3}$ 所对应的应变值；ε_0 为初始应变，取 0。不同应变速率下 CA 砂浆的弹性模量见表 3-2-2。

表 3-2-2　不同应变速率下的 CA 砂浆的弹性模量

应变速率（s^{-1}）	试验	弹性模量（MPa）	
		现场取样 CA 砂浆试件	室内模制 CA 砂浆试件
1×10^{-5}	1	230.616	88.841
	2	201.428	75.006
	3	227.896	68.523
	平均值	219.980	77.456
1×10^{-4}	1	254.692	94.418
	2	287.549	82.192
	3	266.497	96.892
	平均值	269.579	91.167
1×10^{-3}	1	364.980	109.150
	2	381.787	95.212
	3	305.118	85.078
	平均值	350.628	96.480
1×10^{-2}	1	479.417	110.936
	2	454.244	102.175
	3	436.237	127.738
	平均值	456.633	113.616

从表 3-2-2 中可以看出，CA 砂浆的弹性模量随应变速率的增加而增大。对于现场取样的 CA 砂浆试件，当应变速率为 $1\times10^{-4}s^{-1}$、$1\times10^{-3}s^{-1}$、$1\times10^{-2}s^{-1}$ 时，CA 砂浆的弹性模量的平均值相对于准静态应变速率 $1\times10^{-5}s^{-1}$ 的弹性模量分别增加了 22.547%、59.39%、107.58%。对于室内模制 CA 砂浆试件，当应变速率为 $1\times10^{-4}s^{-1}$、$1\times10^{-3}s^{-1}$、$1\times10^{-2}s^{-1}$ 时，相对于准静态应变速率下的弹性模量，CA 砂浆

的弹性模量平均值分别增大了17.70%、24.56%和46.68%。CA砂浆的弹性模量平均值与应变速率的关系如图3-2-7所示。

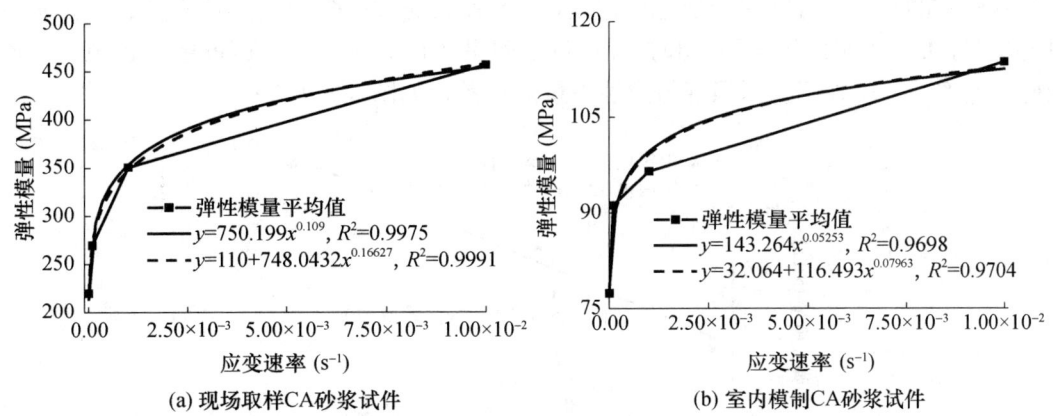

图 3-2-7　CA砂浆弹性模量与应变速率的关系

从图3-2-7中可以看出，CA砂浆的弹性模量与应变速率也近似呈幂指数函数的关系。从拟合优度可知，采用形如$y=a+bx^c$的幂指函数能更好地拟合CA砂浆的平均弹性模量与应变速率的关系。

同理，为研究CA砂浆弹性模量的应变速率敏感性，定义弹性模量提高系数

$$y_E = \frac{\overline{E}_d}{\overline{E}_s} \tag{3-2-3}$$

式中，y_E为弹性模量提高系数，$\overline{E}_d$为不同应变速率下CA砂浆弹性模量的平均值，$\overline{E}_s$为准静态应变速率下弹性模量的平均值；CA砂浆的弹性模量提高系数与应变速率之间的关系如图3-2-8所示。

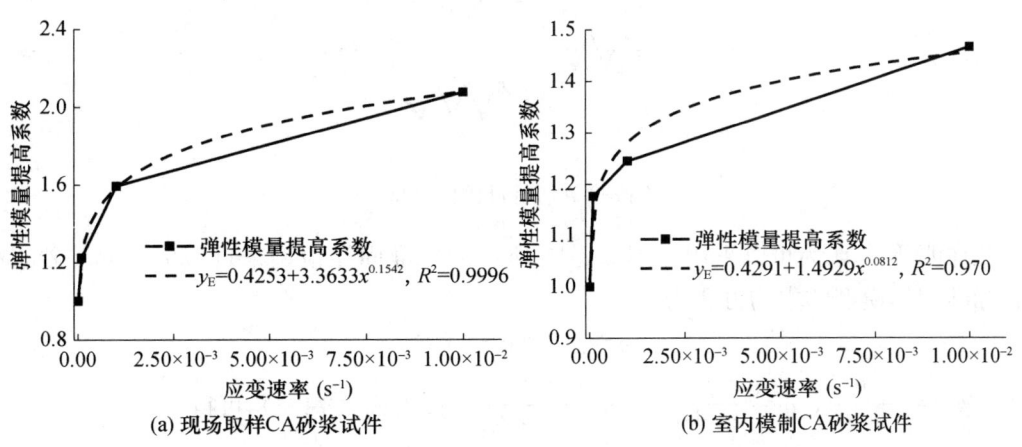

图 3-2-8　CA砂浆弹性模量提高系数与应变速率的关系

图3-2-8中，y_E为不同应变速率下CA砂浆的弹性模量提高系数，x为应变速率。从图中可见，CA砂浆的弹性模量提高系数与应变速率呈幂指数增大，当应变速率从$1\times10^{-5}\,\mathrm{s}^{-1}$增大到$1\times10^{-2}\,\mathrm{s}^{-1}$时，现场取样CA砂浆试件的弹性模量提高了约2.075倍，室内模制CA砂浆试件的弹性模量提高了约1.467倍。CRTSⅠ型板式无砟轨道CA

砂浆弹性模量的应变速率敏感性有利于列车运行的稳定性。

根据上述分析可知，对于同一种 CA 砂浆，应变速率对抗压强度的影响，稍大于其对弹性模量的影响，且随着应变速率越大，CA 砂浆的抗压强度和弹性模量越大。部分研究表明，CA 砂浆的抗压强度和弹性模量之间呈线性关系[73,75]。因此笔者也拟合了不同应变速率下 CA 砂浆抗压强度与弹性模量的关系，如图 3-2-9 所示。

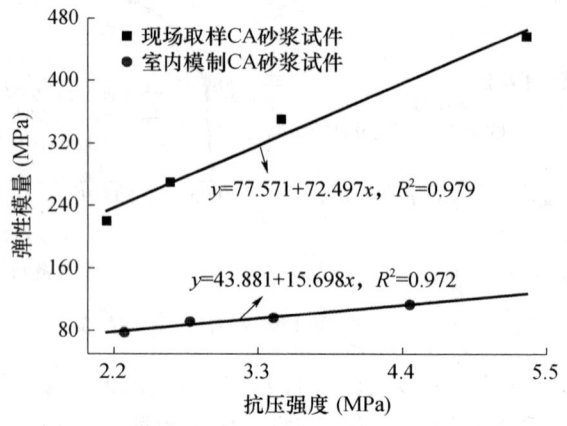

图 3-2-9 CA 砂浆抗压强度与弹性模量的关系

图 3-2-9 中，y 为不同应变速率下 CA 砂浆的弹性模量平均值，x 为不同应变速率下 CA 砂浆的抗压强度平均值。从图中可以看出，不同应变速率下 CA 砂浆的抗压强度与弹性模量呈线性关系，说明 CA 砂浆本身的抗压强度与弹性模量的关系是 CA 砂浆的固有属性，并不随外部加载条件而变化。

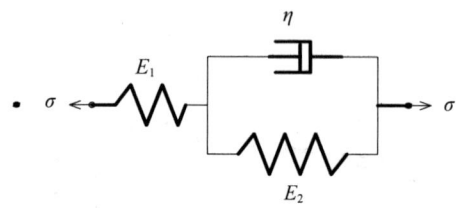

图 3-2-10 标准固体模型

孔祥明等[73]认为可以采用如图 3-2-10 所示的标准固体模型来近似模拟 CA 砂浆材料，标准固体模型的本构方程为

$$\sigma + p_1 \dot{\sigma} = q_1 \varepsilon + q_2 \dot{\varepsilon} \quad (3\text{-}2\text{-}4)$$

式中 $p_1 = \dfrac{\eta}{E_1 + E_2}$，$q_1 = \dfrac{E_1 E_2}{E_1 + E_2}$，$q_2 = \dfrac{\eta E_1}{E_1 + E_2}$，代入式（3-2-4）可得

$$\eta E_1 \frac{d\varepsilon(t)}{dt} + E_1 E_2 \varepsilon(t) = \eta \frac{d\sigma(t)}{dt} + (E_1 + E_2)\sigma(t) \quad (3\text{-}2\text{-}5)$$

假设应变速率为 $v = \dfrac{d\varepsilon(t)}{dt}$，代入式（3-2-5）可解得

$$\sigma(t) = E_\infty v t + \frac{\eta_2(E_1 - E_\infty)}{E_1 + E_2} \times v \left[1 - e^{-\frac{t}{\tau}}\right] \quad (3\text{-}2\text{-}6)$$

其中，$E_\infty=\dfrac{E_1E_2}{E_1+E_2}$，为趋近模量；$T=\dfrac{\eta}{E_1+E_2}$，为松弛时间。

根据上述弹性模量的表达式，可推出弹性模量的计算公式为

$$E_c=\dfrac{\sigma_2-\sigma_1}{\varepsilon_2-\varepsilon_1}=\dfrac{\sigma_2(t_2)-\sigma_1(t_1)}{v(t_2-t_1)},(0\leqslant t_1\leqslant t_2) \quad (3\text{-}2\text{-}7)$$

综合式（3-2-6）和式（3-2-7）可得

$$E_c=E_\infty+\dfrac{\eta_2(E_1-E_\infty)}{E_1+E_2}\times\dfrac{e^{t_2/T}-e^{t_1/T}}{e^{(t_1+t_2)/T}(t_2-t_1)} \quad (3\text{-}2\text{-}8)$$

由式（3-2-8）可知，当加载速率趋于零时，$t_1/T\to 1, t_2/T\to 1, E_c\to E_\infty+(E_1-E_\infty)/e^2$；当加载速率趋于无穷大时，$(t_1-t_2)/T\to 0, t_2/T\to 0, E_c\to E_\infty+(E_1-E_\infty)=E_1$；很显然前者小于后者，即加载速率越大，CA 砂浆的弹性模量越大。

5. 应变速率对 CA 砂浆峰值应变的影响

定义 CA 砂浆抗压强度处对应的应变为峰值应变，峰值应变是反映 CA 砂浆变形特性的重要参数之一，不同应变速率下 CA 砂浆的峰值应变见表 3-2-3。

表 3-2-3　不同应变速率下的 CA 砂浆峰值应变

应变速率（s^{-1}）	试验	峰值应变（%）	
		现场取样 CA 砂浆试件	室内模制 CA 砂浆试件
1×10^{-5}	1	1.758	4.825
	2	2.128	4.493
	3	2.076	3.951
	平均值	1.987	4.423
1×10^{-4}	1	2.119	5.157
	2	1.688	5.024
	3	2.407	4.767
	平均值	2.071	4.982
1×10^{-3}	1	2.496	5.513
	2	2.203	6.110
	3	2.408	5.307
	平均值	2.369	5.643
1×10^{-2}	1	2.375	6.019
	2	2.713	6.072
	3	2.862	6.102
	平均值	2.650	6.064

在动态荷载下，CA 砂浆的峰值应变是由 CA 砂浆的弹性应变和黏性应变共同引起的，随着应变速率的增加，乳化沥青的掺入使得 CA 砂浆的黏性表现越明显，其黏性应变效应增大，因而导致 CA 砂浆的峰值应变增大。

对于现场取样 CA 砂浆试件，相对于准静态应变速率 $1\times 10^{-5}\,\text{s}^{-1}$ 时的峰值应变，当应变速率分别为 $1\times 10^{-4}\,\text{s}^{-1}$、$1\times 10^{-3}\,\text{s}^{-1}$、$1\times 10^{-2}\,\text{s}^{-1}$ 时，CA 砂浆峰值应变的平均值

分别增加了 4.23%、19.22%、33.367%。而对于室内模制 CA 砂浆试件，当应变速率为 $1\times10^{-4}\,\mathrm{s^{-1}}$、$1\times10^{-3}\,\mathrm{s^{-1}}$、$1\times10^{-2}\,\mathrm{s^{-1}}$ 时，相对于准静态应变速率下的峰值应变，CA 砂浆峰值应变的平均值分别增大了 12.63%、27.58% 和 37.10%。CA 砂浆的峰值应变与应变速率的变化关系如图 3-2-11 所示。

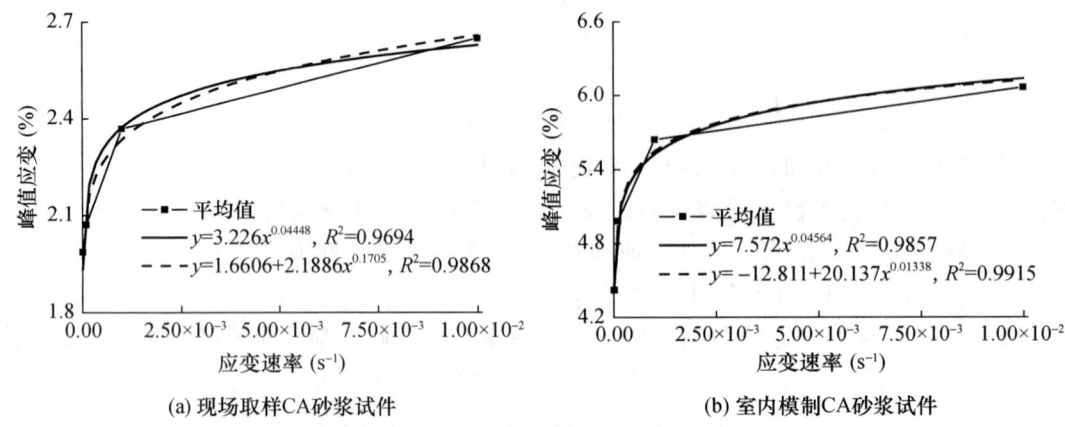

图 3-2-11　CA 砂浆的峰值应变与应变速率的关系

图 3-2-11 中，y 为不同应变速率下 CA 砂浆试件的峰值应变平均值，x 为应变速率。从图中可知，CA 砂浆的峰值应变随应变速率的增大呈幂指数增大。且从拟合优度可以看出，采用形如 $y=a+bx^c$ 的幂指数函数能更好地拟合 CA 砂浆的平均峰值应变与应变速率的关系。

同理为研究 CA 砂浆峰值应变的应变速率敏感性，定义不同应变速率下的应变提高系数

$$y_\varepsilon=\frac{\bar{\varepsilon}_\mathrm{d}}{\bar{\varepsilon}_\mathrm{s}} \qquad (3\text{-}2\text{-}9)$$

式中，y_ε 为不同应变速率下 CA 砂浆的应变提高系数；$\bar{\varepsilon}_\mathrm{d}$ 为 CA 砂浆不同应变速率下峰值应变的平均值；$\bar{\varepsilon}_\mathrm{s}$ 为 CA 砂浆在准静态应变速率下峰值应变平均值。CA 砂浆的应变提高系数与应变速率的变化关系如图 3-2-12 所示。

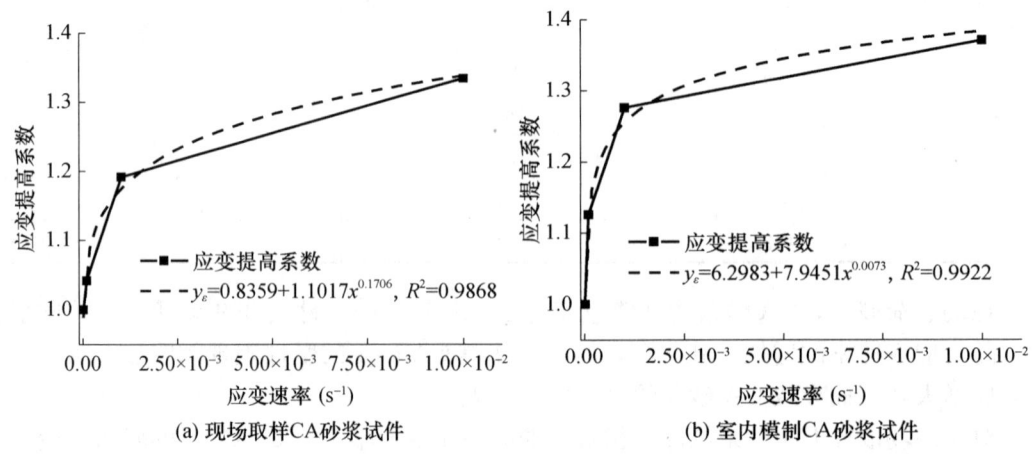

图 3-2-12　CA 砂浆应变提高系数与应变速率的关系

图 3-2-12 中，y_ε 为不同应变速率下 CA 砂浆的应变提高系数，x 为应变速率。从图中可知，CA 砂浆的应变提高系数与应变速率呈幂指数变化，当应变速率从 $1\times10^{-5}\text{s}^{-1}$ 增大到 $1\times10^{-2}\text{s}^{-1}$ 时，现场取样 CA 砂浆试件的峰值应变提高了约 1.334 倍，室内模制 CA 砂浆试件的峰值应变提高了约 1.371 倍。在高应变速率下 CA 砂浆的峰值应力处应变远高于准静态状态下的应变值，这说明由于沥青的掺入使 CA 砂浆具有较好的冲击韧性。

3.2.2 初始静态荷载下 CA 砂浆的力学性能研究

1. 强度特性

不同预加初始静态荷载下 CA 砂浆的强度以及应变速率（R_1 和 R_2）加载至试件破坏的试验结果见表 3-2-4。

表 3-2-4　试验结果

编号	加载工况	σ_0（MPa）	f_k（MPa）			f_{ak}（MPa）	f_{ac}/f_{ad}
			1	2	3		
1	R_1		2.312	2.324	2.20	2.278	0.511
2	R_1-R_2	0.683	4.440	4.436	4.416	4.430	0.994
3	R_1-R_2	1.366	4.377	4.431	4.407	4.405	0.988
4	R_1-R_2	2.049	4.308	4.219	4.317	4.281	0.960
5	R_2		4.449	4.492	4.433	4.458	1.0

注：f_k 为不同初始静态荷载下 CA 砂浆的强度；f_{ak} 为不同工况下的强度平均值；f_{ad} 表示以高应变速率 R_2 加载至试件破坏时的强度平均值。

从表 3-2-4 可知，随着预加初始静态荷载的增大，CA 砂浆的抗压强度不断降低。当预加初始静态荷载较小时，强度降低较小；随着预加初始静态荷载的增大，降低幅度变大；预加静态荷载值接近准静态的抗压强度时，CA 砂浆的动态强度下降幅度最大。

为描述预加初始静态荷载与 CA 砂浆动态抗压强度的关系，笔者分别采用幂指数方程、二次多项式、对数方程等函数形式对试验数据拟合，通过对比发现采用如下的方程能更为准确地反映这一变化规律

$$f/f_{ad}=\gamma+(1-\gamma)\text{e}^{x^\beta} \tag{3-2-10}$$

$$x=\sigma_0/f_{as} \tag{3-2-11}$$

式中，f 为不同工况下 CA 砂浆试件的动态抗压强度平均值；f_{ad} 表示以高应变速率 R_2（$=1\times10^{-2}\text{s}^{-1}$）加载至破坏时的平均强度；$f_{as}$ 表示以准静态应变速率 R_1（$=1\times10^{-5}\text{s}^{-1}$）加载至破坏的强度平均值；$\sigma_0$ 为预加初始静态荷载值；γ，β 表示与加载的应变速率大小及 CA 砂浆材料性质相关的参数。

对试验数据进行拟合得：$\gamma=1.28$，$\beta=19.25$；$R^2=0.999$。如图 3-2-13 所示，采用式（3-2-10）对试验结果拟合的效果很好。

从上述现象可见，与混凝土材料类似，在初始静态荷载作用时，动态荷载的作用时间越长，动态荷载对 CA 砂浆产生越显著的影响，表现为 CA 砂浆的动态抗压强度增大。当预加初始静态荷载较小时，CA 砂浆试件的破坏主要受动态荷载的作用时间影

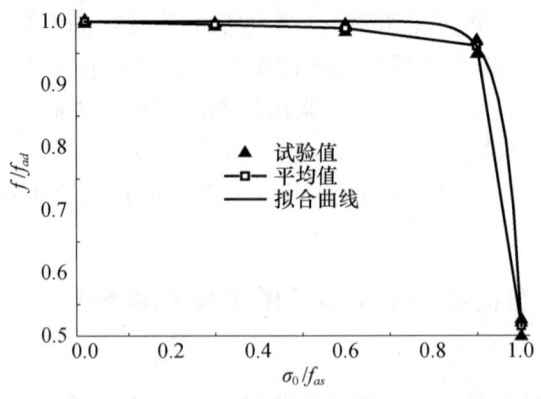

图 3-2-13　不同初始静态荷载与 CA 砂浆强度的关系

响,作用时间越长,CA 砂浆的强度提高幅度越大。当预加初始静态荷载较大时,此时微裂纹已有很大发展,当动态荷载继续作用时,穿过强度区域较高的裂纹减少,宏观表现为 CA 砂浆的强度降低。

2. 变形特性

CA 砂浆承受一定的预加初始静态荷载时,CA 砂浆的应力-应变曲线与无初始静态荷载下的应力-应变曲线形式有显著差异,CA 砂浆在不同预加静态荷载下的应力-应变曲线如图 3-2-14 所示,图中 ε_p 表示不同工况下 CA 砂浆抗压强度处对应的应变,f_{as} 为以准静态应变速率 R_1 ($=1 \times 10^{-5} \mathrm{s}^{-1}$) 加载至试件破坏的强度平均值。

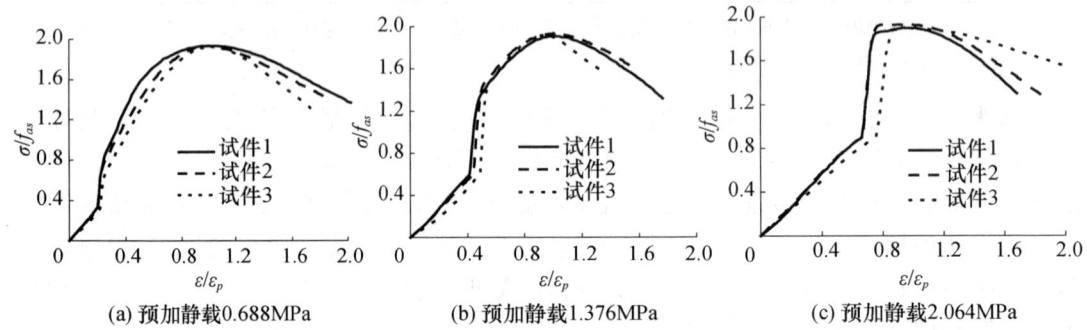

图 3-2-14　CA 砂浆典型应力-应变曲线

由图 3-2-14 可知,在应变速率发生突变的地方,CA 砂浆的应力-应变曲线的斜率显著变化。随着预加静态荷载增大,CA 砂浆的应力-应变曲线上升段从应变速率突变位置呈直线上升,且预加静态荷载越大,该直线段越长,同时 CA 砂浆应力-应变曲线下降段的应力降低越快。当 CA 砂浆首先承受一定的预加初始静态荷载,然后施加动态荷载时,CA 砂浆的切线弹性模量大于相应的无初始静态荷载下的切线模量。因此,在板式轨道的动力计算中应该考虑初始静态荷载对 CA 砂浆强度的影响。预加初始静态荷载对 CA 砂浆峰值应力处的应变值的影响没有发现明显的规律。

对于图 3-2-14 中应力-应变曲线的直线段,可以从侧面反映出随着应变速率的提高,CA 砂浆的破坏沿耗能最快的路径发展,经历高强度区域的可能性越大,其抵抗变形的能力越强,在应力-应变曲线上近似表现为直线。

3.2.3 循环荷载下CA砂浆的力学性能研究

1. 循环荷载幅值对CA砂浆力学性能的影响

本节将从CA砂浆的应力-应变全曲线、抗压强度、弹性模量和峰值应变等方面分析循环荷载幅值对CA砂浆力学性能的影响。

（1）应力-应变全曲线。

为试验得到的应变速率$1×10^{-5}s^{-1}$和应变速率$1×10^{-2}s^{-1}$，荷载历史分别为准静态条件下极限强度的0、30%、60%和90%时的典型应力-应变曲线如图3-2-15所示。从图中可以看出，在相同的应变速率下，随着循环荷载幅值的增加，CA砂浆的强度降低了，而且峰值应变也有降低的趋势。

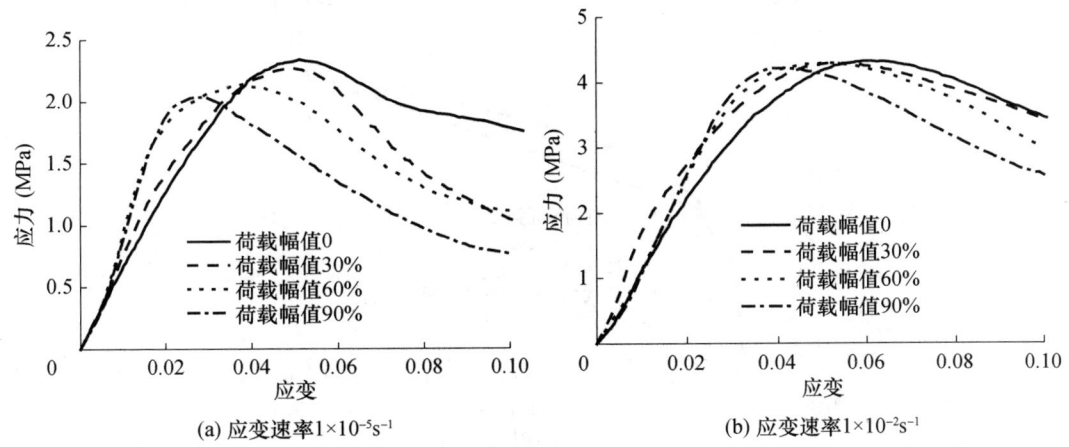

图 3-2-15　CA砂浆应力-应变全曲线

（2）抗压强度。

不同循环荷载幅值下CA砂浆的抗压强度与应变速率的关系如图3-2-16所示。不同循环荷载幅值下CA砂浆的平均抗压强度随应变速率的增大依然呈幂指数函数增大，说明荷载历史并未改变CA砂浆强度与应变速率的幂指数函数关系。历经0、30%、60%和90%的准静态抗压强度的荷载历史后，CA砂浆的平均抗压强度在应变速率为$1×10^{-4}s^{-1}$、$1×10^{-3}s^{-1}$和$1×10^{-2}s^{-1}$时，分别比准静态应变速率下的平均抗压强度增加了22.65%、20.21%、25.21%和27.98%，50.17%、50.73%、54.69%和56.02%，95.69%、93.23%、101.64%和108.02%。从强度的增加趋势可以看出，当荷载循环次数一定时，在0~90%准静态荷载的荷载历史范围内，循环荷载幅值越大，CA砂浆平均抗压强度对应变速率越敏感。

当应变速率一定时，CA砂浆的抗压强度随循环荷载幅值的变化如图3-2-17所示。在相同的应变速率情况下，CA砂浆极限抗压强度随着循环荷载幅值的增加而减小。在应变速率为$1×10^{-5}s^{-1}$、$1×10^{-4}s^{-1}$、$1×10^{-3}s^{-1}$、$1×10^{-2}s^{-1}$时，历经30%、60%和90%极限抗压强度荷载历史后[76]，CA砂浆比未受荷载历史的抗压强度分别降低了0.75%、2.72%、0.38%和1.99%，6.49%、4.54%、3.68%和3.65%，12.03%、6.37%、6.78%和4.63%。可见，历经30%的荷载历史后，CA砂浆的抗压强度降低很

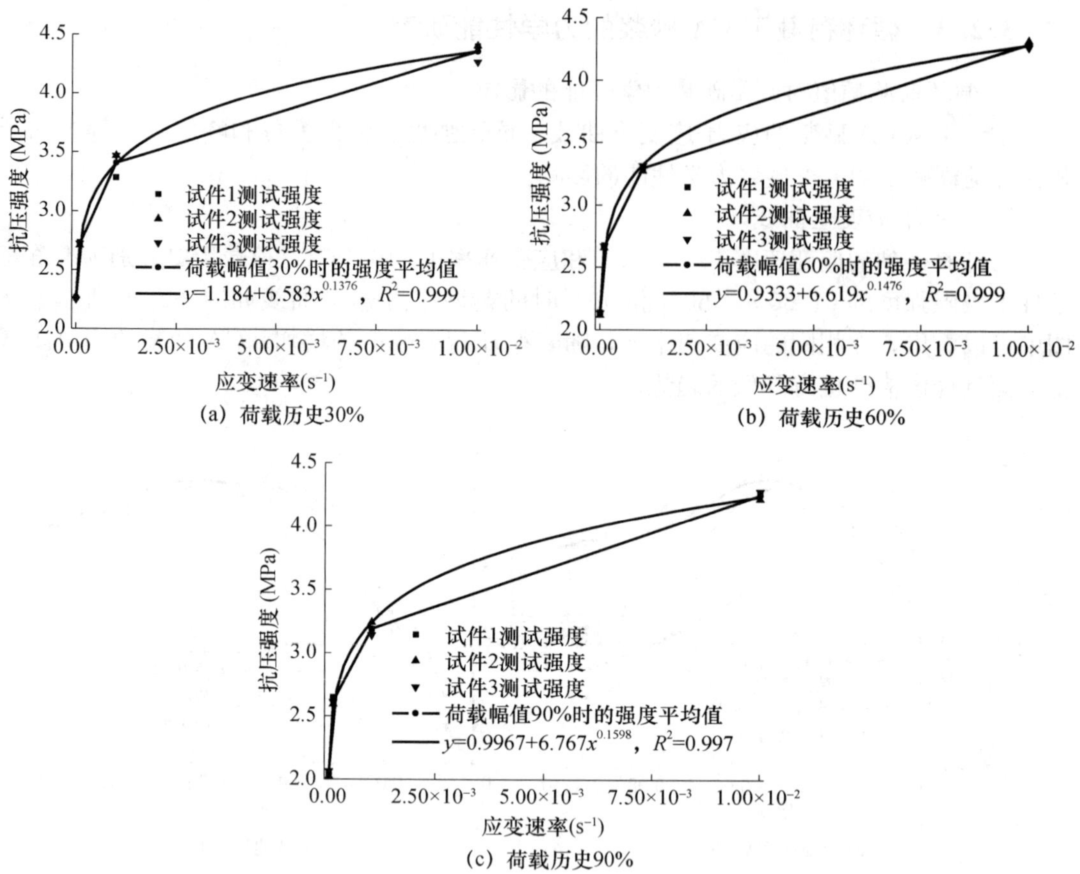

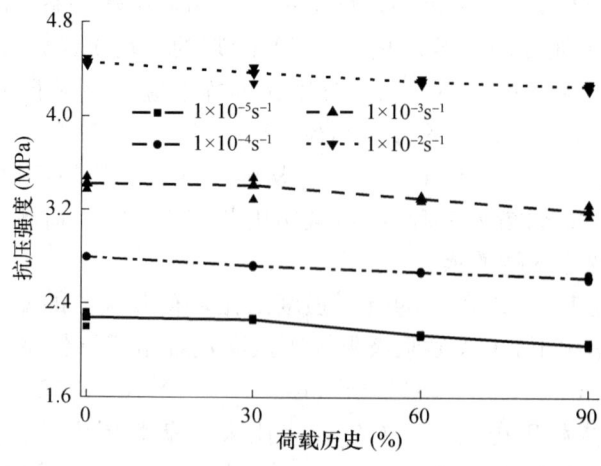

图 3-2-16 CA 砂浆强度与应变速率的关系

小,历经 60% 和 90% 的荷载历史后,CA 砂浆抗压强度降低较为明显。这是由于 CA 砂浆在荷载历史作用下,内部发生损伤,产生微小裂纹,内部微观结构发生变化[77],随着荷载历史的增大,CA 砂浆内部的损伤越严重,从而表现为 CA 砂浆的抗压强度降低。

图 3-2-17 CA 砂浆抗压强度随循环荷载幅值的变化

（3）弹性模量。

经历不同循环荷载幅值后，不同应变速率下 CA 砂浆的弹性模量见表 3-2-4。在相同的循环荷载幅值下，CA 砂浆的弹性模量依然随着应变速率的增大而明显增大。历经 0、30%、60% 和 90% 的循环荷载幅值后，相对于应变速率为 $1\times10^{-5}\,\mathrm{s}^{-1}$ 时的弹性模量，当应变速率为 $1\times10^{-4}\,\mathrm{s}^{-1}$、$1\times10^{-3}\,\mathrm{s}^{-1}$ 和 $1\times10^{-2}\,\mathrm{s}^{-1}$ 时，CA 砂浆的平均弹性模量分别增加了 17.70%、24.56% 和 46.68%；15.82%、42.67% 和 111.44%；-8.05%、46.16% 和 64.34%；27.86%、11.45% 和 10.03%。尽管随着应变速率的增大 CA 砂浆弹性模量的平均值均有增大的趋势，但相比未经历过循环荷载历史的 CA 砂浆试件来说，循环荷载历史改变了 CA 砂浆弹性模量随应变速率呈幂函数增大的趋势，而循环荷载历史并未改变抗压强度的平均值随应变速率呈幂函数增大的关系，这说明循环荷载历史对 CA 砂浆弹性模量的影响大于其对抗压强度的影响。

同时，从表 3-2-5 还可以看出，在相同的应变速率条件下，CA 砂浆的弹性模量随循环荷载幅值的增大呈增大趋势。当应变速率从 $1\times10^{-5}\,\mathrm{s}^{-1}$ 增大到 $1\times10^{-2}\,\mathrm{s}^{-1}$ 时，相对未经历循环荷载历史的 CA 砂浆的弹性模量，历经 90% 极限抗压强度荷载历史后，CA 砂浆的平均弹性模量分别增大了 44.66%、57.15%、29.43% 和 8.51%。这是因为 CA 砂浆经过初始荷载的挤压作用变得更加密实，所以 CA 砂浆的弹性模量呈增大的趋势。

表 3-2-5　CA 砂浆经历荷载历史后的弹性模量

应变速率（s^{-1}）	试验	弹性模量 E（MPa）			
		0 的循环幅值	30% 的循环幅值	60% 的循环幅值	90% 的循环幅值
1×10^{-5}	1	88.841	87.820	85.449	114.679
	2	75.006	76.029	76.829	109.650
	3	68.523	75.273	81.200	111.819
	平均值	77.456	79.707	81.192	112.049
1×10^{-4}	1	94.418	82.750	74.194	154.437
	2	82.192	95.515	81.164	133.721
	3	96.892	98.678	68.613	141.658
	平均值	91.167	92.314	74.656	143.272
1×10^{-3}	1	109.150	120.839	113.750	141.503
	2	95.212	119.727	116.013	121.584
	3	85.078	100.585	126.251	111.548
	平均值	96.480	113.720	118.671	124.878
1×10^{-2}	1	110.936	176.352	116.877	125.175
	2	102.175	158.038	135.360	115.896
	3	127.738	171.218	148.061	128.797
	平均值	113.616	168.536	133.432	123.289

（4）峰值应变。

CA 砂浆试件在不同应变速率和不同循环荷载幅值时的峰值应变见表 3-2-6。经历相同的循环荷载幅值后，CA 砂浆的峰值应变随应变速率的增加呈增大的趋势。历经 0、

30％、60％和90％的准静态抗压强度的荷载历史后，相对于应变速率为 $1\times10^{-5}\mathrm{s}^{-1}$ 时的峰值应变，当应变速率为 $1\times10^{-4}\mathrm{s}^{-1}$、$1\times10^{-3}\mathrm{s}^{-1}$、$1\times10^{-2}\mathrm{s}^{-1}$ 时，CA砂浆平均峰值应变分别增大了12.63％、27.58％和37.10％；17.82％、17.51％和17.95％；23.33％、16.45％和33.41％；50.51％、66.75％和94.14％。尽管CA砂浆的峰值应变随应变速率呈增大的趋势，但经历过荷载历史的CA砂浆的峰值应变与应变速率不再呈幂函数的关系。

表 3-2-6　CA砂浆经历不同循环荷载幅值后的峰值应变

应变速率（s^{-1}）	试验	ε_c（％）			
		0的荷载幅值	30％的荷载幅值	60％的荷载幅值	90％的荷载幅值
1×10^{-5}	1	4.825	4.621	3.796	1.935
	2	4.493	4.886	4.191	2.107
	3	3.951	4.885	4.190	2.059
	平均值	4.423	4.797	4.059	2.033
1×10^{-4}	1	5.157	6.137	4.729	2.867
	2	5.024	5.810	5.107	3.435
	3	4.767	5.009	5.185	2.878
	平均值	4.982	5.652	5.007	3.060
1×10^{-3}	1	5.513	5.208	4.834	3.406
	2	6.110	6.389	4.267	3.627
	3	5.307	5.314	5.082	3.139
	平均值	5.643	5.637	4.727	3.390
1×10^{-2}	1	6.019	5.495	5.174	3.913
	2	6.072	5.843	5.633	4.141
	3	6.102	5.636	5.439	3.787
	平均值	6.064	5.658	5.415	3.947

同时，从表3-2-6还可以看出，在相同的应变速率情况下，CA砂浆的峰值应变随循环荷载幅值的增大有降低的趋势。当应变速率为 $1\times10^{-5}\mathrm{s}^{-1}$、$1\times10^{-4}\mathrm{s}^{-1}$、$1\times10^{-3}\mathrm{s}^{-1}$、$1\times10^{-2}\mathrm{s}^{-1}$ 时，与未受荷载历史的试验数据相比，CA砂浆历经30％、60％和90％的准静态抗压强度的荷载历史后平均峰值应变分别降低了－8.45％、8.23％和54.03％；－13.44％、－0.50％和38.58％；0.10％、16.23％和39.92％；6.69％、10.70％和34.91％。可以看出，相对于不同的应变速率，历经荷载历史后峰值应变的降低程度小于应变速率对峰值应变的影响。荷载历史的影响是由CA砂浆内部的微缺陷的发生发展引起的，而应变速率对峰值应变的影响主要是由CA砂浆内部的黏性引起的，从以上分析可知CA砂浆内部黏性对峰值应变的影响大于CA砂浆内部微缺陷的影响。

2. 循环荷载次数对CA砂浆力学性能的影响

(1) CA砂浆应力-应变全曲线。

应变速率为 $1\times10^{-5}\mathrm{s}^{-1}$、$1\times10^{-2}\mathrm{s}^{-1}$，循环荷载幅值为30％极限抗压强度，不同循

环荷载次数下的典型应力-应变全曲线如图3-2-18所示。当循环荷载幅值一定时，循环荷载次数对CA砂浆的应力-应变曲线影响显著。在相同的应变速率下，随着循环荷载次数的增加，CA砂浆的抗压强度和峰值应变均有降低的趋势。

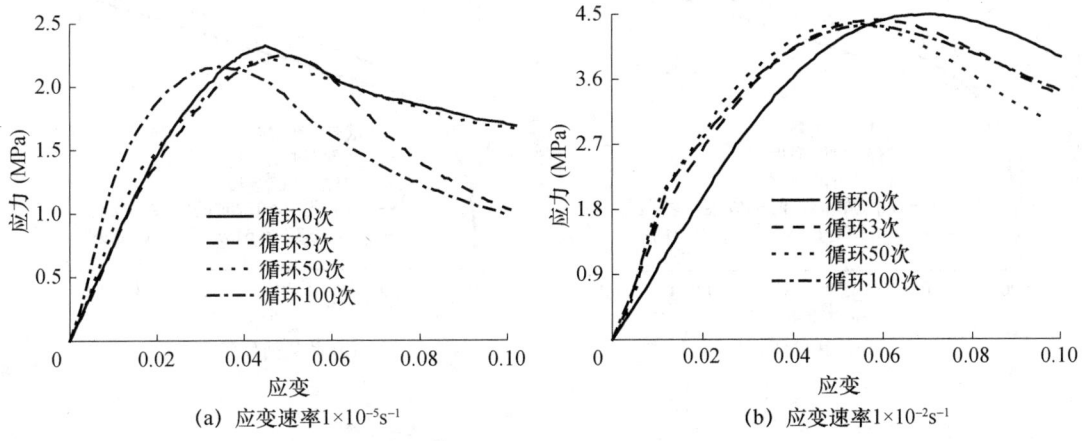

图3-2-18　不同循环荷载次数下CA砂浆应力-应变全曲线

(2) 抗压强度。

当循环荷载幅值一定时，历经不同循环荷载次数后CA砂浆的抗压强度如图3-2-19所示。不同循环荷载次数下，CA砂浆的平均抗压强度随应变速率的增大依然呈幂函数增大，说明循环荷载次数并未改变CA砂浆强度与应变速率的幂函数关系。当荷载幅值为30%准静态极限抗压强度，未经历循环荷载历史、经历3次、50次和100次循环荷载历史后，CA砂浆的平均抗压强度在应变速率为 $1\times10^{-4}\mathrm{s}^{-1}$、$1\times10^{-3}\mathrm{s}^{-1}$、$1\times10^{-2}\mathrm{s}^{-1}$ 时，分别比准静态强度增加了22.65%、20.21%、21.88%和20.30%；50.17%、50.73%、54.81%和54.13%；95.69%、95.48%、98.31%和99.40%。从强度的增加趋势可以看出，当循环荷载幅值一定时，在0～100次的循环荷载次数内，循环荷载次数越大，CA砂浆平均抗压强度对应变速率越敏感。

当应变速率一定时，CA砂浆的抗压强度平均值随循环荷载次数的变化如图3-2-20所示。在相同应变速率情况下，CA砂浆的极限抗压强度随循环荷载次数的增加而降低。在应变速率为 $1\times10^{-5}\mathrm{s}^{-1}$、$1\times10^{-4}\mathrm{s}^{-1}$、$1\times10^{-3}\mathrm{s}^{-1}$、$1\times10^{-2}\mathrm{s}^{-1}$ 时，历经3次、50次和100次循环荷载历史后，CA砂浆比未受荷载历史的平均抗压强度分别降低了0.74%、2.72%、0.38%和0.85%；3.73%、4.33%、0.76%和2.44%；4.87%、6.69%、2.36%和3.07%。可以看出，历经3次循环荷载历史后，CA砂浆的抗压强度降低很少，历经50次和100次循环荷载历史后，CA砂浆抗压强度明显降低，而在CA砂浆层的服役过程中将经受几千万次的循环往复荷载，使得列车动荷载对CA砂浆造成的损伤不容忽视，将对CA砂浆的抗压强度产生明显的影响。

(3) 弹性模量。

当循环荷载幅值为30%极限抗压强度时，不同循环荷载次数下CA砂浆的弹性模量见表3-2-7。

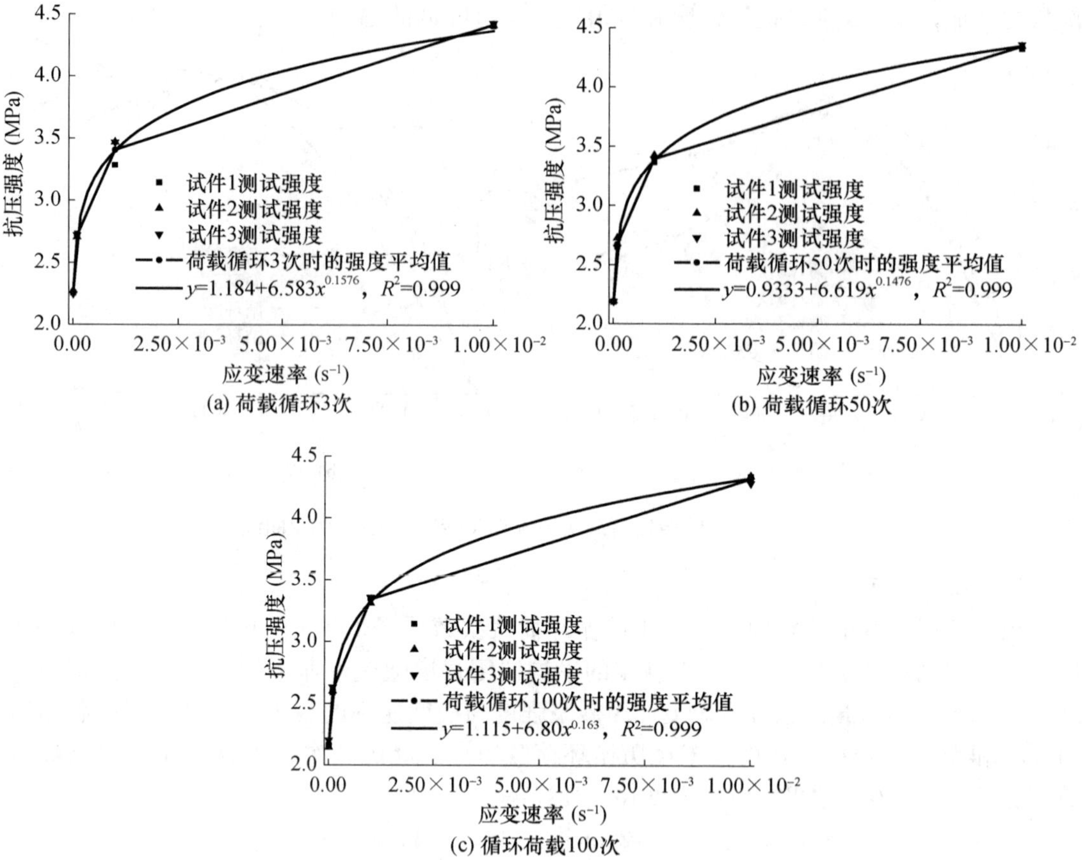

图 3-2-19 CA 砂浆强度与应变速率的关系

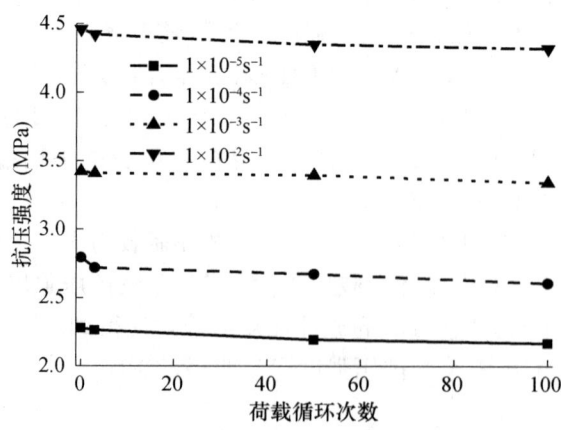

图 3-2-20 CA 砂浆抗压强度变化图

表 3-2-7　CA 砂浆经历循环荷载历史后的弹性模量（MPa）

循环幅值	循环次数（次）	试验	应变速率（s^{-1}）			
			1×10^{-5}	1×10^{-4}	1×10^{-3}	1×10^{-2}
$0.3f_c$	0	1	88.841	94.418	109.150	110.936
		2	75.006	82.192	95.212	102.175
		3	68.523	96.892	85.078	127.738
		平均值	77.456	91.167	96.480	113.616
	3	1	87.820	82.750	120.839	176.352
		2	76.029	95.515	119.727	158.038
		3	75.273	98.678	100.585	171.218
		平均值	79.707	92.314	113.720	168.536
	50	1	87.052	88.438	129.524	174.291
		2	83.168	99.662	130.181	178.514
		3	79.086	101.79	122.953	179.232
		平均值	83.102	96.63	127.552	177.345
	100	1	95.762	131.188	129.711	181.549
		2	85.335	119.411	130.366	183.501
		3	87.848	118.260	132.277	177.488
		平均值	89.648	122.953	130.784	180.846

当循环荷载幅值一定时，在相同的循环荷载次数下，CA 砂浆的弹性模量随着应变速率的增大而提高。历经 0、3 次、50 次和 100 次的循环荷载次数后，相对于应变速率为 $1\times10^{-5}s^{-1}$ 时的弹性模量；当应变速率为 $1\times10^{-4}s^{-1}$、$1\times10^{-3}s^{-1}$、$1\times10^{-2}s^{-1}$ 时，CA 砂浆的弹性模量分别增加了 17.70%、1.26%、16.28% 和 37.15%；24.56%、42.67%、53.49% 和 45.89%；46.68%、111.44%、113.41% 和 101.73%。

从表 3-2-7 还可以看出，在相同的应变速率下，荷载循环次数介于 0～100 次时，CA 砂浆的弹性模量随荷载循环次数的增大而增大。在应变速率为 $1\times10^{-5}s^{-1}$、$1\times10^{-4}s^{-1}$、$1\times10^{-3}s^{-1}$、$1\times10^{-2}s^{-1}$ 时，历经 3 次、50 次和 100 次循环荷载历史后，CA 砂浆比未受荷载历史的弹性模量分别增大了 2.91%、1.26%、17.87% 和 48.33%；7.29%、5.99%、32.30% 和 56.09%；15.74%、34.86%、35.56% 和 59.17%。当循环荷载幅值较小时，循环荷载对 CA 砂浆造成的损伤很小，反而经过初始荷载的挤压作用而变得更加密实，所以 CA 砂浆的弹性模量随着荷载循环次数的增加而增大。

（4）峰值应变。

CA 砂浆在不同应变速率和不同循环荷载次数下的峰值应变见表 3-2-8。当循环荷载幅值一定时，在相同的循环荷载次数下，CA 砂浆的峰值应变随着应变速率的增大而增大。历经 0、3 次、50 次和 100 次的循环荷载次数后，相对于应变速率为 $1\times10^{-5}s^{-1}$ 时的峰值应变；当应变速率为 $1\times10^{-4}s^{-1}$、$1\times10^{-3}s^{-1}$、$1\times10^{-2}s^{-1}$ 时，CA 砂浆的峰值应变分别增加了 12.64%、17.82%、1.69% 和 8.57%；27.58%、17.51%、8.87% 和

6.23%；37.10%、17.94%、7.71%和14.57%。尽管CA砂浆的峰值应变随应变速率呈增大的趋势，但经历循环荷载历史后CA砂浆的峰值应变与应变速率不再呈幂函数的关系。

从表3-2-8还可以看出，在相同的应变速率情况下，CA砂浆的峰值应变随循环荷载次数的增加有降低的趋势。当应变速率为$1\times10^{-5}s^{-1}$、$1\times10^{-4}s^{-1}$、$1\times10^{-3}s^{-1}$、$1\times10^{-2}s^{-1}$时，与未受循环荷载历史的情况相比，CA砂浆历经3次、50次和100次循环荷载历史后的峰值应变分别降低了－8.45%、－8.23%和13.34%；－13.45%、2.29%和4.89%；1.06%、7.64%和17.84%；6.69%、14.97%和17.54%。可以看出相对于不同的应变速率，历经循环荷载历史后峰值应变的降低程度小于应变速率使峰值应变的增加程度。

表3-2-8 CA砂浆在不同循环荷载次数下的峰值应变（%）

循环幅值	循环次数（次）	试验	应变速率（s^{-1}）			
			1×10^{-5}	1×10^{-4}	1×10^{-3}	1×10^{-2}
0.3f_c	0	1	4.825	5.157	5.513	6.019
		2	4.493	5.024	6.110	6.072
		3	3.951	4.767	5.307	6.102
		平均值	4.423	4.982	5.643	6.064
	3	1	4.621	6.137	5.208	5.495
		2	4.886	5.810	6.389	5.843
		3	4.885	5.009	5.314	5.636
		平均值	4.797	5.652	5.637	5.658
	50	1	4.559	4.754	5.235	5.142
		2	4.787	4.760	5.287	5.041
		3	5.015	5.090	5.116	5.287
		平均值	4.787	4.868	5.212	5.156
	100	1	4.077	4.554	4.752	4.942
		2	4.530	4.783	4.361	5.067
		3	4.485	4.879	4.796	4.991
		平均值	4.364	4.738	4.636	5.00

3.2.4 重复加卸载下CA砂浆的力学性能研究

1. 重复加卸载的变形特性分析

在单调加载、重复加、卸载情况下现场取样CA砂浆试件的实测应力-应变曲线如图3-2-21所示。不同加载工况下试件的极限抗压强度见表3-2-9。

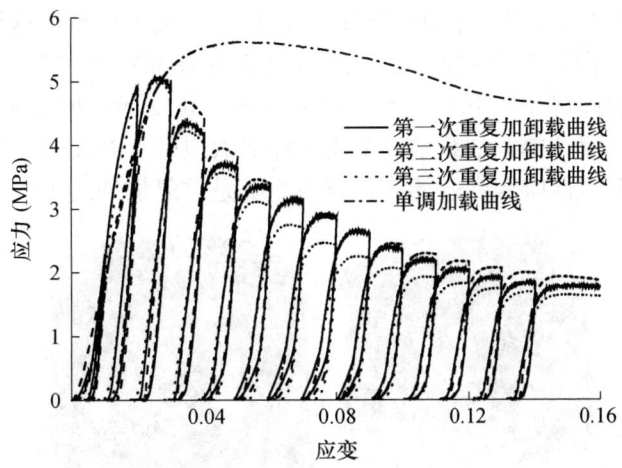

图 3-2-21　CRTS I 型板式无砟轨道 CA 砂浆应力-应变曲线

表 3-2-9　单调加载及重复荷载情况下的极限抗压强度

	单调荷载	重复加、卸载工况			
		第1次	第2次	第3次	平均值
极限抗压强度（MPa）	5.619	5.054	5.03	5.049	5.044

从图 3-2-21 和表 3-2-9 可知，单调加载时 CA 砂浆的极限抗压强度为 5.619MPa，而在重复加卸载下的极限抗压强度平均值为 5.044MPa，说明单调加载下 CA 砂浆的极限抗压强度大于重复加卸载下的极限抗压强度。单调加载时 CA 砂浆应力达到峰值后缓慢下降，而在重复加卸载作用下应力达到峰值后迅速下降。

对实测的应力-应变曲线进行无量纲化处理，图中坐标选用无量纲 S 和 U，其中 $S_i=\varepsilon_i/\varepsilon_0$、$U_i=\sigma_i/\sigma_0$，其中 ε_0 和 σ_0 分别为峰值应力处的应力和应变值，无量纲化以后的应力-应变曲线如图 3-2-22 所示。

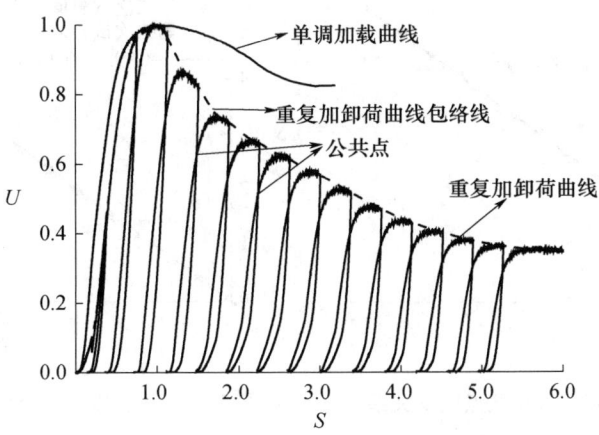

图 3-2-22　典型的 CA 砂浆应力-应变全曲线

由于 CA 砂浆是一种典型的粘弹性材料，在荷载作用下，CA 砂浆将呈柔性破坏，发现有明显的裂纹，但试件最后保持完整，不同加载情况下的典型破坏情况如图 3-2-23

所示。重复加卸载下 CA 砂浆试件的开裂程度比单调加载下严重,这说明 CA 砂浆在重复加卸载作用下的损伤更为严重。这是由于 CA 砂浆是粘弹性材料,其应力-应变存在滞后效应,在重复加卸载作用下 CA 砂浆的微裂纹不断发展形成宏观裂纹,与此同时,宏观裂纹不断扩展;而在单调加载情况下由于滞后效应的存在使得 CA 砂浆的裂缝未能得到充分发展。残余塑性应变和开始卸载点应变等是重复加卸载下的主要变形参数。

(a) 单调加载　　　　(b) 重复加卸载

图 3-2-23　CA 砂浆典型破坏情况

(1) 残余塑性应变。

荷载卸载至 0 时的残余应变称残余塑性应变,由 CA 砂浆材料自身的塑性及损伤决定。由图 3-2-21、图 3-2-22 可见,当荷载小于重复加卸载的极限抗压强度时,卸载曲线近似于直线,此时残余塑性应变较小;随着开始卸载点应变增大,残余塑性应变逐渐增大,这说明 CA 砂浆出现了损伤及不可恢复变形。

CA 砂浆在重复加卸载作用下,残余塑性应变与开始卸载点应变间的关系如图 3-2-24 所示。图中 S_c 为残余塑性应变与峰值应力处应变的比值,S_x 为开始卸载点应变与峰值应力处应变的比值。CA 砂浆试件在重复加、卸载下,其残余塑性应变随开始卸载点应变呈线性增大。

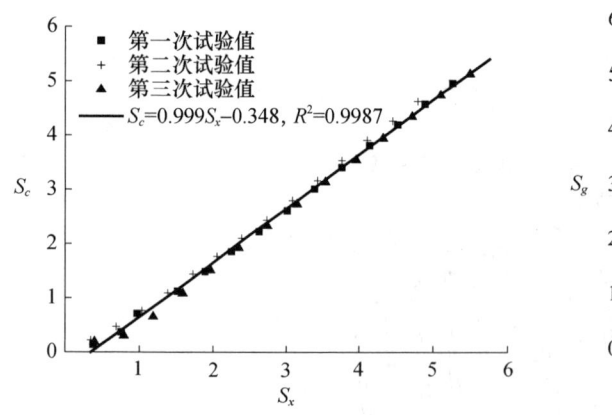
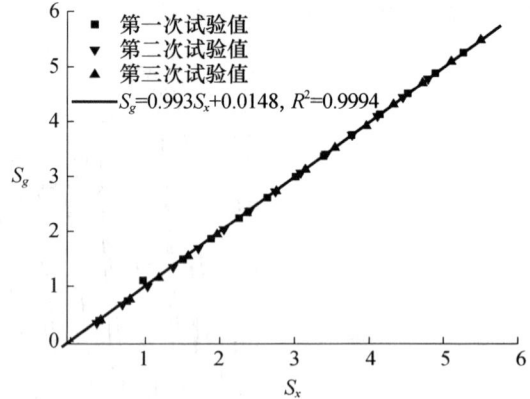

图 3-2-24　残余塑性应变与卸载点应变关系　　图 3-2-25　公共点应变与卸载点应变的关系

随着重复加卸载不断进行,CA 砂浆的残余塑性应变和开始卸载点应变都不断增大,且两者呈线性关系,但直线不经过原点。这是由于应变较小时,CA 砂浆基本没有残余变形,而此时开始卸载点处却有一定的应变,因此直线不经过原点。但重复加卸载次数的增加,CA 砂浆的损伤不断发展,使得 CA 砂浆的残余塑性应变随开始卸载点应变呈线性增大。

(2) 公共点应变。

在重复加、卸载循环中,把某一次卸载与加载曲线的交点称为公共点,如图 3-2-25 所示,Sinha 等认为公共点轨迹的极限应力约等于临界荷载时的应力,即临界应力[78]。从图中可知,再加载曲线的斜率经过公共点之后显著降低,即应力增加较小而应变增长较大,这表明 CA 砂浆内的裂纹不断扩大或新裂纹形成,损伤增大。故可将公共点的轨迹线作为界限,一旦应力应变超过此轨迹线就产生新损伤。公共点的应变总小于开始卸载点应变,对于重复加卸载作用,公共点处于相对稳定的位置,它决定着卸、加载曲线的形状,全部卸、加载曲线的公共点应变随开始卸载点应变呈线性增大,如图 3-2-24 所示,图中 S_g 为公共点应变与峰值应力处应变的比值,S_x 为开始卸载点应变与峰值应力处应变的比值。

(3) 公共点轨迹线特征分析。

将全部加、卸载曲线得到的公共点相连可得到公共点的轨迹线,如图 3-2-26 所示。

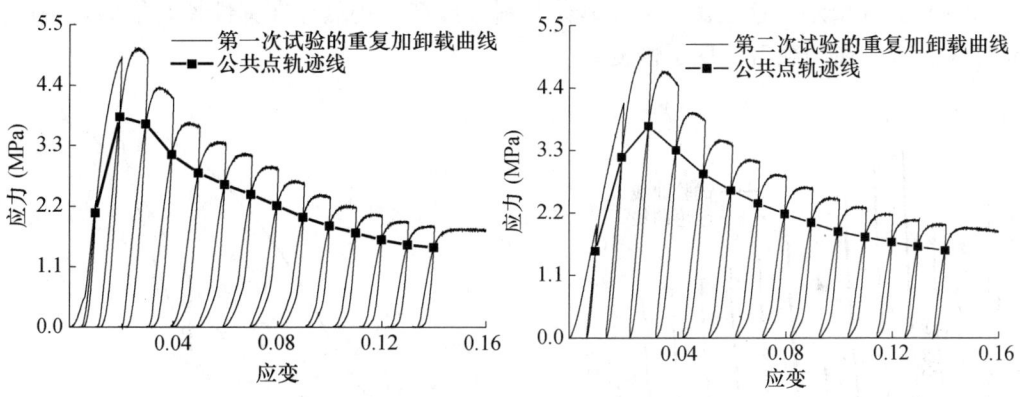

图 3-2-26　CA 砂浆加卸荷应力-应变曲线及公共点轨迹线

从图 3-2-26 可知,再加载曲线过了公共点后斜率显著减小,也就是说 CA 砂浆试件的纵向应变在超过公共点应变后,迅速增长,这表明 CA 砂浆试件内部的已有纵向裂缝迅速扩张,或者又产生了新的纵向裂缝,从而使 CA 砂浆内部的损伤积累增大。

2. 重复加、卸载曲线方程

CA 砂浆在重复加、卸载下的力学性能可用重复卸、加载曲线方程表示。

(1) 重复卸载曲线方程。

当加载的应变小于抗压强度对应的应变时,卸载路径可认为是直线;当加载的应变大于抗压强度对应的应变后,卸载路径成为曲线,随着开始卸载点应变的增加,卸载曲线斜率减小,可假定卸载路径为直线,则有:

$$\frac{U_i}{U_{xi}} = \frac{S_i - S_{ci}}{S_{xi} - S_{ci}} \tag{3-2-12}$$

$$U_i = U_{xi} \frac{S_i - S_{ci}}{S_{xi} - S_{ci}} \tag{3-2-13}$$

随着开始卸载点的应变的不断增大,卸载路径从直线变为曲线,本书选用幂函数形式来表示,即

$$U_i = U_{xi}\left(\frac{S_i - S_{ci}}{S_{xi} - S_{ci}}\right)^{n_{xi}} \quad (3-2-14)$$

式中，U_i 为第 i 次卸载曲线上任一点处的相对应力，U_{xi} 为第 i 次开始卸载点处的相对应力，S_i 为第 i 次卸载曲线上 U_i 对应的相对应变，S_{ci} 为第 i 次卸载时的残余塑性相对应变，S_{xi} 为第 i 次卸载时开始卸载点处的相对应变，n_{xi} 为第 i 次卸载时的卸载指数，且有：

$$n_{xi} = 1.2 + \sqrt{S_{ci}} \quad (3-2-15)$$

第二次试验的全部卸载理论曲线与试验曲线对比如图 3-2-27 所示。从图可见，理论拟合曲线与试验曲线吻合较好，说明可以用该方程来描述 CA 砂浆试件在重复加卸载下的卸载应力-应变曲线。

（2）重复加载曲线方程。

从试验曲线可知，在重复加卸载曲线中，再加载曲线的起始点应变与荷载卸载到零时的残余塑性应变不等，再加载曲线起始点应变总小于卸载至零时的瞬时残余塑性应变，如图 3-2-28 所示。这是由于 CA 砂浆材料在卸载后仍然存在弹性恢复能力，说明部分瞬时残余应变在卸载后出现了恢复。

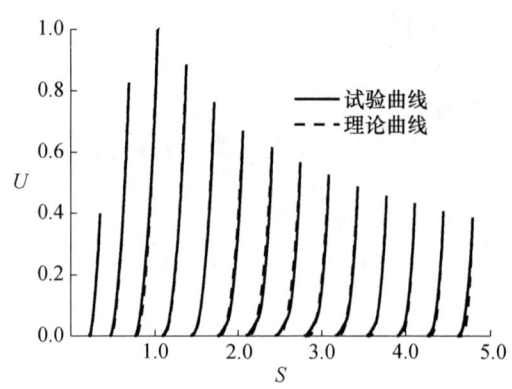

图 3-2-27 全部卸载曲线

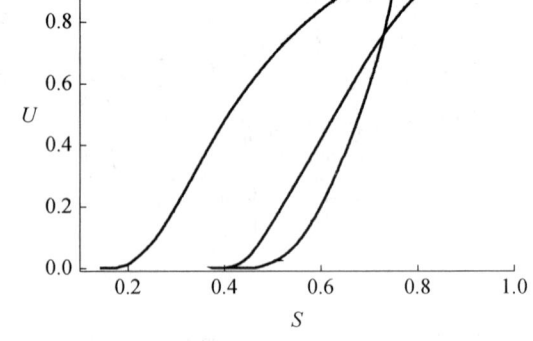

图 3-2-28 加载曲线示意图

经过分析 CA 砂浆的重复加卸载曲线，再加载曲线在公共点之前和之后的规律发生了变化，从试验曲线可知，再加载曲线方程可用三段函数来表示，对于应变小于公共点应变的加载曲线可假定为直线，公共点至每次加载的峰值应力处应变的加载曲线假定为幂指数函数，之后的加载曲线仍假定为直线，则有：

$$U_i = U_{ci} + (U_{gi} - U_{ci})\frac{S_i - S_{ci}}{S_{gi} - S_{ci}} \quad (S \leqslant S_{gi}) \quad (3-2-16)$$

$$U_i = U_{gi} + (U_{fi} - U_g)\sqrt{\frac{S_i - S_{gi}}{S_{fi} - S_{ci}}} \quad (S_{gi} \leqslant S \leqslant S_{fi}) \quad (3-2-17)$$

$$U_i = U_{xi} + (U_{fi} - U_{xi})\frac{S_{xi} - S_i}{S_{xi} - S_{fi}} \quad (S_{fi} \leqslant S \leqslant S_{xi}) \quad (3-2-18)$$

式中，U_{ci}、S_{ci} 为第 i 次卸载时的残余塑性应力、应变对应的相对应力、相对应变；U_{gi}、S_{gi} 分别为第 i 次加载曲线与卸载曲线交点（公共点）处的相对应力、相对应变；U_{fi}、S_{fi} 分别为第 i 次加载曲线上的峰值相对应力、相对应变。理论再加载曲线与试验结果比较如图 3-2-29 所示,从图中可知拟合曲线与试验结果吻合较好,可用该方程描述再加载的应力-应变曲线。

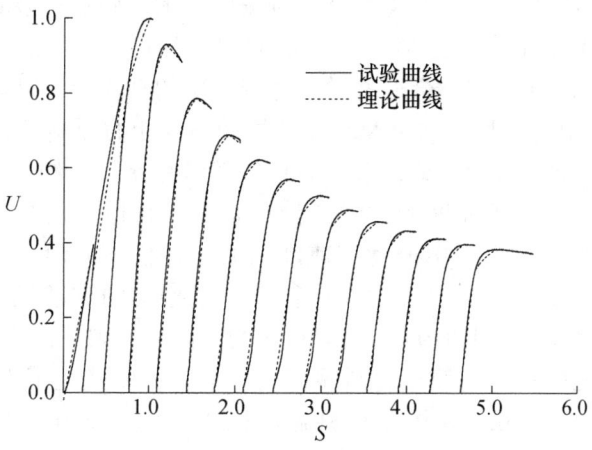

图 3-2-29 全部加载曲线

(3) 试验验证。

CA 砂浆在应变速率为 $3\times10^{-4}\mathrm{s}^{-1}$ 时的重复加、卸载试验曲线与理论曲线的对比如图 3-2-30(a) 所示,在应变速率为 $1\times10^{-3}\mathrm{s}^{-1}$ 时的重复加载、卸载试验曲线与理论曲线的对比如图 3-2-30(b),由图可知,对于该 CA 砂浆在重复加载、卸载情况下,无论对于何种应变速率,其理论重复加载、卸载曲线与试验曲线都吻合较好;因此该公式能较真实地反映该 CA 砂浆在重复加载、卸载作用下的力学特性。

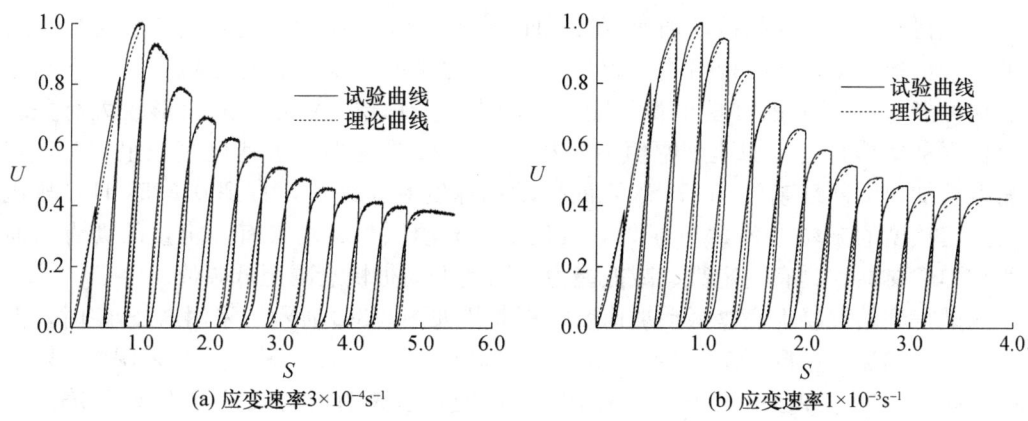

(a) 应变速率 $3\times10^{-4}\mathrm{s}^{-1}$　　(b) 应变速率 $1\times10^{-3}\mathrm{s}^{-1}$

图 3-2-30 重复加载、卸载试验曲线与理论曲线的比较

3.3 水泥乳化沥青砂浆减振与抗冲击性能

3.3.1 水泥乳化沥青砂浆减振性能

在板式无砟轨道系统中,一般认为 CA 砂浆有一定的减振与隔振能力。翟婉明等[79-81]

的计算结果表明高阻尼的 CA 砂浆垫层是有利于降低轨道板振动，选择 CA 砂浆的弹性模量既要考虑板下支承刚度，又要考虑板式轨道的强度，其合理范围为 1000~1500MN/m³。向俊、郝丹等[82-84]的计算表明随着 CA 砂浆刚度的增大，轨道板及钢轨竖向位移最大值均随之减小，为降低轨道板的振动，CA 砂浆阻尼应尽可能大。赵坪锐、刘学毅等[85,86]的计算表明 CA 砂浆刚度的减小会显著增大基床表层的动应力。卿启湘等[87]的研究表明 CA 砂浆层的弹性、阻尼特性对轨道及轨下结构动力性能的影响极大。

振动加速度的振幅、频率、衰减和时程曲线等常用来评价结构与材料的吸振与隔振特性。王澜等[88]采用振动加速度的方法评价浮置板式轨道结构与普通碎石道床轨道结构的隔振性能。练松良等[89]采用振动加速度的方法评价不同轨道结构的稳定性。陶连金等[90]采用振动加速度的方法分析地铁运行所产生振动的衰减规律，用于建筑的防振与隔振设计。周海生等[91]采用振动加速度衰减的方法评价阻尼沥青路面的降噪特性。

为了研究板式无砟轨道充填层材料减振的影响，试验建立了板式轨道的 1∶5 试验模型。充填层厚度为 1.5cm，采用 4 种材料，其理论配比及力学性能见表 3-3-1。轨道板采用 C60 混凝土，板内按比例预埋螺栓孔，以固定钢轨。

表 3-3-1 四种充填层材料的理论配比及性能参数

配比	砂（kg/m³）	水泥（kg/m³）	乳化沥青（kg/m³）	28d 抗压强度（MPa）
1#	732	367	0	20.5
2#	732	367	183	7.5
3#	732	367	515	2.15
4#	732	367	675	0.46

注：抗压强度试件尺寸为 ϕ50mm×50mm。

测试得到的轨道板的振动加速度时程曲线如图 3-3-1 所示。随着充填层材料强度的降低，轨道板振动加速度幅值增大，且 4# 砂浆的轨道板振动加速度幅值远大于其他配比。这可能与 4# 砂浆的弹性模量（刚度）较小，充填层"锤击"后变形较大有关。而轨道板振动持续时间与加速度幅值恰好相反。4# 砂浆的振动加速度衰减最快，0.012s 左右振动加速度即衰减至 0；1# 砂浆的振动加速度衰减最慢，直到 0.025s 时，轨道板仍有一定幅度的振动。除 1# 砂浆外，其他三种充填层材料均含有一定量的沥青，而沥青为粘弹性材料，具有一定吸、减振能力，因此振动很快衰减至低幅值。

测试得到的混凝土底座振动加速度时程曲线如图 3-3-2 所示。采用 3# 砂浆时，混凝土底板振动加速度稍低于 1# 与 2# 砂浆，但振动时间要短于 1# 砂浆。当采用 4# 砂浆时，混凝土底板的振动加速度最小，且振动时间最短，这表明振动大量被 4# 砂浆隔离，仅少量被传递至混凝土底板。采用 1# 砂浆时，混凝土底板振动时间最长，振动幅度最大。

3.3.2 水泥乳化沥青砂浆抗冲击性能

1. 水泥乳化沥青砂浆的冲击加速度特性

冲击加速度试验通过测量材料对冲击的加速度响应，可表征材料对振动、冲击的响应特性。书中采用落锤冲击法，通过测定水泥乳化沥青砂浆充填层的冲击加速度特性，来表征其缓冲、吸振性能。试验所用试样为某工地现场揭板所得，加工成规定尺寸，并用 C40 混凝土试件作为对比样。

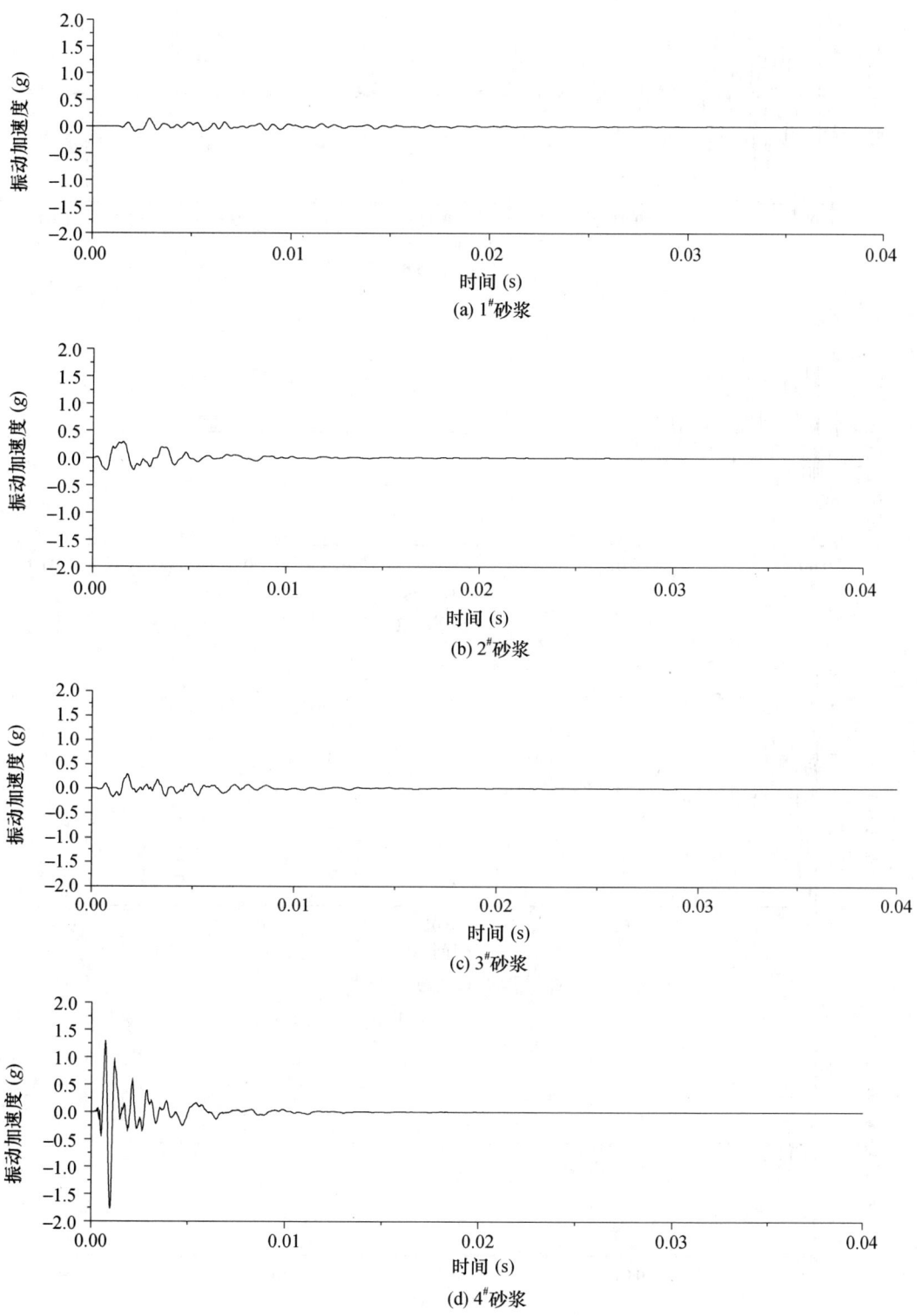

图 3-3-1 不同配比砂浆的轨道板振动时程曲线

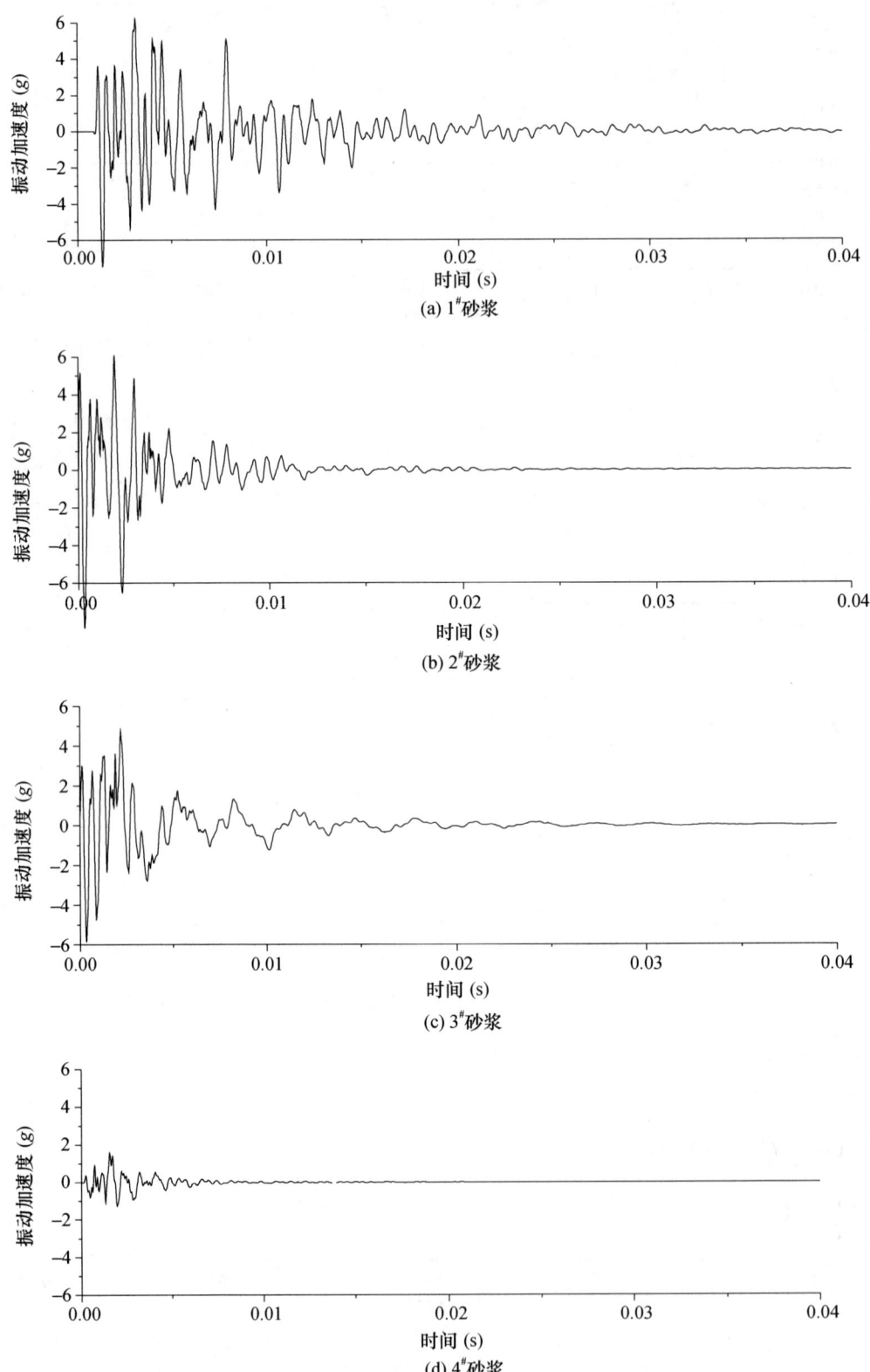

图 3-3-2 不同配比充填层砂浆的混凝土底座振动时程曲线

采用德国集成测控公司（Integrated Measurement & Control，IMC）的加速度计表征水泥乳化沥青砂浆冲击时的加速度响应，如图 3-3-3 所示，仪器由振动加速度传感器、振动加速度采集分析系统、控制系统（计算机）组成。试验时将传感器与被测物用胶紧贴，其中 Channel_01 振动传感器贴于受冲击的试块表面，而 Channel_04 振动传感器贴于受冲击试块底部钢板表面，冲击落锤的高度为 457mm，落锤质量为 4.5kg，钢球直径为 60mm，冲击试样为 ϕ170mm×50mm 圆柱体。

图 3-3-3　材料受冲击时的振动加速度试验装置

另外，参考 ACI-544 推荐的冲压冲击试验方法，即用落锤冲击圆板试验来评价水泥乳化沥青砂浆的冲击韧性。但鉴于 ACI-544 推荐方法中，所用试件较大，较难破坏（1000 次以上），笔者将试件的尺寸定为 ϕ100mm×50mm，如图 3-3-4 所示。

图 3-3-4　材料冲击破坏试验

以破坏或初裂时的冲击次数和冲击耗能作为评价砂浆冲击韧性的参数，冲击耗能按式（3-3-1）计算：

$$W = N_c \times mgh \qquad (3\text{-}3\text{-}1)$$

式中，W 为冲击耗能，单位为 J；N_c 为破坏时冲击次数；h 为冲击锤下落高度，为 457mm；g 为冲击加速度，为 9.81m/s^2；m 落锤质量，为 4.5kg。

分别以水泥乳化沥青砂浆和 C40 混凝土试件作为冲击目标，两次冲击中试件表面（Channel_01）的振动加速如图 3-3-5 所示，底部钢板表面（Channel_04）的振动加速度如图 3-3-6 所示。在受到落锤冲击后，混凝土试件和水泥乳化沥青砂浆试件的加速度均达到了 $0.7 \sim 0.8g$，但与混凝土试件不同的是，水泥乳化沥青砂浆试件的加速度在冲击后存在着较为明显的 3 个衰减段，且在最后一个衰减段，试件的加速度很快衰减为 0；而对于混凝土试件，其加速度在始终保持着较大幅度的波动，且在最后衰减段衰减较慢，类似现象也可如图 3-3-6 所示。

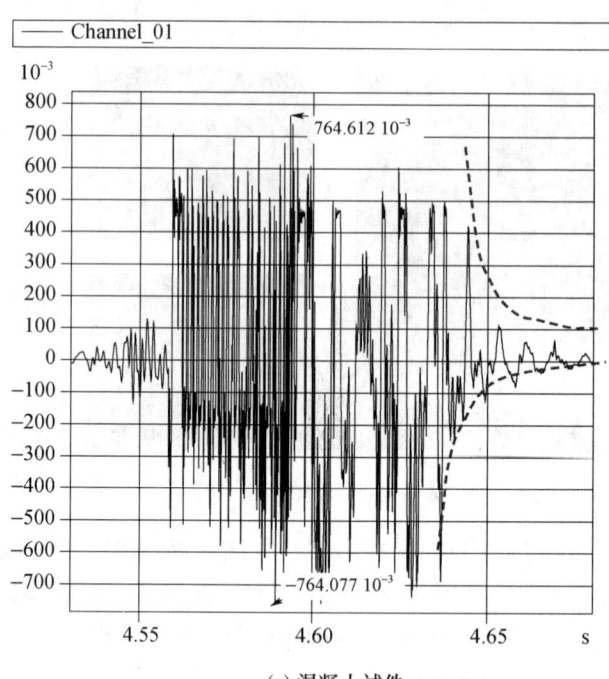

(a) 混凝土试件

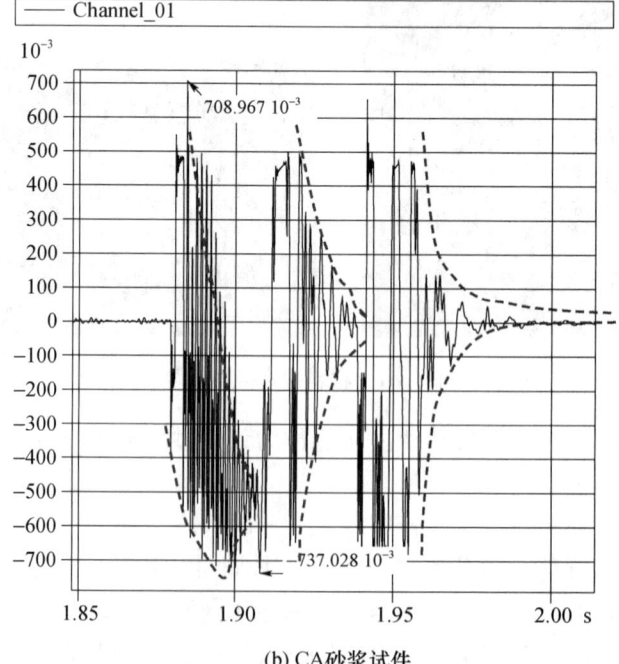

(b) CA砂浆试件

图 3-3-5　冲击目标的振动加速度随时间的变化

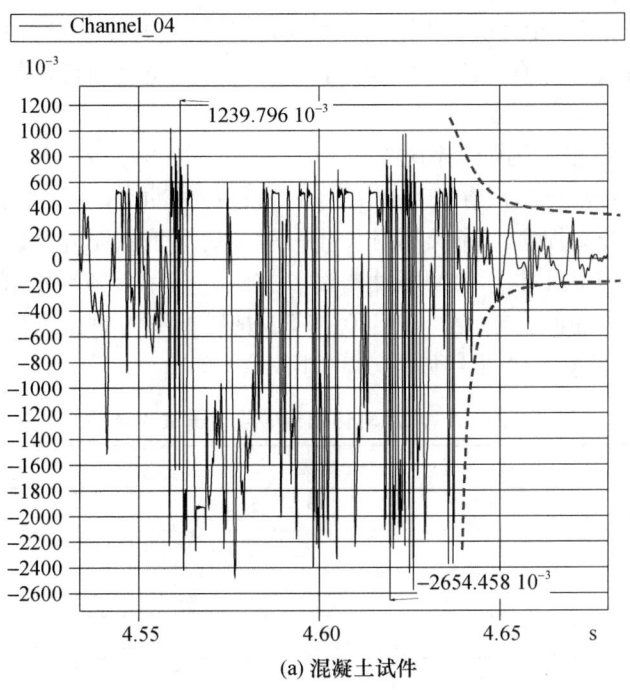

(a) 混凝土试件

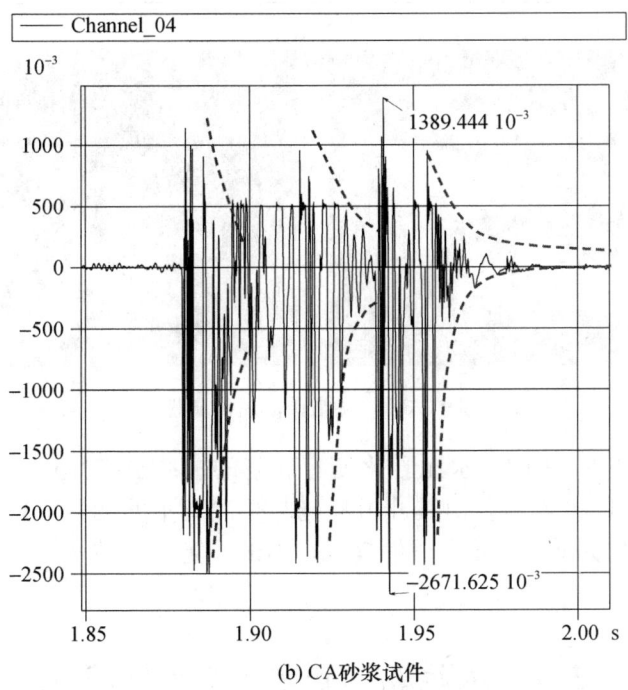

(b) CA砂浆试件

图 3-3-6　冲击目标下部钢板的振动加速度随时间的变化

材料受冲击后加速度的衰减与其对振动的吸收有关，图 3-3-5、图 3-3-6 表明，相比于混凝土，水泥乳化沥青砂浆一方面能将振动分解为 3 个阶段的衰减型振动，同时也能迅速地将振动衰减为 0，即具有较好的吸振能力。放置水泥乳化沥青砂浆试件后，相比于混凝土，其下部钢板同样呈现出振动分解与衰减特性，这表明水泥乳化沥青砂浆充填层具有较好的隔振能力。因此，冲击加速度试验表明，相比于普通混凝土，水泥乳化沥青砂浆具有较好的吸振与隔振能力，可有效吸收冲击导致的振动，从而实现其缓冲功能。

2. 水泥乳化沥青砂浆的冲击韧性

水泥乳化沥青砂浆充填层在使用时，将面临着各种冲击，且冲击往往与其他因素耦合，给充填层带来较大损害，降低其耐久性，冲击韧性是水泥乳化沥青砂浆的重要性能之一。笔者参考 ACI-544 推荐的冲压冲击试验方法，即用落锤冲击圆形试件的方法来评价水泥乳化沥青砂浆的冲击韧性。以 C30、C50 混凝土作为对比样，试验得到的结果见表 3-3-2，冲击后试件破损的照片如图 3-3-7 所示。

表 3-3-2 水泥乳化沥青砂浆冲击试验结果

试样	冲击次数（次）	冲击功（J）
C50 混凝土	2	204.3
C50 混凝土	2	204.3
C30 混凝土	1	102.2
CA 砂浆	5	511.0
CA 砂浆	7	715.3

图 3-3-7 冲击破坏后的试件

表 3-3-2 和图 3-3-7 表明，水泥乳化沥青砂浆的抗冲击韧性远大于混凝土，尽管其强度仅为混凝土的 1/20 左右，但其冲击耗能却是混凝土的几倍，具有较好的抗冲击韧性。同时，使用 ϕ100mm×50mm 试件表明，小试件能较快破坏，一定程度上可用于加速试验。

3.4 水泥乳化沥青砂浆受压本构

本节根据不同条件下现场取样和室内模制 CA 砂浆试件的单轴受压试验，并借鉴混凝土本构关系的研究方法，建立应变速率效应的 CA 砂浆材料的应力-应变关系数学模型。

3.4.1 CA 砂浆应力-应变曲线的几何特点

CA 砂浆试件的受压变形和破坏过程，决定了其应力-应变全曲线的形状，当处于准静态荷载条件下（应变速率为 $1\times 10^{-5}\,\text{s}^{-1}$）的典型曲线如图 3-4-1 所示。

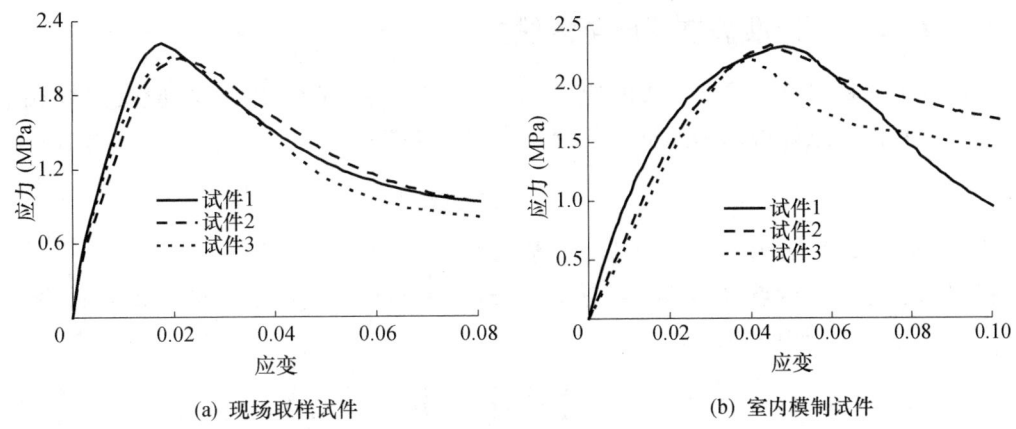

图 3-4-1　准静态下 CA 砂浆的典型应力-应变曲线

为便于分析，对实测应力-应变曲线进行无量纲化处理，即

$$x=\frac{\varepsilon}{\varepsilon_\text{p}},\quad y=\frac{\sigma}{\sigma_\text{p}} \qquad (3\text{-}4\text{-}1)$$

式中　ε——CA 砂浆应力-应变曲线上任一点的应变；

ε_p——CA 砂浆应力-应变曲线上的峰值应变（峰值应力对应处的应变）；

σ——CA 砂浆应力-应变曲线上任一点的应力；

σ_p——CA 砂浆的峰值应力。

对 CA 砂浆的应力-应变全曲线进行无量纲化处理后的典型曲线如图 3-4-2 所示。

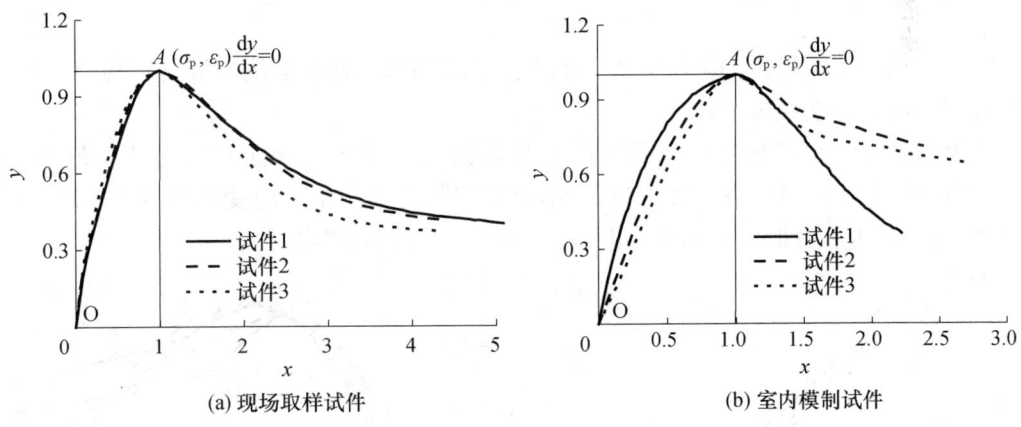

图 3-4-2　无量纲化后的典型曲线

图 3-4-2 中，ε_p 为峰值应力处的应变值；σ_p 为 CA 砂浆的极限抗压强度。从图 3-4-2 可见该典型曲线具有如下几何特点：

(1) $x=0$，$y=0$。

(2) $0\leqslant x<1$，$\text{d}^2 y/\text{d}^2 x<0$，即曲线上升段的斜率单调减小，无拐点。

(3) $x=1$ 时，$\text{d}y/\text{d}x=0$ 和 $y=1.0$，曲线单峰，如图 3-4-2 中的 A 点。

(4) 当 $x\to\infty$，$y\to 0$ 时，$\text{d}y/\text{d}x\to 0$。

(5) 对于全曲线，$x \geq 0$，$0 \leq y \leq 1$。

3.4.2 CA 砂浆准静态受压全曲线方程

通过以上分析可知，CA 砂浆的应力-应变全曲线与混凝土的应力-应变曲线相似，根据曲线的几何特点，可采用如下有理分式表示该曲线：

$$y = \frac{ax + bx^2}{c + dx + ex^2} \quad (3\text{-}4\text{-}2)$$

式中，a，b，c，d 和 e 均表示待定参数。

根据曲线的几何特点（3）可得，$b = e - c$，$a = 2c + d$，代入式（3-4-2），并令 $2 + d/c = A$，$e/c = B$，则其变为：

$$y = \frac{Ax + (B-1)x^2}{1 + (A-2)x + Bx^2} \quad (3\text{-}4\text{-}3)$$

当 $x = 0$ 时，$\mathrm{d}y/\mathrm{d}x = A$，根据定义：

$$A = \frac{\mathrm{d}y}{\mathrm{d}x}\bigg|_{x=0} = \frac{\mathrm{d}\sigma/\sigma_\mathrm{p}}{\mathrm{d}\varepsilon/\varepsilon_\mathrm{p}}\bigg|_{x=0} = \frac{\mathrm{d}\sigma/\mathrm{d}\varepsilon|_{x=0}}{\sigma_\mathrm{p}/\varepsilon_\mathrm{p}} = \frac{E_0}{E_\mathrm{p}} \quad (3\text{-}4\text{-}4)$$

式中，σ_p 为抗压强度，MPa；$E_0 = \mathrm{d}\sigma/\mathrm{d}\varepsilon|_{x=0}$ 表示 CA 砂浆的初始切线模量，$\mathrm{N/mm}^2$，考虑试验仪器或操作导致的试验误差，很难从试验曲线中计算得到初始弹性模量，因此笔者将初始切线模量替换为应力-应变曲线上升段 $1/3\sigma_\mathrm{p}$ 处的割线模量 $E_{1/3}$；$E_\mathrm{p} = \sigma_\mathrm{p}/\varepsilon_\mathrm{p}$ 表示 CA 砂浆的峰值割线模量，$\mathrm{N/mm}^2$，笔者采用准静态应变速率下 CA 砂浆弹性模量的平均值与准静态应变速率下 CA 砂浆的峰值割线模量平均值的比值表示，即

$$A = \frac{\overline{E}_{1/3}}{\overline{E}_\mathrm{p}} \quad (3\text{-}4\text{-}5)$$

式中，$\overline{E}_{1/3}$ 为准静态下应力-应变全曲线上升段 $1/3\sigma_\mathrm{p}$ 处的割线模量的平均值，$\overline{E}_\mathrm{p}$ 为准静态下的峰值割线模量平均值。

B 为下降段曲线控制参数，需根据试验数据采用最小二乘法求出。基于最小二乘法，采用方程式（3-4-3）、式（3-4-5）对本书在准静态荷载下（应变速率为 $1 \times 10^{-5}\,\mathrm{s}^{-1}$）的应力-应变曲线进行拟合，结果如图 3-4-3 所示，可见效果良好。

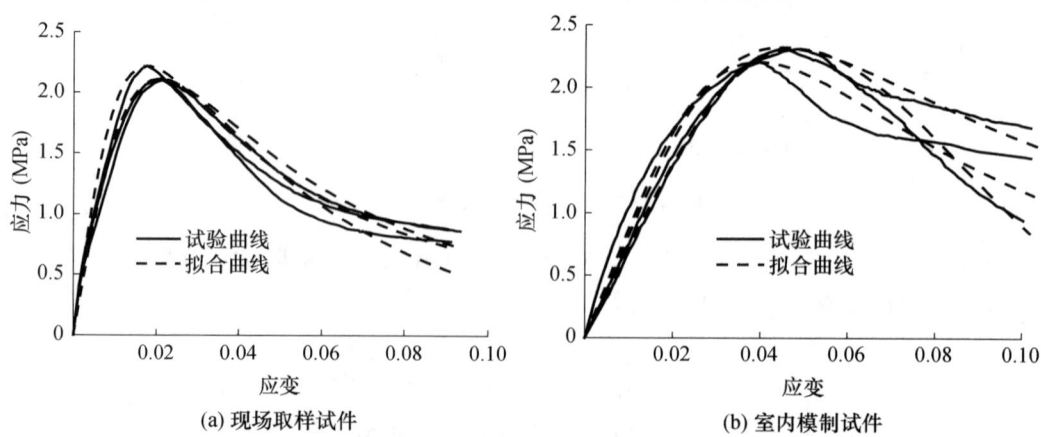

(a) 现场取样试件　　(b) 室内模制试件

图 3-4-3　准静态下实测应力-应变曲线与理论曲线的比较

表 3-4-1 为准静态下现场取样与室内模制试件应力-应变全曲线数学模型的 A、B 值及拟合优度 R^2。

表 3-4-1 准静态下各组试件的 A、B、R^2 值

试件类型	$E_{1/3}$	E_p	A	B	R^2
现场取样试件	219.98	108.822	2.022	0.9224	0.9583
				0.8493	0.9705
				0.7339	0.9299
室内模制试件	77.456	51.831	1.494	0.4499	0.9203
				0.9750	0.9823
				0.8330	0.9245

另外，笔者对比了采用经典的混凝土本构关系的数学模型（Desayi 模型、Carreira 模型）以及笔者提出的数学模型对 CA 砂浆的应力-应变曲线进行拟合对比，结果如图 3-4-4 所示。可以看出，采用笔者提出的数学模型能较好地拟合准静态状态下 CA 砂浆的应力-应变全曲线。

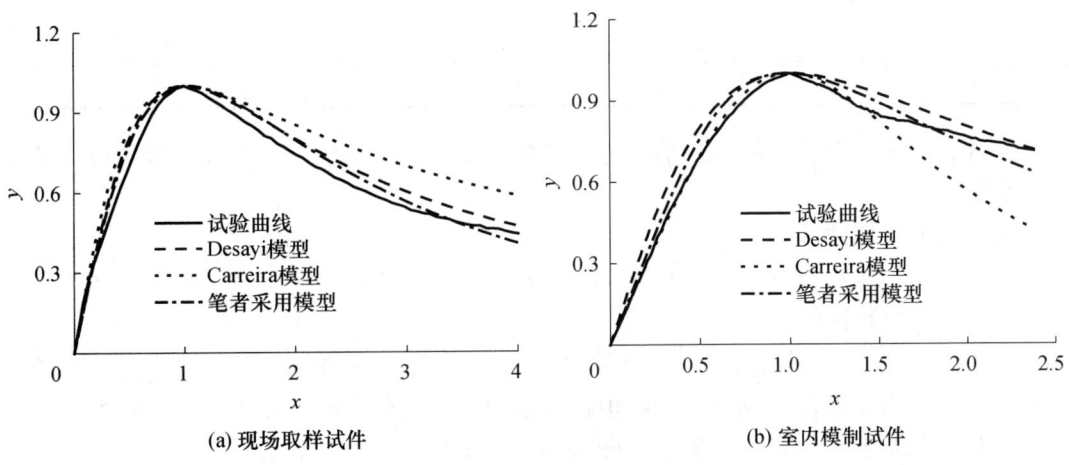

(a) 现场取样试件　　　　(b) 室内模制试件

图 3-4-4 实测曲线与不同模型曲线的比较

3.4.3 CA 砂浆动态受压全曲线方程

为描述 CA 砂浆材料在不同应变速率下的应力-应变曲线，笔者在上述准静态数学模型的基础上考虑应变速率对相应参数的影响，从而提出 CA 砂浆材料的动态受压关系曲线的数学模型。

根据 CA 砂浆的应力-应变曲线，不同应变速率下 CA 砂浆的峰值割线模量见表 3-4-2。

表 3-4-2 不同应变速率下 CA 砂浆的峰值割线模量（MPa）

应变速率（s^{-1}）	试验	弹性模量	
		现场取样 CA 砂浆试件	室内模制 CA 砂浆试件
1×10^{-5}	1	126.193	47.914
	2	98.591	51.713
	3	101.682	55.865
	平均值	108.822	51.831
1×10^{-4}	1	124.870	54.334
	2	154.324	55.613
	3	109.763	58.464
	平均值	129.652	56.137
1×10^{-3}	1	144.030	61.963
	2	158.738	56.923
	3	139.286	63.501
	平均值	147.351	60.796
1×10^{-2}	1	218.484	73.916
	2	187.351	73.979
	3	229.795	72.648
	平均值	211.877	75.514

经过对上述数据采用最小二乘法进行拟合，得到 CA 砂浆峰值割线模量与应变速率的关系如下：

对于现场取样试件

$$\overline{E}_P = 102.406 + 553.259\dot{\varepsilon}^{0.35302} \quad (R^2 = 0.991) \quad (3\text{-}4\text{-}6a)$$

对于室内模制试件

$$\overline{E}_P = 50.144 + 127.91\dot{\varepsilon}^{0.35219} \quad (R^2 = 0.991) \quad (3\text{-}4\text{-}6b)$$

式中，$\overline{E}_P$ 为不同应变速率下的峰值割线模量的平均值，$\dot{\varepsilon}$ 为试验时的应变速率。

将 CA 砂浆弹性模量与应变速率的关系，及式（3-4-6）代入式（3-4-3）、式（3-4-5）即可得到不同应变速率下 CA 砂浆材料的应力-应变关系数学模型。

在笔者所研究的应变速率范围内，根据应力-应变关系的数学模型，不同应变速率下 CA 砂浆应力-应变试验曲线和理论曲线的对比如图 3-4-5 所示。

可见，笔者提出的描述 CA 砂浆动态受压应力-应变关系的建议方程基本能够反映不同应变速率下的应力-应变曲线特征。

3.4.4 不同条件下 CA 砂浆应力-应变关系数学模型的验证

为进一步验证本书提出的 CA 砂浆受压应力-应变关系数学模型的正确性，笔者对不同荷载历史和浸水时间下 CA 砂浆的应力-应变曲线进行拟合对比。CA 砂浆在不同荷载历史下的应力-应变试验曲线与理论曲线的对比如图 3-4-6 所示。

第3章 水泥乳化沥青砂浆力学性能

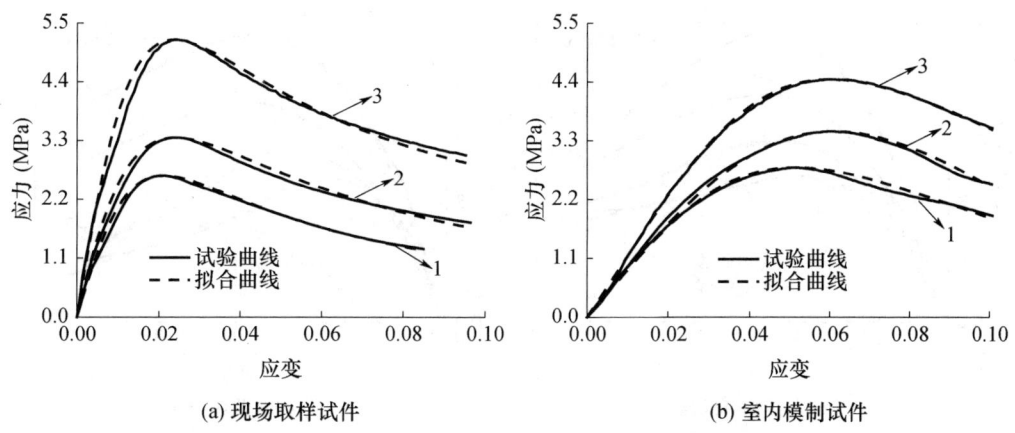

(a) 现场取样试件 (b) 室内模制试件

图 3-4-5 不同应变速率下实测与理论应力-应变曲线

注：1—应变速率 $1\times10^{-4}\mathrm{s}^{-1}$；2—应变速率 $1\times10^{-3}\mathrm{s}^{-1}$；3—应变速率 $1\times10^{-2}\mathrm{s}^{-1}$

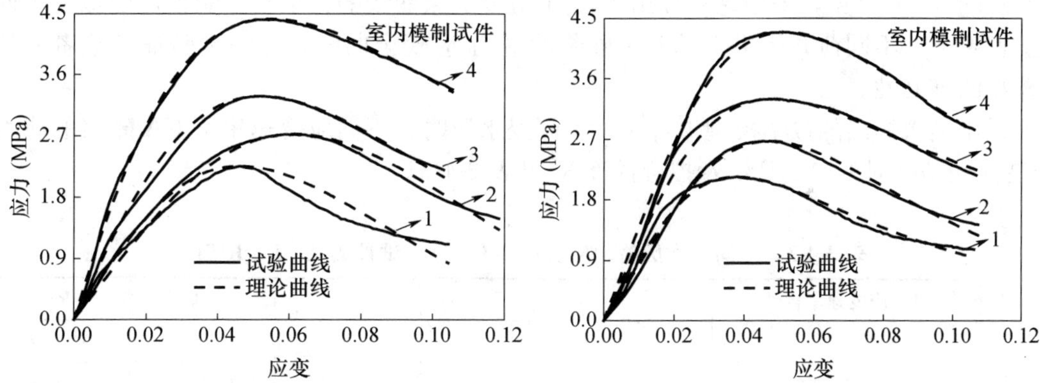

(a) 循环荷载幅值30% (b) 循环荷载幅值60%

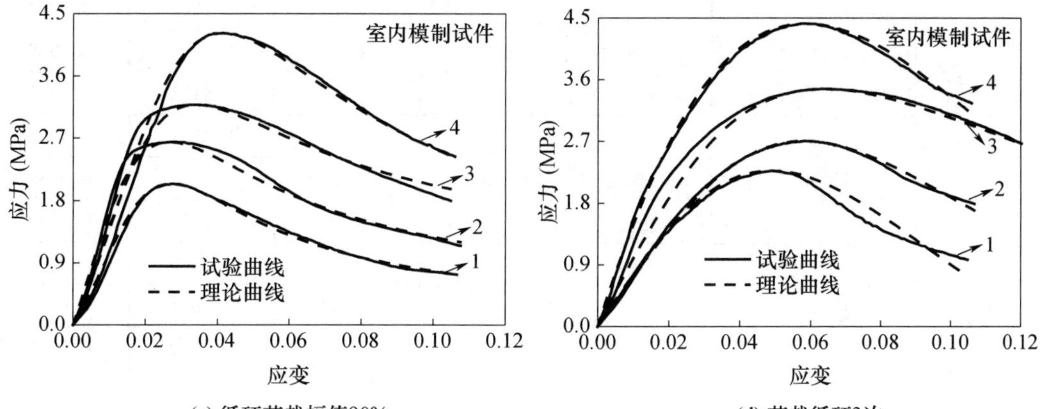

(c) 循环荷载幅值90% (d) 荷载循环3次

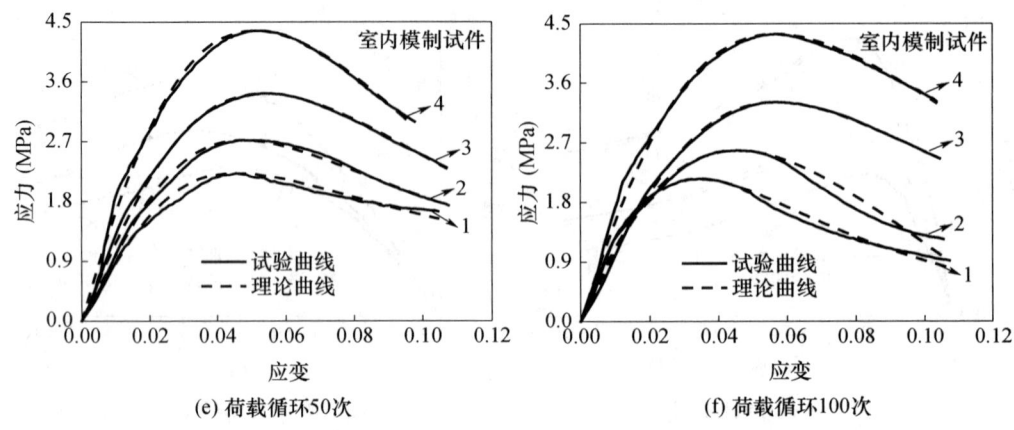

图 3-4-6 不同荷载历史下 CA 砂浆的应力-应变试验曲线与理论曲线

注：1—应变速率 $1\times10^{-5}\mathrm{s}^{-1}$；2—应变速率 $1\times10^{-4}\mathrm{s}^{-1}$；3—应变速率 $1\times10^{-3}\mathrm{s}^{-1}$；4—应变速率 $1\times10^{-2}\mathrm{s}^{-1}$

从图 3-4-6 可见，采用笔者提出的应力-应变关系曲线的数学模型能较好地拟合不同应变速率下，不同荷载历史下的 CA 砂浆的应力-应变全曲线，进一步验证了笔者所提出模型的准确性。

采用笔者提出的数学模型拟合时，不同浸水历时、不同应变速率下 CA 砂浆的应力-应变曲线拟合时的 A、B 值及拟合优度 R^2 见表 3-4-3。

表 3-4-3 不同浸水历时、应变速率 CA 砂浆试件的 A、B、R^2 值

浸水历时	应变速率（s^{-1}）	$\overline{E}_{1/3}$	$\overline{E}_\mathrm{p}$	A	B	R^2
7d	1×10^{-5}	43.387	24.379	1.779	0.1664	0.9937
					0.5198	0.9926
					0.3029	0.9913
	1×10^{-4}	47.871	28.149	1.807	0.1269	0.9994
					0.5606	0.9988
					0.4155	0.9989
	1×10^{-3}	76.284	42.302	1.875	0.4831	0.9936
					0.5611	0.9988
					1.7019	0.9942
	1×10^{-2}	87.957	52.467	1.594	0.8209	0.9993
					0.7861	0.9945
					0.9352	0.9991

续表

浸水历时	应变速率（s^{-1}）	$\bar{E}_{1/3}$	$\bar{E}_p$	A	B	R^2
14d	1×10^{-5}	42.667	22.826	1.869	0.5471	0.9852
					0.3784	0.9971
					0.5769	0.9941
	1×10^{-4}	53.901	28.149	1.915	0.9576	0.9946
					0.4699	0.9983
					0.5606	0.9992
	1×10^{-3}	75.072	42.302	1.774	0.9992	0.9971
					0.6999	0.9973
					0.4704	0.9977
	1×10^{-2}	86.209	52.467	1.643	0.9005	0.9993
					0.8803	0.9990
					0.9841	0.9985
30d	1×10^{-5}	44.413	22.257	1.995	0.6266	0.9727
					0.3783	0.9915
					0.3995	0.9896
	1×10^{-4}	53.101	29.008	1.830	0.3525	0.9948
					1.5377	0.9962
					0.4885	0.9963
	1×10^{-3}	77.486	42.025	1.844	0.7776	0.9851
					0.9976	0.9976
					0.7594	0.9933
	1×10^{-2}	111.903	61.461	1.821	1.2331	0.9993
					0.6896	0.9966
					1.0318	0.9984
60d	1×10^{-5}	51.832	26.410	1.962	0.3008	0.9868
					0.3940	0.9898
					0.7992	0.9903
	1×10^{-4}	73.254	41.768	1.757	0.5575	0.9955
					0.3685	0.9912
					0.9151	0.9993
	1×10^{-3}	85.743	58.804	1.458	1.2912	0.9964
					1.2418	0.9985
					0.3936	0.9851
	1×10^{-2}	127.382	73.413	1.735	0.9520	0.9992
					2.7516	0.9889
					0.8244	0.9988

从表3-4-3可见，笔者提出的应力-应变关系曲线的数学模型能较好地拟合不同应变速率下、不同浸水历时下CA砂浆的应力-应变全曲线，进一步验证了笔者所提出模型的准确性。

第4章 水泥乳化沥青砂浆耐久性

【内容提要】

水泥乳化沥青砂浆耐久性能是板式无砟轨道正常服役的关键因素，其作为一种具有粘弹性的有机-无机复合材料，已广泛应用于武广、石太、哈大、沪宁等客运专线或城际铁路中。然而，CA砂浆服役环境复杂，表现为干湿循环大，温差大，长期服役时会出现充填层CA砂浆伤损劣化，从而危害高速列车行车安全。

本章首先分析了CA砂浆毛细吸水特性，探讨了CA砂浆的耐水性能，探明了CA砂浆酸雨腐蚀机制，然后研究了温度疲劳对CA砂浆性能的影响规律，探讨了CA砂浆的长期徐变规律，最后分析了CA砂浆的动态损伤特性。

4.1 水泥乳化沥青砂浆毛细吸水特性

因板式无砟轨道结构的特殊性，水的侵害将成为影响砂浆充填层耐久性的重要因素。水对充填层的作用主要有：①水作为介质使有害物富集并将其引入水泥乳化沥青砂浆充填层；②水侵入沥青与水泥水化物、砂的界面，由于水泥、砂的亲水性以及沥青的憎水性，使两者剥离；③高速列车行驶时形成的冲击作用于水泥乳化沥青砂浆表层水形成劈裂，破坏水泥乳化沥青砂浆的结构；④水作为介质，使沥青中低熔点物迁移，使材料脆化、劣化；⑤水与未水化水泥颗粒反应，使水泥乳化沥青砂浆弹性充填层脆化。在水侵入中，毛细吸水将成为重要途径之一，因此研究水泥乳化沥青砂浆毛细吸水特性有十分重要的意义。

4.1.1 多孔材料毛细吸水动力学

对于两种不同的材料，如不相溶的液体与液体或液体与固体相接触，界面的存在将导致表面张力。如为液-液或液-气界面与固体接触，那么接触角可以定义为液-液或液-气界面与液固界面间的夹角，如图4-1-1所示。

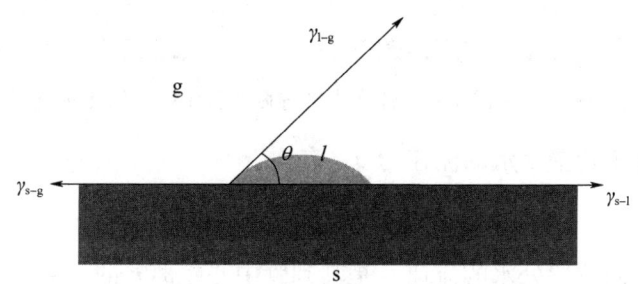

图4-1-1 液体在固体表面的接触角示意图

当表面张力达到平衡后，接触角将满足 Young 氏方程[92]

$$\gamma_{s-l} - \gamma_{s-g} = \gamma_{l-g}\cos\theta \tag{4-1-1}$$

式中，γ_{l-g} 为液-气间的表面张力；γ_{s-l} 为液-固间的表面张力；γ_{s-g} 为气-固间的表面张力；θ 为液体在固体表面的接触角。

液体在毛细管中的上升或下降，称为毛细现象。如图 4-1-2 所示，毛细管插入水中时，管内水的液面会上升。液体在毛细管中上升的高度 h 与液体的表面张力有关。设毛细管半径为 r，接触角为 θ，则液面的曲率半径 $R=-r/\cos\theta$，附加压力 $\Delta p=(2\gamma\cos\theta)/r$。

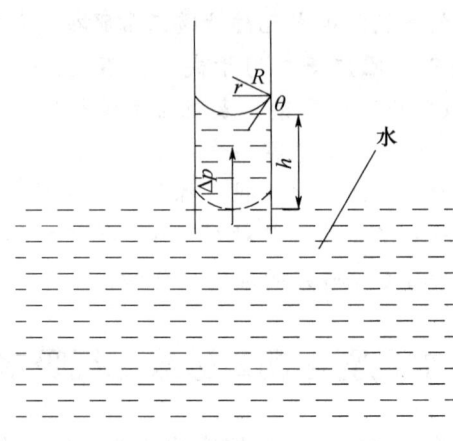

图 4-1-2 毛细管作用示意图

将材料的毛细孔简化为等径毛细管，并忽略水自重的影响。由于毛细吸水中水流速较慢，为低雷诺数 Re 流动情形，因此水在其中的传输可看成牛顿黏滞流体在水平等截面管中做稳定层流，即相邻流层接触面所受黏滞力与接触面积、速度梯度呈正比[93]，那么在图 4-1-3 的结构单元中有

$$2\pi r \eta l (\mathrm{d}v/\mathrm{d}r) = \pi r^2 \Delta p \tag{4-1-2}$$

式中，r 为该结构单元的半径；l 为该结构单元的长度；η 为水的黏度；v 为水流速度；p 为压差。

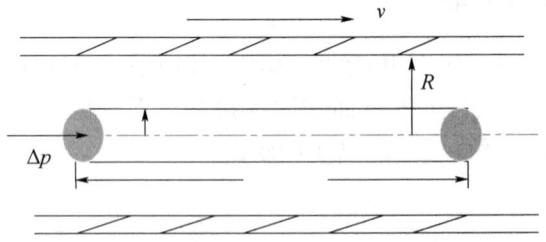

图 4-1-3 牛顿黏滞流体在水平等截面管中稳定层流示意图

解 该微分方程并令管壁处水的流速为 0，有

$$v(t) = \frac{\Delta p}{4\eta l}(R^2 - r^2) \tag{4-1-3}$$

即在管中，不同位置处水的流速 v 是其到管中心距离 r 的函数，且在管中心，水的流速最大。

单位时间内的通过图 4-1-4 中圆环的水的体积为

$$v(r) \times dS = v(r) \times 2\pi r \times dr = \frac{\pi \Delta p}{2\eta l}(R^2 - r^2) r dr \tag{4-1-4}$$

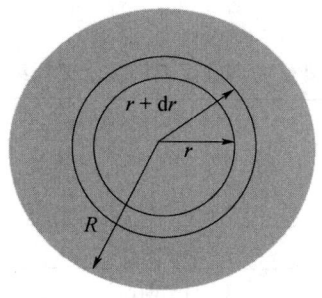

图 4-1-4　圆管截面示意图

式（4-1-4）积分后得单位时间流量 Q 为

$$Q = \frac{\pi R^4 \Delta p}{8\eta l} \tag{4-1-5}$$

式（4-1-5）即泊肃叶公式，若令流阻 Z 为

$$Z = \frac{8\eta l}{\pi R^4} \tag{4-1-6}$$

那么有

$$Q = \frac{\Delta p}{Z} \tag{4-1-7}$$

式（4-1-7）即为达西定律的另一种表达式。

管中的水平均流速 $\bar{v}$ 为

$$\bar{v} = \frac{Q}{\pi R^2} = \frac{R^2 \Delta p}{8\eta l} \tag{4-1-8}$$

水的传输有微分方程

$$\bar{v} \cdot dt = dl \tag{4-1-9}$$

联立式（4-1-8）、式（4-1-9）有

$$l = \sqrt{\frac{R^2 \Delta p t}{4\eta}} \tag{4-1-10}$$

将 $\Delta p = (2\gamma\cos\theta)/R$ 代入式（4-1-10）中，有

$$l = \sqrt{\frac{R \cdot \gamma \cdot \cos\theta \cdot t}{2\eta}} \tag{4-1-11}$$

式（4-1-11）即为半径 R 为单个毛细孔的毛细吸水高度随时间的变化式。若假定材料单位面积上有 n 个毛细孔，且水密度为 ρ，计算毛细吸水质量 w 随时间的变化，有

$$w = \sum_{i=1}^{n} \rho \pi R_i^{\frac{5}{2}} \sqrt{\frac{\gamma\cos\theta}{2\eta}} \cdot t^{\frac{1}{2}} \equiv S \cdot t^{\frac{1}{2}} \tag{4-1-12}$$

材料的吸水量与吸水时间 $t^{1/2}$ 呈线性关系，这与 MARTYS[94] 的实验结果一致。S 为吸水系数，是与材料本身物理量。由式（4-1-12）可知，吸水系数 S 与多孔材料毛细数量、孔径及孔径分布，水的表面张力，水在材料表面的接触角以及水的黏度有关。

4.1.2 水泥乳化沥青砂浆的毛细吸水特性

将取回的现场样进行各个面的水接触角试验和毛细吸水试验，各试样编号、吸水面状况、吸水面接触角见表4-1-1。

表4-1-1 水泥乳化沥青砂浆毛细吸水试样编号与吸水面特性

No.	Type	位置或表面处理状况	水在其表面的接触角
L-1	CRTS I	顶面（与灌注袋形成截面）	73.5°
L-2	CRTS I	打磨	76°
L-3	CRTS I	自然断面	65°
L-4	CRTS I	自然断面	68°
H-1	CRTS II	打磨	48.5°
H-2	CRTS II	自然断面	49°
H-3	CRTS II	顶面（与轨道板形成界面）	52°
H-4	CRTS II	底面（与底板混凝土形成界面）	47°

注：由于CRTS I型水泥乳化沥青砂浆上下面均与灌注袋形成界面，因此只做了顶面的毛细吸水试验。

水泥乳化沥青砂浆的毛细吸水质量随吸水时间的变化如图4-1-5所示。从图中可以看出，吸水质量M与吸水时间t之间满足抛物型关系。由式（4-1-7）可知，牛顿黏滞流体做稳定层流时，流阻Z与其流线长度l呈正比，随着吸水量的增加，越来越多的毛细孔将水充满，流线长度l增大而使流阻Z增大，因此吸水速度越来越慢，曲线也因此表现为抛物型曲线。

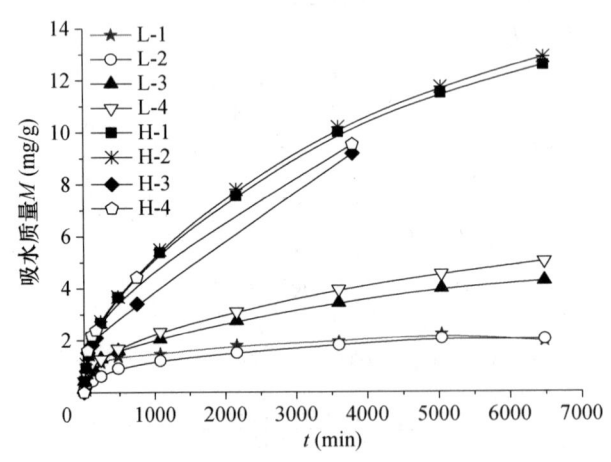

图4-1-5 水泥乳化沥青砂浆毛细吸水质量随吸水时间的变化

如图4-1-6所示为水泥乳化沥青砂浆单位面积吸水质量随吸水时间$t^{1/2}$的变化，表4-1-2为拟合的函数关系式及其相关系数。从图4-1-6中可知，水泥乳化沥青砂浆单位面积吸水质量与吸水时间$t^{1/2}$呈线性关系，与推导的结果一致。这一方面说明了泊肃叶公式在多孔材料毛细吸水方面的适用性，另外也验证了此前一些假设的正确性。即在水泥乳化沥青砂浆的毛细吸水过程中，毛细孔可等效为等径圆管，水在毛细孔中做稳定层流运动,因表面张力导致的附加压力是毛细吸水的驱动力,而水与毛细孔壁的摩阻力是其主要阻力(试件高度较小,水自重可以忽略)。

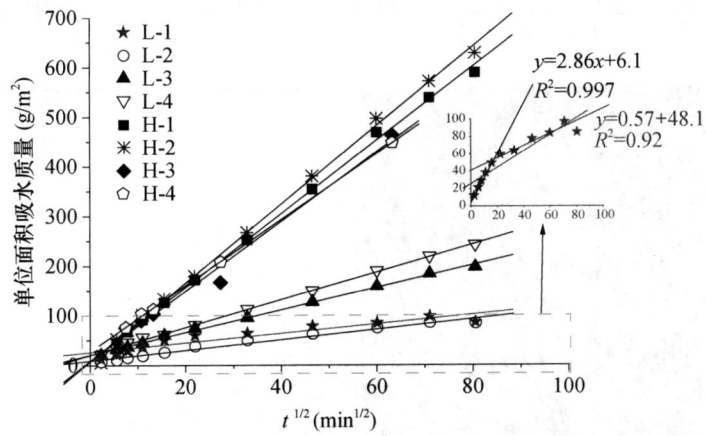

图 4-1-6 水泥乳化沥青砂浆单位面积吸水质量与时间 $t^{1/2}$ 关系

表 4-1-2 水泥乳化沥青砂浆单位面积吸水质量与时间 $t^{1/2}$ 的函数关系及相关系数

编号	公式	方差 R^2
L-1	$w=0.9471t^{1/2}+25.549$	0.8724
L-2	$w=1.0488t^{1/2}+8.6501$	0.9727
L-3	$w=2.7884t^{1/2}+19.819$	0.9985
L-4	$w=2.2667t^{1/2}+20.149$	0.9973
H-1	$w=7.9168t^{1/2}+7.2360$	0.9984
H-2	$w=7.4000t^{1/2}+8.5446$	0.9987
H-3	$w=7.0062t^{1/2}+8.0340$	0.9860
H-4	$w=6.6377t^{1/2}+26.925$	0.9997

表 4-1-2 的结果表明,CRTS Ⅱ型水泥乳化沥青砂浆的毛细吸水系数要远大于 CRTS Ⅰ型,这可能与 CRTS Ⅰ型砂浆中的沥青含量较高有关。由于沥青为憎水性有机物,水在 CRTS Ⅰ型砂浆表面的接触角要大于 CRTS Ⅱ型的。在表 4-1-1 中,水在 CRTS Ⅰ型水泥乳化沥青砂浆表面的接触角为 66.5°,而在 CRTS Ⅱ型表面则为 49°,因此可使式(4-1-12)中的 $\cos\theta$ 减少而降低其吸水系数。另外,由于 CRTS Ⅱ型水泥乳化沥青砂浆的水泥含量较高,水泥水化体积收缩形成的毛细孔孔隙率也较高,同样也使其吸水系数增大。

表 4-1-2 中,L-1 样品吸水质量与时间 $t^{1/2}$ 的线性相关系数要低于其他样品,为 0.9 以下,对其数据进行分析后发现,其吸水可分为两个线性阶段。如图 4-1-6 的插图所示,在 $t^{1/2}$ 为 0~20min$^{1/2}$ 的阶段,即 400min 以前,其毛细吸水系数为 2.86,与自然断面相当,而在 400min 以后,毛细吸水系数为 0.57,比打磨后的毛细吸水系数还要低。

对 L-1 样品的表面进行 SEM 和 EDS 分析,如图 4-1-7 所示,L-1 样品表面存在类似"三明治"结构,即最外层为结晶水化产物,EDS 分析表明其主要元素为 Si、Ca、S、Cl、Al、K、Na 等,呈多孔状,亲水性较强,该层毛细孔较多,其吸水导致了图

4-1-6 中的 0～20min$^{1/2}$ 的阶段。但在最外层 10μm 以内处，还存在着一个富沥青层，如图 4-1-7（b）所示，该层较为致密，憎水性较强，当最外层吸水饱和后，该层即可充当阻隔层，而使砂浆的毛细吸水系数降低，从而导致了图 4-1-7 中后期毛细吸水系数较小。

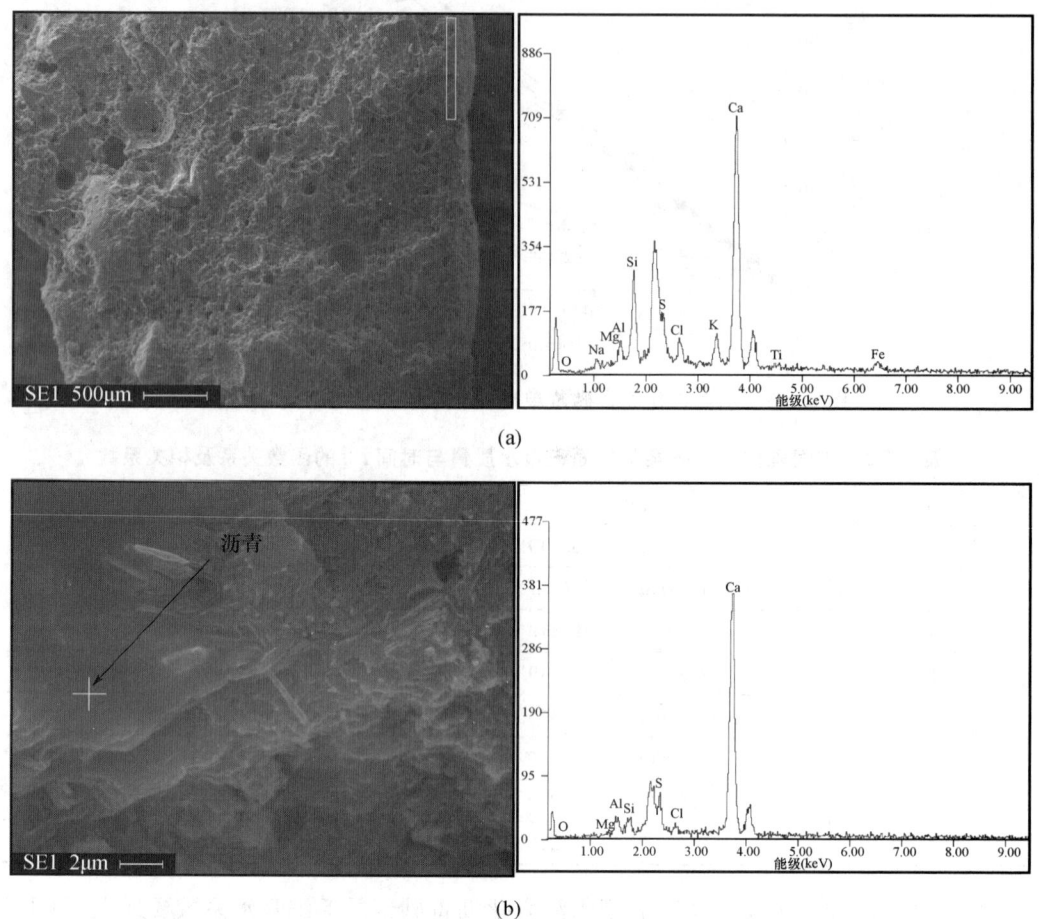

图 4-1-7　水泥乳化沥青砂浆与灌注袋界面内部形成的富沥青膜层

CRTS I 型水泥乳化沥青砂浆采用袋注法施工，水泥乳化沥青砂浆注入灌注袋后，水易透过灌注袋，而沥青颗粒易被灌注袋纤维阻挡，在灌注袋内侧破乳、成膜，最后形成富沥青膜层，同时各种离子却易随水迁移至灌注袋外侧，结晶后形成富含各种元素的水化物层（从其含有大量 Cl、K、Na 等元素可看出该层是由离子迁移和沉积形成）。界面上水的接触角为 73.5°，综合毛细吸水系数为 0.947，低于自然断面，可起保护层的作用。

图 4-1-8 为对自然断面打磨后的 SEM 照片。对硬化后的水泥乳化沥青砂浆表面进行打磨，也可形成富沥青膜，与自然断面相比，该膜也具有致密结构。而由表 4-1-2 可知，打磨后使砂浆的毛细吸水系数降低了 45%～65%，也能成为水的屏障。CRTS II 型水泥乳化沥青砂浆不用灌注袋施工，且沥青含量较低，因此成膜比较困难，打磨对毛细吸水的影响也不大。

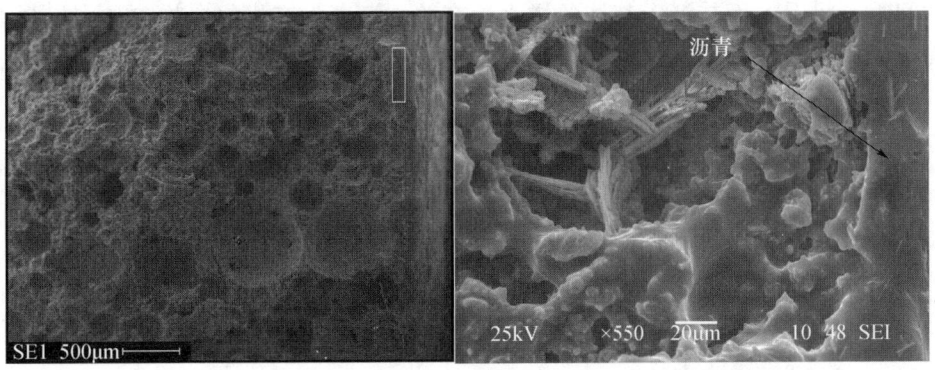

图 4-1-8　水泥沥青砂浆表面打磨后形成的沥青膜层

试验结果表明对 CRTS Ⅰ 型水泥乳化沥青砂浆表面进行处理可显著降低其吸水系数，这对实际工程有着十分重要的意义。在 CRTS Ⅰ 型板式无砟轨道施工中，砂浆通过灌注袋的灌注口灌至轨道板与混凝土底板之间，灌注完后通常需将灌注口切掉。试验结果表明，简单切除会使断面上毛细吸水系数较大，而进行处理可大大降低其毛细吸水系数。因此，在 CRTS Ⅰ 型水泥乳化沥青砂浆施工中，对灌注口的砂浆表面进行处理是十分必要的，如图 4-1-9 所示。

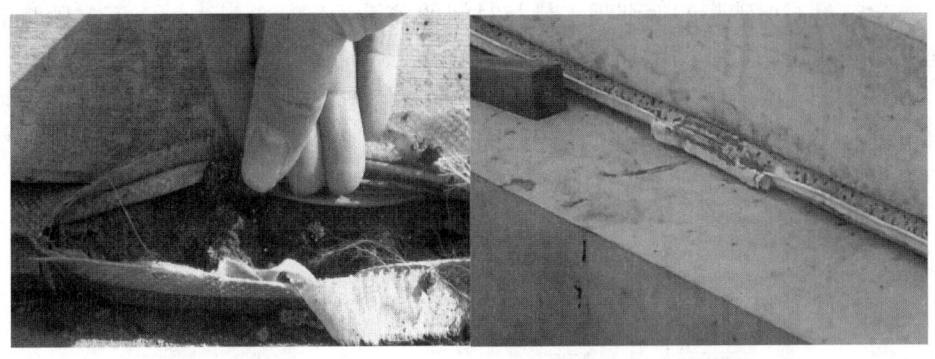

(a) 未做处理　　　　　　　　　　(b) 已做处理

图 4-1-9　灌注口的处理

4.1.3　不同材料的毛细吸水速度

毛细吸水是水进入 CA 砂浆充填层的重要途径，在毛细作用下砂浆不仅能以高出水面的方式吸水，也能从空气中吸收湿气。试验将 $\phi 50mm \times 25mm$ 试样的吸水面四周同环氧树脂封边至 5mm，然后将试样放入温度为 50℃、湿度为 50% 的条件下干燥至恒重，测量其尺寸、质量后放入水中进行单面吸水试验。

不同充填层材料的毛细吸水量与吸水时间的关系如图 4-1-10 所示，从图中可看到水泥砂浆毛细吸水最快，远高于其他砂浆，在 100min 左右即达到吸水饱和的水平；超低弹模 CA 砂浆毛细吸水最慢，仅为 CRTS Ⅱ 型 CA 砂浆吸水速度的 1/2 左右；这些表明水泥基体在掺入沥青后，其毛细吸水性能得到改善。这一方面与沥青对水泥基体的毛细孔细化有关，由于沥青颗粒直径比水泥颗粒低一个数量级（μm），因此能更好填充水泥颗粒的间隙；另一方面与沥青基体的憎水性有关，沥青为有机聚合物，具有较强的憎水性，而水泥则有较强的亲水性。

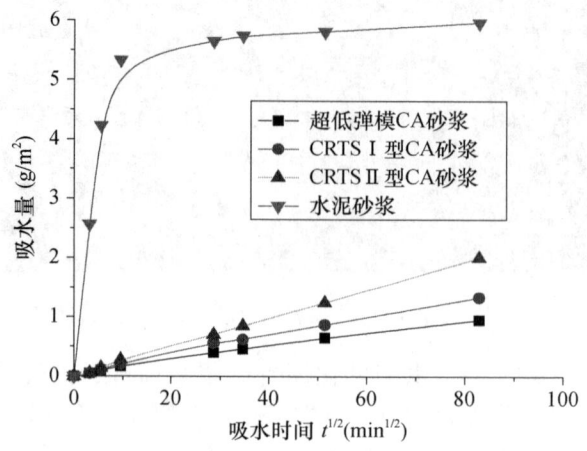

图 4-1-10　不同材料的毛细吸水速率

4.1.4　含气量对 CRTS Ⅰ 型 CA 砂浆毛细吸水性的影响

不同含气量 CA 砂浆的毛细吸水量与时间的关系如图 4-1-11 所示，CA 砂浆的毛细吸水速度随含气量的增加而增加。但含气量在 15% 左右的范围，当含气量由 4.2% 增加至 15.2% 时，砂浆的毛细吸水速度增加并不大；但当含气量进一步增加时，砂浆的毛细吸水速度迅速增大。这可能与 CA 砂浆内部孔隙的变化有关，当含气量升至 15% 以上时，原先封闭的小孔可能逐渐发生连通，导致砂浆的毛细吸水速率迅速增大。

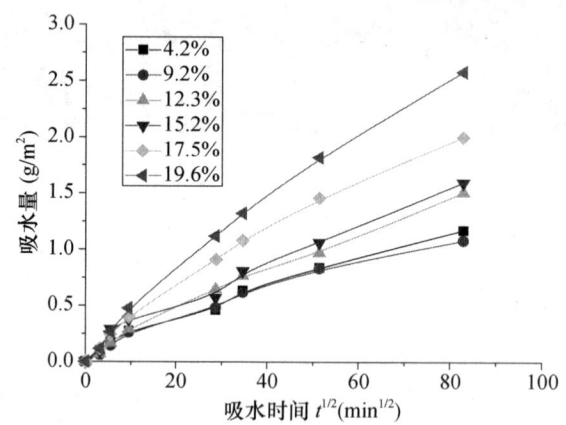

图 4-1-11　不同含气量 CA 砂浆毛细吸水量随时间的变化

4.2　水泥乳化沥青砂浆耐水性

板式无砟轨道水泥乳化沥青砂浆充填层采用灌注袋法施工，轨道板与砂浆充填层之间黏结力很弱，很容易在翘曲应力作用下产生裂缝，当雨水进入裂缝时，会在毛细吸水作用和列车动荷载作用下浸入砂浆充填层中，此时 CA 砂浆充填层将长期处在雨水浸泡环境中，而实际调研表明，无砟轨道 CA 砂浆充填层的劣化与失效大多与水作用有关[95]。因此，对 CA 砂浆耐水性进行研究十分必要。

4.2.1 CRTS I 型板式无砟轨道 CA 砂浆的耐水性

1. 清水浸泡作用下 CA 砂浆力学性能

由于水泥持续水化导致 CA 砂浆的强度不断地增加，因此以同龄期的 CA 砂浆试样作为对比样，分析其强度以及弹性模量比值随浸泡时间的变化，CRTS I 型 CA 砂浆相对抗压强度随浸泡时间与水温的变化如图 4-2-1 所示。随着浸泡时间以及浸泡温度的增加，CA 砂浆的强度降低较为明显。图 4-2-1（b）表明在前 28d 内，CA 砂浆强度随浸泡时间的延长降低较为迅速，而在 28~90d 强度降低并不大，这可能与 CA 砂浆在前 28d 迅速被水饱和，后期吸水较少有关。

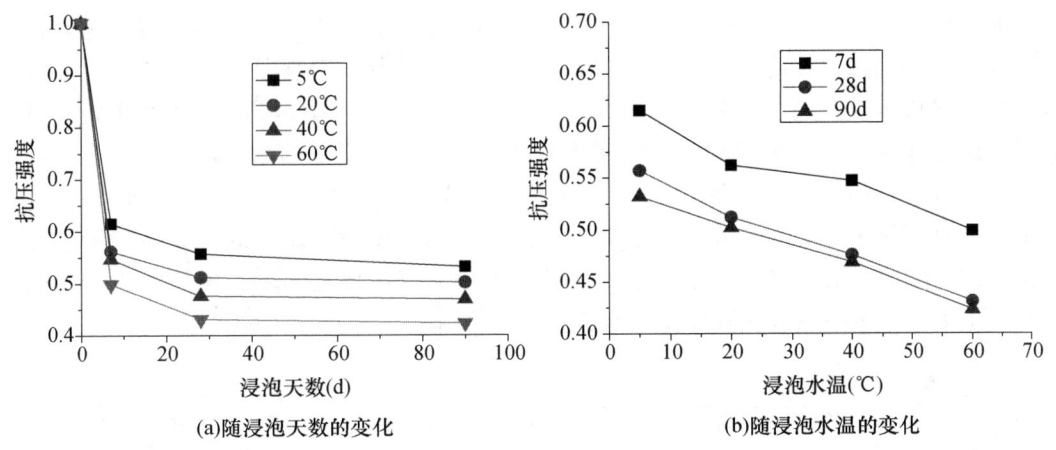

图 4-2-1 CRTS I 型 CA 砂浆相对抗压强度随浸泡时间与水温的变化

CRTS I 型 CA 砂浆弹性模量随浸泡时间与水温的变化如图 4-2-2 所示。CA 砂浆的弹性模量随浸泡时间的增加而减小，且变化大多在前 28d 内完成，这同样说明 CRTS I 型 CA 砂浆在前 28d 即可达到吸水饱和。图 4-2-2（b）表明对于浸泡时间为 28d 和 90d 的 CA 砂浆，CA 砂浆的弹性模量随着水温的增加而减小，但对于浸泡 7d 的 CA 砂浆，CA 砂浆弹性模量随温度的增加先增加后减小，一方面这可能与高温加速水泥水化导致 CA 砂浆强度增加有关，另一方面与高温加速水的扩散导致 CA 砂浆强度降低的综合作用有关。

2. 模拟酸雨浸泡作用下 CA 砂浆力学性能

酸雨是指 pH 值小于 5.6 的雨、雪或其他形式的降水。雨、雪等在形成和降落过程中，吸收并溶解了空气中的二氧化硫、氮氧化合物等物质，形成了 pH 值低于 5.6 的酸性降水。酸雨主要是人为向大气中排放大量酸性物质所造成的。我国的酸雨主要为燃烧含硫量高的煤而形成，多为硫酸雨，少为硝酸雨；此外，各种机动车排放的尾气也是形成酸雨的重要原因。以长沙、赣州、南昌、怀化为代表的华中酸雨区现在已经成为全国酸雨污染最严重的地区，其中心区平均降水 pH 值低于 4.0，酸雨的频率高达 90% 以上，已达到了"逢雨必酸"的程度。

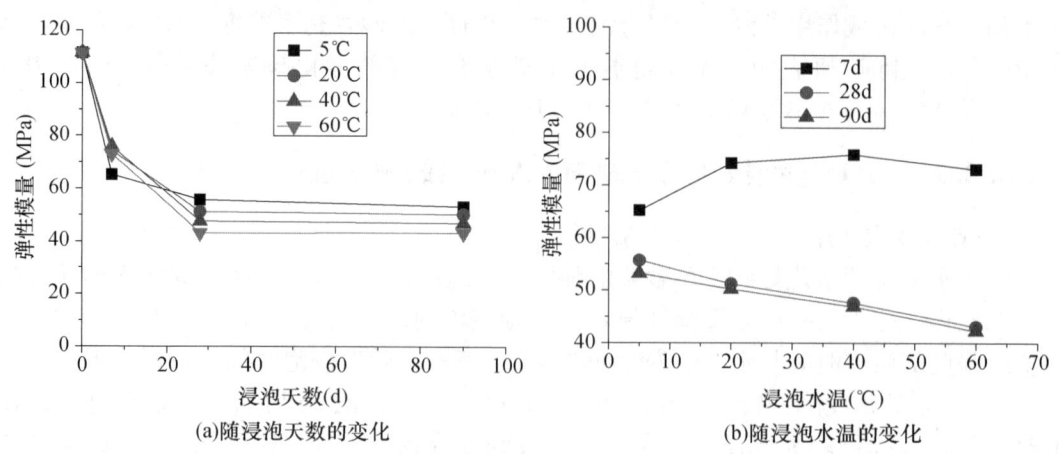

图 4-2-2 CRTS I 型 CA 砂浆弹性模量随浸泡时间与水温的变化

酸雨能使非金属建筑材料（混凝土、砂浆和灰砂砖等）表面硬化的水泥溶解，出现空洞和裂缝，导致强度降低，从而使建筑物损坏。建筑材料会变脏、变黑，影响城市市容质量和城市景观，被人们称为"黑壳"效应。在实际工程中，CA 砂浆处于野外环境的日晒雨淋作用下，易出现积水，需研究其在酸雨浸泡作用下的耐久性。

在试验室环境下，采用摩尔浓度（H_2SO_4：HNO_3）为 6：1 酸液作为母液，采用水稀释分别配制 pH 值 5.0、4.0、3.0 的溶液，将 CA 砂浆试块放入。试验期间每天测试一次 pH 值，通过补充酸液将浸泡液的 pH 值保持至设定水平。模拟酸雨浸泡作用下 CRTS I 型 CA 砂浆抗压强度变化如图 4-2-3 所示。

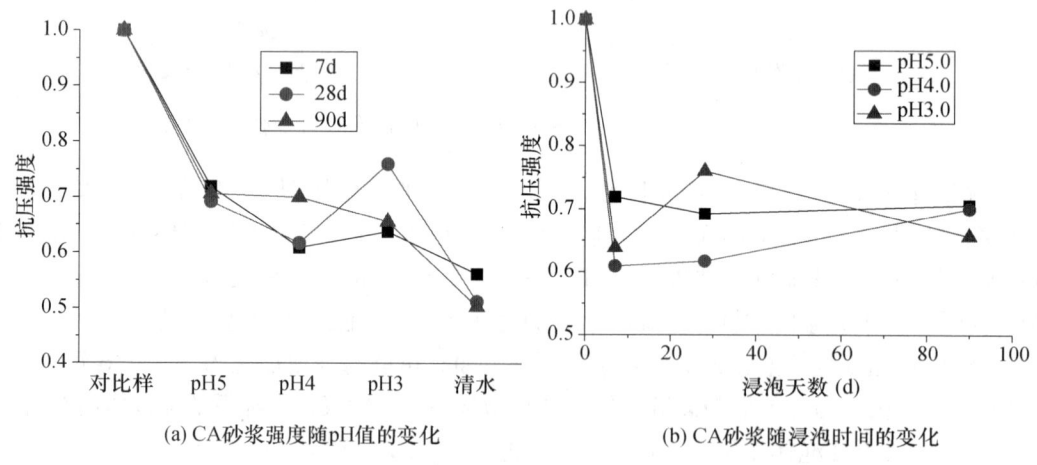

图 4-2-3 模拟酸雨浸泡作用下 CRTS I 型 CA 砂浆抗压强度变化

图 4-2-3（a）表明 CA 砂浆浸泡在酸液中时强度高于清水浸泡的强度，图 4-2-3（b）表明在酸液中浸泡 7d 以后其强度变化并不明显。这可能与三方面的综合作用有关，首先酸液中的 SO_4^{2-} 将加速水泥水化，导致 CA 砂浆强度增加；另外酸液中离子总量增加，进而加快水等扩散；此外酸液与水泥水化产物反应形成的盐类在 CA 砂浆孔隙中结晶，导致 CA 砂浆变得密实，将导致 CA 砂浆强度先增加后减小。

因此，总体来说，浸泡在 pH 值为 5.0 和 3.0 溶液中的 CA 砂浆强度要高于 pH 值为 4.0 的，即 pH 值为 4.0 时，CA 砂浆浸泡后的强度最低。这表明，pH 值的增加先导致溶液扩散加快而导致强度降低，而当 pH 值高至一定程度时，其加速水泥水化以及盐结晶的影响将发生作用，进而导致浸泡在 pH 值为 3.0 溶液中的试样强度高于浸泡在 pH 值为 4.0 溶液中的试样。

模拟酸雨浸泡条件下 CRTS I 型 CA 砂浆弹性模量变化如图 4-2-4 所示。与抗压强度的结果较为一致，在酸液中浸泡的试样的弹性模量要高于清水浸泡的，这进一步说明了酸液的加速水化以及盐结晶密实作用。

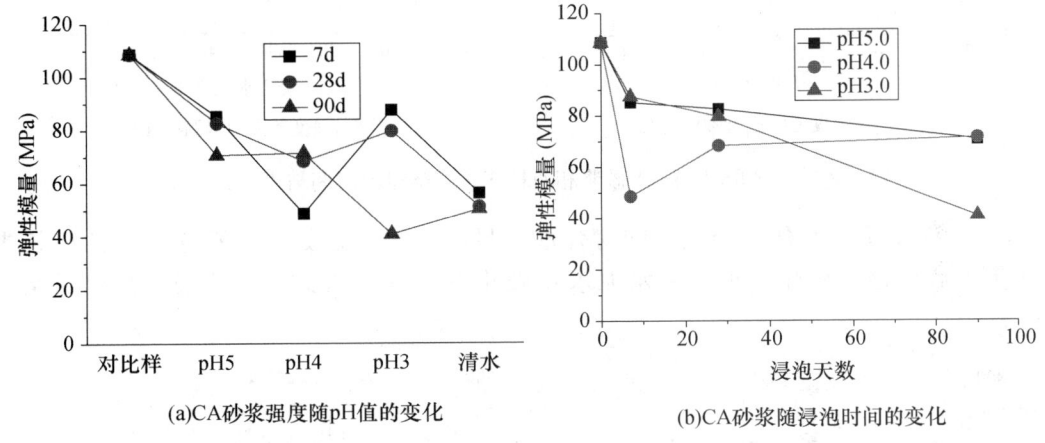

(a) CA 砂浆强度随 pH 值的变化　　(b) CA 砂浆随浸泡时间的变化

图 4-2-4　模拟酸雨浸泡条件下 CRTS I 型 CA 砂浆弹性模量变化

4.2.2　CRTS II 型板式无砟轨道 CA 砂浆的耐水性

1. 清水浸泡作用下 CA 砂浆力学性能

CRTS II 型 CA 砂浆相对抗压强度随浸泡时间与水温的变化如图 4-2-5 所示。相比于图 4-2-2 中的 CRTS I 型 CA 砂浆，CRTS II 型 CA 砂浆抗压强度随浸泡时间的延长降低程度不大。但图 4-1-10 的结果表明材料中沥青含量越低，吸水速度越快，II 型 CA 砂浆的毛细吸水速度高于 I 型 CA 砂浆。毛细孔以及毛细吸水主要与水泥水化物有关，II 型 CA 砂浆毛细孔数量要高于 I 型 CA 砂浆，但上述试验结果表明毛细孔吸水并不是导致 CA 砂浆强度大幅降低的主要原因，CA 砂浆浸泡后强度降低可能更多地与沥青基体的吸水有关。

有关沥青混合料的研究结果表明，由于沥青基体吸水膨胀、软化，导致混合料强度大为降低。沥青含有羧酸、脂肪胺、酰胺和酯类等极性物质，Terrel[96] 认为结合了水的沥青基体发生膨胀而使其黏聚力降低，Fromm[97] 认为水能进入沥青膜并形成沥青包水的乳化物，从而使沥青颗粒分离，降低沥青膜的黏聚力，因此在长时间浸泡条件下，CA 砂浆的强度大为降低。

CRTS II 型 CA 砂浆弹性模量随浸泡时间与水温的变化如图 4-2-6 所示。曲线表现为典型的"两头高、中间低"，这恰好说明了温度以及龄期对水泥水化的影响。当温度较低时，高温加速水的扩散作为主导，因此随着温度的升高，CA 砂浆的弹性模量降低。当温度较高时，高温加速水泥水化作为主导，因此随着温度的升高，CA 砂

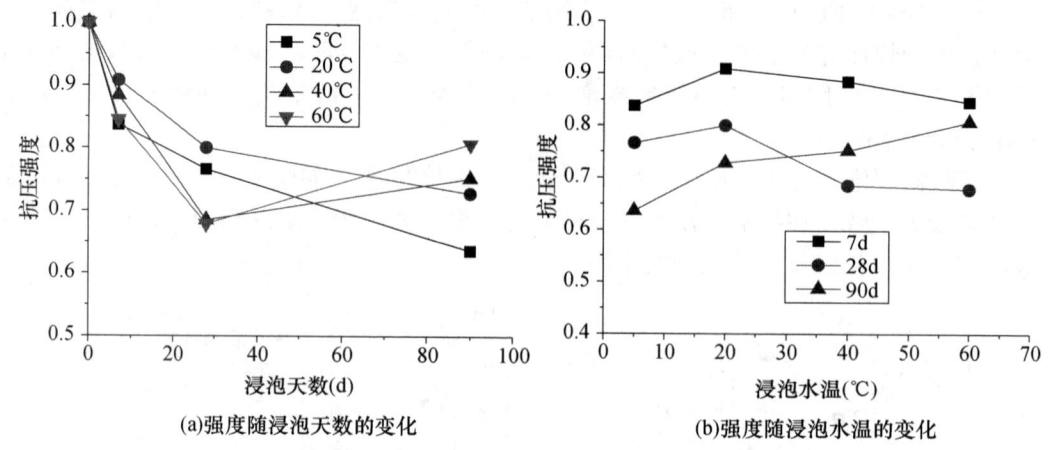

图 4-2-5　CRTSⅡ型 CA 砂浆相对抗压强度随浸泡时间与水温的变化

浆弹性模量又开始上升。浸泡时间对弹性模量的影响也是如此，浸泡时间的延长先是使 CA 砂浆逐渐软化，但随后水泥水化硬化占主导，因此 CA 砂浆弹性模量又开始上升。

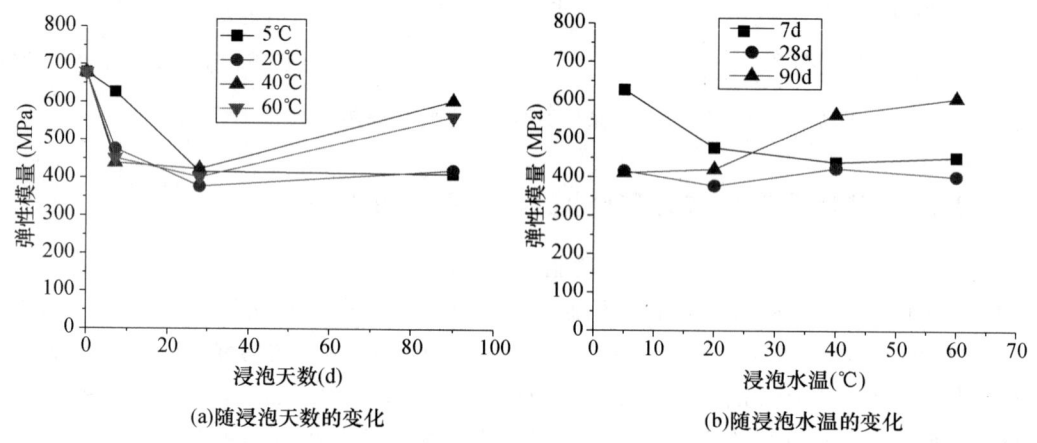

图 4-2-6　CRTSⅡ型 CA 砂浆弹性模量随浸泡时间与水温的变化

2. 模拟酸雨浸泡作用下 CA 砂浆力学性能

将Ⅱ型 CA 砂浆放入摩尔浓度（H_2SO_4：HNO_3）为 6∶1 的模拟酸雨液中浸泡，结果如图 4-2-7 所示。与Ⅰ型 CA 砂浆不同，浸泡在酸液中的Ⅱ型 CA 砂浆强度总体来说低于清水中浸泡的，且在 pH 值为 4.0 的酸液中浸泡 90d 后，强度仅为原先的 69.1%。且浸泡时间为 90d 的强度均为最低，Ⅱ型 CA 砂浆配比中水泥掺量较高，水泥水化物较多，在酸的作用下，水泥水化物将被腐蚀，进而导致在酸液中浸泡时强度降低较快，而Ⅰ型 CA 砂浆水泥水化物少，吸水速率慢，因此强度较低。

与Ⅰ型 CA 砂浆一致，浸泡在 pH 值为 4.0 酸液中时各个龄期的强度均最低，此现象值得关注，原因有待下一步研究。Ⅱ型 CA 砂浆在模拟酸液中浸泡后的弹性模量变化如图 4-2-8 所示。Ⅱ型 CA 砂浆在酸液中浸泡 28d 后弹性模量保持较高的水平，这可能与酸腐蚀形成的盐类结晶有关。

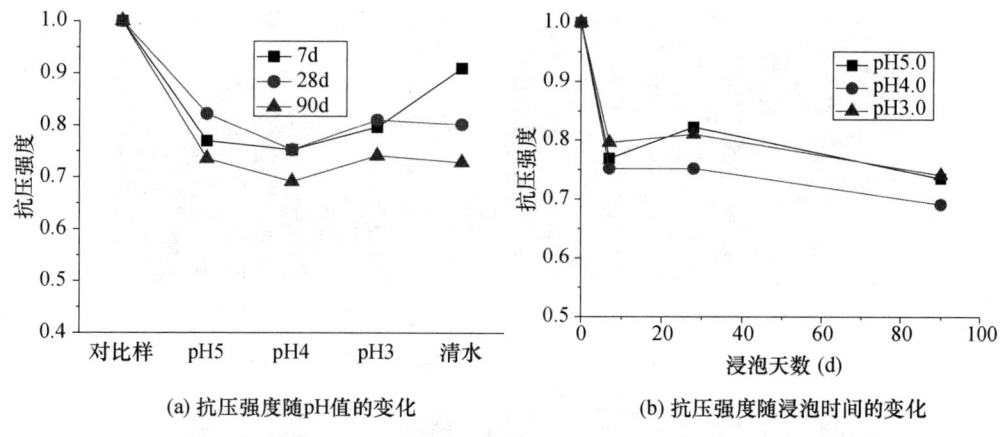

(a) 抗压强度随pH值的变化

(b) 抗压强度随浸泡时间的变化

图 4-2-7　模拟酸雨浸泡作用下 CRTS Ⅱ型 CA 砂浆抗压强度变化

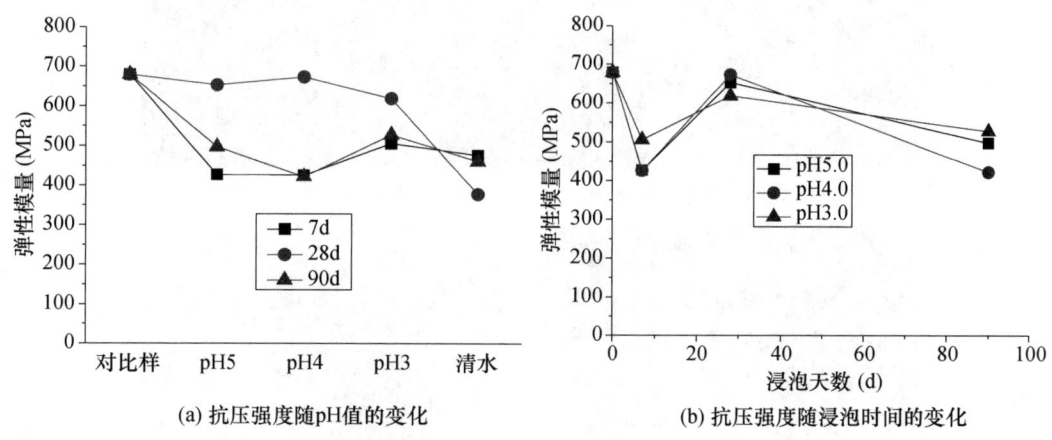

(a) 抗压强度随pH值的变化

(b) 抗压强度随浸泡时间的变化

图 4-2-8　模拟酸雨浸泡条件下 CRTS Ⅱ型 CA 砂浆弹性模量变化

4.2.3　长期浸泡后的 CA 砂浆

浸泡 6 个月后的 CA 砂浆以及浸泡液如图 4-2-9、图 4-2-10 所示。在清水中浸泡的 CA 砂浆试件仍呈黑色，浸泡液仍为无色透明液体。而浸泡在酸液中 CA 砂浆试件变黄、变白，且浸泡液呈绿黑色至黄白色，并有大量的盐类结晶物析出。浸泡 6 个月后的 CA 砂浆试件表面出现了剥落，并覆盖有大量盐结晶物，这些均表明酸液与水泥水化产物反应形成盐类。可能与水泥、混凝土的盐结晶破坏类似，即大量硫酸盐结晶填充于 CA 砂浆孔隙中，先使 CA 砂浆变得密实而使强度增大，随之结晶物生长将破坏 CA 砂浆结构，使其开裂、剥落，进而使强度降低。图 4-2-9 的结果表明，酸雨对 CA 砂浆的破坏应引起重视。

在模拟酸雨作用的酸液中浸泡 6 个月后，停止补充酸液，将试件密封，静置 18 个月后，得到的 CA 砂浆试样如图 4-2-11、图 4-2-12 所示。即使在清水中浸泡 18 个月，CRTSⅠ型和 CRTSⅡ型 CA 砂浆均未发现有破坏，且水仍然为清水，也未见微生物生长（CRTSⅡ型 CA 砂浆略微有水藻），其浸泡液的 pH 值如图 4-2-13 所示，测试结果 CRTSⅠ型为 10.2，CRTSⅡ型为 9.1，即均呈较强碱性，有效地抑制了水藻类生物的

(a) CRTS I 型CA砂浆　　　　　　　(b) CRTS II 型CA砂浆

图 4-2-9　浸泡在清水中 6 个月后的 CA 砂浆试样

(a) CRTS I 型CA砂浆，pH=5.0　　　(b) CRTS I 型CA砂浆，pH=4.0

(c) CRTS I 型CA砂浆，pH=3.0　　　(d) CRTS I 型CA砂浆试件，pH=3.0

(e) CRTS II 型CA砂浆，pH=3.0　　　(f) CRTS II 型CA砂浆试件，pH=3.0

图 4-2-10　浸泡在酸液中 6 个月后的 CA 砂浆试件

生长。而在酸液中浸泡的 CA 砂浆，尽管在后期未补充酸液，其 CA 砂浆的破坏仍急剧发展，18 个月后开裂十分严重，表面长满了青苔，表面盐结晶也极为明显，其浸泡液的 pH 值为 6.5 左右，即呈现出中性，导致水藻、青苔大量生长，这也与现场调研看到的结果一致。即酸雨破坏 CA 砂浆的强碱性环境，最终导致青苔大量生长，而造成生物破坏。

(a) CRTS Ⅰ型CA砂浆　　　　　　(b) CRTS Ⅱ型CA砂浆

图 4-2-11　浸泡在清水中 18 个月后的 CA 砂浆试样

(a) CRTS Ⅱ型CA砂浆，pH=4.0　　　(b) CRTS Ⅱ型CA砂浆试件，pH=4.0

(c) CRTS Ⅰ型CA砂浆，pH=4.0　　　(d) CRTS Ⅰ型CA砂浆试件，pH=4.0

(e) CRTS Ⅰ型CA砂浆，pH=3.0　　　(f) CRTS Ⅰ型CA砂浆试件，pH=3.0

图 4-2-12　浸泡在酸液中 18 个月后的 CA 砂浆试样

电子显微镜（SEM）对浸泡试件的扫描结果如图 4-2-14 所示，在酸液中浸泡后，CA 砂浆表面形成了大量的盐结晶物，呈六方柱状结晶，这可能为硫酸盐类结晶物。这充分表明，在酸雨作用下，盐结晶对 CA 砂浆所造成的破坏不可以忽视。

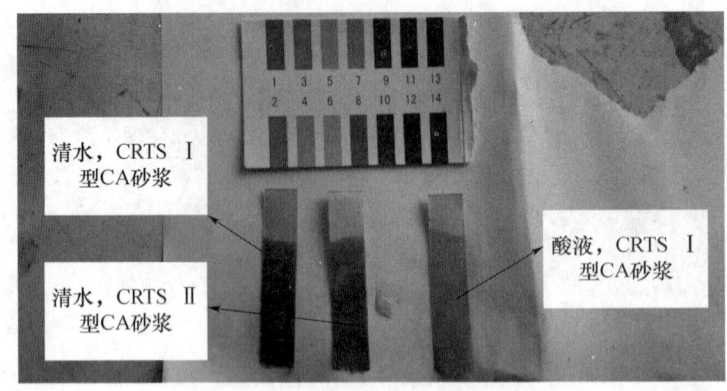

图 4-2-13　18 个月后浸泡液的 pH 值

图 4-2-14　浸泡试件的扫描电子显微镜图

尽管现场调研表明，几年后的 CA 砂浆充填层多孔、较硬，几乎看不到沥青，且充填层中的水呈黑色。但试验结果表明，CA 砂浆长时间浸泡后溶液仍然为无色、透明，见不到沥青的溶出，这表明单纯浸泡作用并不能使沥青溶出。因此，现场 CA 砂浆充填层中的沥青的溶出极可能与酸雨破坏作用有关，酸雨才是 CA 砂浆耐久性迅速丧失的"元凶"。

4.3　水泥乳化沥青砂浆温度疲劳特性

温度荷载主要表现为日照温度变化、骤然降温变化和年温度变化。混凝土温度膨胀系数在 10×10^{-6} 左右时，其体积对温度较为敏感，在温度变化的情况下，轨道板出现相应的伸长、收缩和翘曲变形。轨道板为薄板结构，除了承受各种列车荷载外，还需承受温度荷载的影响。温度荷载一方面使轨道结构受整体温度变化而对结构产生轴向伸缩应力，另一方面是轨道结构在高度方向存在不均匀温度，也即温度梯度所引起的翘曲温度应力。

在 CA 砂浆的配比中，由于沥青含量较高，且沥青的低温脆性与高温黏滞性，因此 CA 砂浆力学性能对温度也较为敏感。由于我国绝大地区处于温带或亚热带地区，四季分明，年温差比较大，因此研究 CA 砂浆力学性能的温度敏感性有着十分重要的意义。

如图 4-3-1、图 4-3-2、图 4-3-3 所示，对于所有砂浆，温度越低，砂浆的抗压强度和抗折强度均越高，其中普通水泥砂浆－40℃的抗压强度是 60℃的 1.6 倍，CRTS Ⅱ 型 CA 砂浆－40℃的抗压强度是 60℃的 3.1 倍。同时在这三种砂浆中，沥青掺量越高，其力学性能对温度越敏感。其中 CRTS Ⅰ 型 CA 砂浆在 60℃时其抗压强度仅 1.53MPa，而－40℃时其抗压强度高达 31.7MPa，增加了近 20 倍，接近 CRTS Ⅱ 型 CA 砂浆－40℃时的 35.9MPa 的水平。

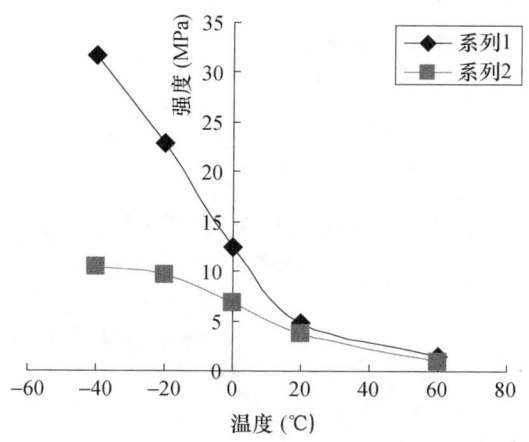

图 4-3-1　CRTS Ⅰ 型 CA 砂浆强度随温度的变化
注：系列 1—抗压强度；系列 2—抗折强度

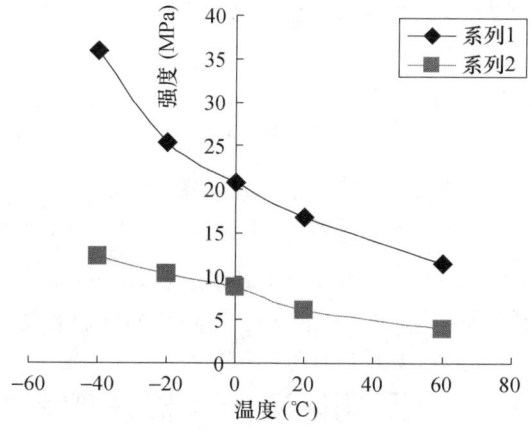

图 4-3-2　CRTS Ⅱ 型 CA 砂浆强度随温度的变化
注：系列 1—抗压强度；系列 2—抗折强度

图 4-3-4 为各种砂浆的折压比随温度的变化，由图可以看出，在普通水泥砂浆、CRTS Ⅰ 型 CA 砂浆和 CRTS Ⅱ 型 CA 砂浆中，沥青掺量越高，其折压比越高。由于折压比通常用来评价材料的脆韧性，折压比越高，材料韧性越好，因此沥青掺量越高，砂浆的韧性越好，这与大家的常规认识一致，即沥青有利于改善水泥基体的脆性。

但值得注意的是，在低温下，CRTS Ⅰ 型 CA 砂浆折压比出常温的约 0.8 降低至约 0.3 以下，比 CRTS Ⅱ 型 CA 砂浆还低，甚至与普通水泥砂浆接近，表现出了较强的脆

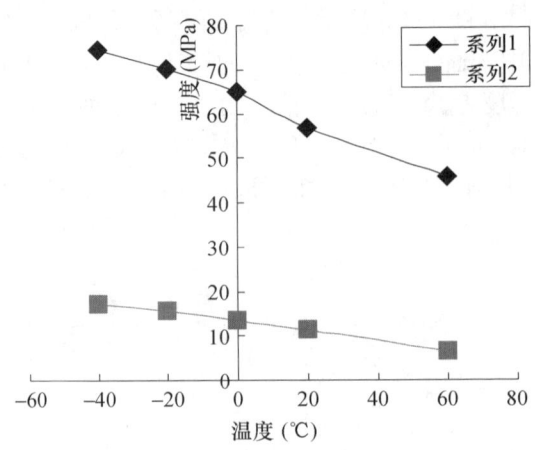

图 4-3-3　普通水泥砂浆强度随温度的变化
注：系列 1—抗压强度；系列 2—抗折强度

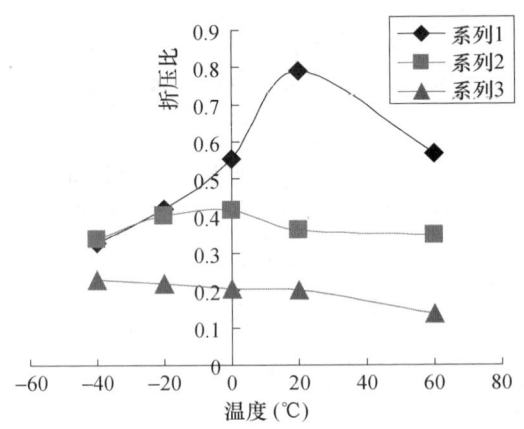

图 4-3-4　砂浆折压比随温度的变化
注：系列 1—CRTS Ⅰ型 CA 砂浆；系列 2—CRTS Ⅱ型 CA 砂浆；系列 3—普通水泥砂浆

性，与通常大家所认为 CRTSI型 CA 砂浆用于减振、缓冲有了较大的出入。由于近年来我国多个地区最低气温曾达－40℃以下，因此对 CA 砂浆的低温脆性进行改善仍需研究。

4.4　水泥乳化沥青砂浆徐变特性

长期荷载作用下的不可恢复变形是 CA 砂浆在服役环境下耐久性能劣化的关键因素之一，作为一种有机-无机复合材料，CA 砂浆的徐变影响因素较多、机理复杂。傅强等[98]研究了加载时间为 100d 左右的 CA 砂浆徐变，研究发现 CA 砂浆徐变表现出阶段性，Ⅰ型 CA 砂浆的徐变高于Ⅱ型 CA 砂浆，并基于热力学理论建立了 CA 砂浆徐变方程，推导出 CA 砂浆长期荷载限值为 $0.4\sigma_p$。彭涛等[99]研究了 CA 砂浆在不同围压条件下短时间的徐变，并基于徐变核类型构建了 CA 砂浆的徐变模型，研究表明 CA 砂浆徐变大小随沥青（A）与水泥（C）比例增加而增大，较大 A/C 比的 CA 砂浆适合于对数型徐变模型，而在较小围压下，幂函数型模型拟合精度更高。由于材料徐变是一个长期过程，而目前尚无加载时间为 3 年以上 CA 砂浆徐变特性的报道，因此研究其长期荷载作用下的徐变十分必要。

4.4.1 CA 砂浆徐变测试方法

将乳化沥青和水倒入搅拌锅中慢搅 1min，在慢搅的前 30s 内，加入适量（约 0.05g/L）消泡剂以消除搅拌过程中产生的较大气泡。在慢搅的后 30s，将干粉料缓慢地加入搅拌锅中。投料结束后，快速搅拌砂浆 2min，最后慢速搅拌约 30s，以消除大气泡。搅拌结束后，测试 CA 砂浆流动度、含气量和表观密度。测试完成后，将砂浆灌入 ϕ100mm×150mm 试模，1d 后拆模，并将试件放入（23±2）℃，（65±5）% RH 的环境箱中进行养护。

在 1mm/min 的加载速度下测试 CA 砂浆的 56d 抗压强度，Ⅰ、Ⅱ 型 CA 砂浆的抗压强度分别为 1.99MPa 和 15.26MPa。如图 4-4-1 所示，分别采用 10%、20%、30%、40% 和 50% 峰值应力进行 CA 砂浆徐变试验，试验装置通过千斤顶施加纵向荷载，通过底部可压缩弹簧稳定荷载，采用测力环读取荷载值，当荷载达到设定的徐变荷载时，通过调整螺母以保持荷载在±2%范围内，徐变变形通过千分表读取，千分表插头预先埋入试件中。每组测试 3 个试件，取变形平均值，同时测试 CA 砂浆同条件收缩变形，以补偿实际徐变值。

图 4-4-1　CA 砂浆徐变测试装置

当达到设计荷载时，立即读取 CA 砂浆变形值作为瞬时变形。在开始 1h 内，每 20min 采集一次数据，之后每 1h 采集一次数据，12h 后每 6h 采集一次数据，一周后每 12h 采集一次数据，当变形速率较稳定时，每 24h 或 48h 采集一次数据。在加载 960d 左右进行卸载，卸载完后，立即读取 CA 砂浆瞬时变形恢复值，并每 2h 采集一次数据，在变形较稳定时每 24h 采集一次数据，最后对卸载后的 CA 砂浆试件进行力学性能以及压汞、扫描电子显微镜分析。

4.4.2 CA 砂浆的徐变曲线

不同应力水平作用下 CRTS Ⅰ 型和 Ⅱ 型 CA 砂浆的徐变曲线如图 4-4-2 所示，CA 砂浆的徐变以及徐变速度均远大于普通混凝土，应力水平越高时越明显。当应力水平为 0.3 时，Ⅰ 型 CA 砂浆的 10d 徐变为 $1400×10^{-6}$，Ⅱ 型 CA 砂浆的 10d 徐变为 $1000×$

10^{-6}，而普通混凝土徐变为 700×10^{-6}；但当应力水平达到 0.5 时，Ⅰ型 CA 砂浆的 10d 徐变为 5000×10^{-6}，Ⅱ型 CA 砂浆在 10d 时就已经破坏了，而普通混凝土的 10d 徐变仅为 1300×10^{-6}，CA 砂浆早期徐变速度为普通混凝土的 3～4 倍。图 4-4-2 中 CA 砂浆徐变大体可分为 3 个阶段，即早期快速增长阶段、中期稳定增长阶段、后期缓慢增长阶段。在早期，Ⅰ型和Ⅱ型 CA 砂浆的徐变均迅速增加，在 10d 内其徐变即已达到 3 年的近 50%；在中期，Ⅰ型和Ⅱ型 CA 砂浆的徐变也稳定增长，在 300d 内其徐变即已达到 3 年的近 90%；而在后期，Ⅰ型和Ⅱ型 CA 砂浆的徐变增加较小。

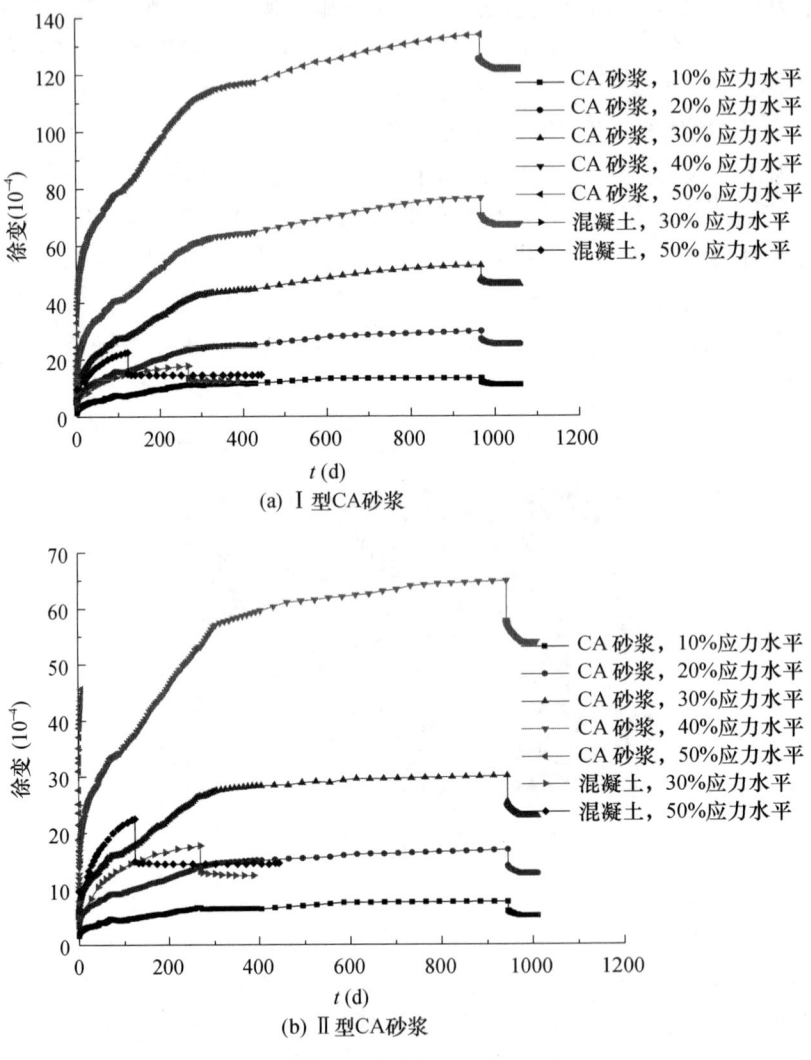

图 4-4-2 CA 砂浆的徐变及徐变恢复

应力水平对 CA 砂浆的徐变有严重影响，见表 4-4-1、表 4-4-2，应力水平越高，CA 砂浆各个阶段的徐变值越大，CA 砂浆的总徐变随应力水平呈指数型关系如图 4-4-3 所示，且对于Ⅱ型 CA 砂浆，当应力水平为 0.5 倍抗压强度时，在持续荷载作用下短期内即发生开裂与失效，Ⅱ型 CA 砂浆的长期承载力仅为抗压强度的 40% 左右。同时，应力水平越高，CA 砂浆的徐变恢复率越低，不可逆徐变占比越高，徐变恢复与徐变的比值越低,这反映出其徐变导致的内部伤损增多。在较低应力水平时,CA 砂浆的徐变在 300d 左右基本不再增长,而应力水平较高时,CA 砂浆徐变在后期仍有增加,这在 I 型 CA 砂浆上尤为明显。相对于徐变变形,徐变恢复进入稳定的时间要短很多,在 28d 左右就基本保持不变。

表 4-4-1 I 型 CA 砂浆的徐变及徐变恢复

荷载水平 (MPa)	加载瞬时应变 (10^{-4})	徐变变形 (10^{-4})	瞬时应变恢复 (10^{-4})	徐变恢复 (10^{-4})	不可逆徐变 (10^{-4})	徐变恢复/徐变 (%)
0.199	1.35	11.89	1.23	1	9.93	9.5
0.398	3.08	26.79	2.75	1.71	24.03	7.2
0.596	5.06	47.8	4.5	2.13	46.23	5
0.795	8.23	68.32	7	3.04	66.51	5
0.994	11.63	122.31	7.94	4	122	3.6

表 4-4-2 II 型 CA 砂浆的徐变及徐变恢复

荷载水平 (MPa)	加载瞬时应变 (10^{-4})	徐变变形 (10^{-4})	瞬时应变恢复 (10^{-4})	徐变恢复 (10^{-4})	不可逆徐变 (10^{-4})	徐变恢复/徐变 (%)
1.526	1.67	5.99	1.60	0.84	5.15	14
3.052	3.16	13.76	2.89	1.34	12.69	9.7
4.578	4.96	25.12	4.64	2.55	22.89	10.1
6.104	7.59	57.30	7.15	3.74	54	6.5
7.63	16.79	—	—	—	—	—

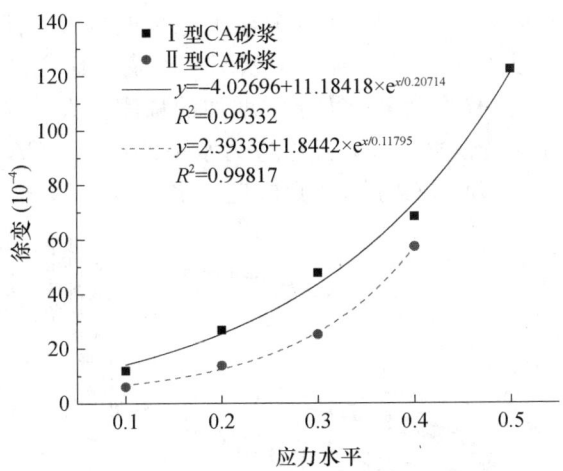

图 4-4-3 CA 砂浆徐变与应力水平的关系

在应力水平较低时,I、II 型 CA 砂浆的加载瞬时应变和瞬时应变恢复比较接近,随着应力水平的增大,I 型 CA 砂浆的加载瞬时应变比 II 型增加的幅度更大,同时,I 型 CA 砂浆的加载瞬时应变和瞬时应变恢复的差值越来越大,II 型 CA 砂浆相对较小。当应力水平为 0.3 时,I 型 CA 砂浆的加载瞬时应变为 506×10^{-6},II 型 CA 砂浆的加

载瞬时应变为 496×10^{-6},更接近混凝土加载瞬时应变的 488×10^{-6},Ⅰ型 CA 砂浆的瞬时应变恢复为 450×10^{-6},Ⅱ型 CA 砂浆的加载瞬时应变为 464×10^{-6},与混凝土加载瞬时应变的 460×10^{-6} 差不多。

与Ⅰ型 CA 砂浆相比,Ⅱ型 CA 砂浆的徐变变形值和不可逆徐变都略小,但其徐变对应力水平更为敏感,徐变随应力水平增加的幅度更大,当应力水平由 0.1 提高至 0.4 时,Ⅱ型 CA 砂浆的徐变增加了 9.5 倍,Ⅰ型 CA 砂浆徐变只增加了 5.8 倍,而对于混凝土,在 0.4 以下,徐变和应力比呈线性关系,即增加了 3 倍左右[100]。同时,当应力水平为 0.5 时,Ⅱ型 CA 砂浆即出现了徐变破坏,这表明其所能承受的长期荷载仅为 0.4 倍极限应力,远小于普通混凝土的 0.75[101]。Ⅰ型 CA 砂浆的徐变恢复只有 3%~10%,Ⅱ型 CA 砂浆的徐变恢复有 6%~14%,而混凝土的徐变恢复变形是徐变变形的 5%~15%[102],甚至可能达到 15%~50%[103]。

4.4.3 CA 砂浆徐变度分析

徐变度是单位应力作用下的徐变变形,可表征材料的变形能力[103]。不同应力水平下Ⅰ、Ⅱ型 CA 砂浆的徐变变形以及徐变恢复的徐变度曲线如图 4-4-4、图 4-4-5 所示。当应力水平为 0.3 时,Ⅰ型 CA 砂浆在 120d 的徐变度为 $3800\times10^{-6}/\mathrm{MPa}$,Ⅱ型 CA 砂浆的 120d 徐变度为 $200\times10^{-6}/\mathrm{MPa}$,而混凝土的徐变度仅为 $64\times10^{-6}/\mathrm{MPa}$,只有Ⅰ型 CA 砂浆的 1/59;在徐变恢复阶段,应力水平为 0.3 时,Ⅰ型 CA 砂浆的徐变度为 $350\times10^{-6}/\mathrm{MPa}$,Ⅱ型 CA 砂浆的徐变度为 $55\times10^{-6}/\mathrm{MPa}$,而混凝土的徐变度只有 $5\times10^{-6}/\mathrm{MPa}$,仅为Ⅰ型 CA 砂浆的 1/70。CA 砂浆徐变变形阶段以及徐变恢复阶段的徐变度均远大于混凝土的徐变度,说明 CA 砂浆的变形能力远强于混凝土,尤其是Ⅰ型 CA 砂浆更为明显。

在徐变变形阶段,应力水平越大,CA 砂浆的徐变度越大,而混凝土的徐变度先减小后增大,当应力水平从 0.1 到 0.4 时,Ⅰ型 CA 砂浆的徐变度增加了 0.4 倍,Ⅱ型 CA 砂浆增加了 1.4 倍,其徐变度随应力水平增加的幅度更大,这与前述徐变与应力水平的增加趋势一致。在徐变恢复阶段,随着应力水平的增大,CA 砂浆和混凝土的徐变度都是先减小后增大,Ⅰ型 CA 砂浆转折点的应力水平为 0.3,而Ⅱ型 CA 砂浆为 0.2。

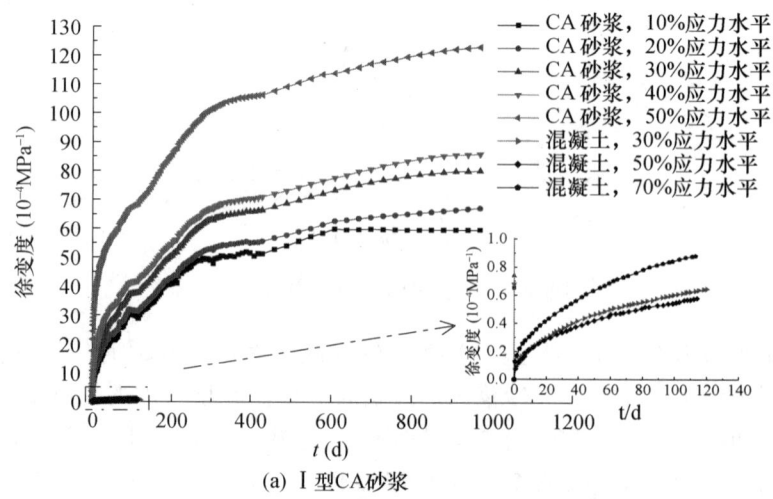

(a) Ⅰ型CA砂浆

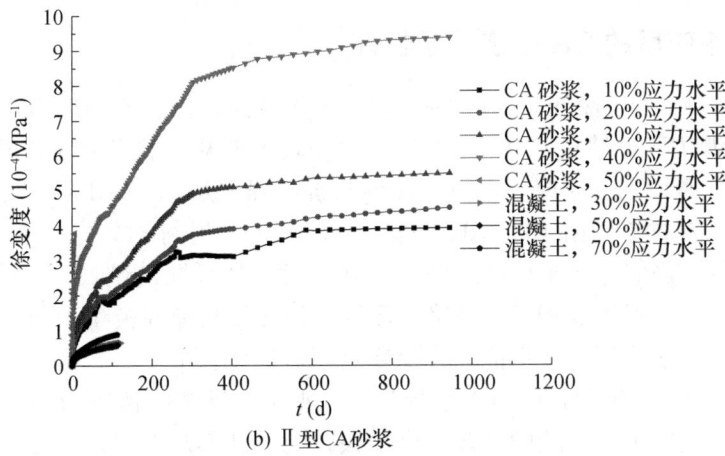

(b) Ⅱ型CA砂浆

图 4-4-4 CA 砂浆徐变变形的徐变度曲线

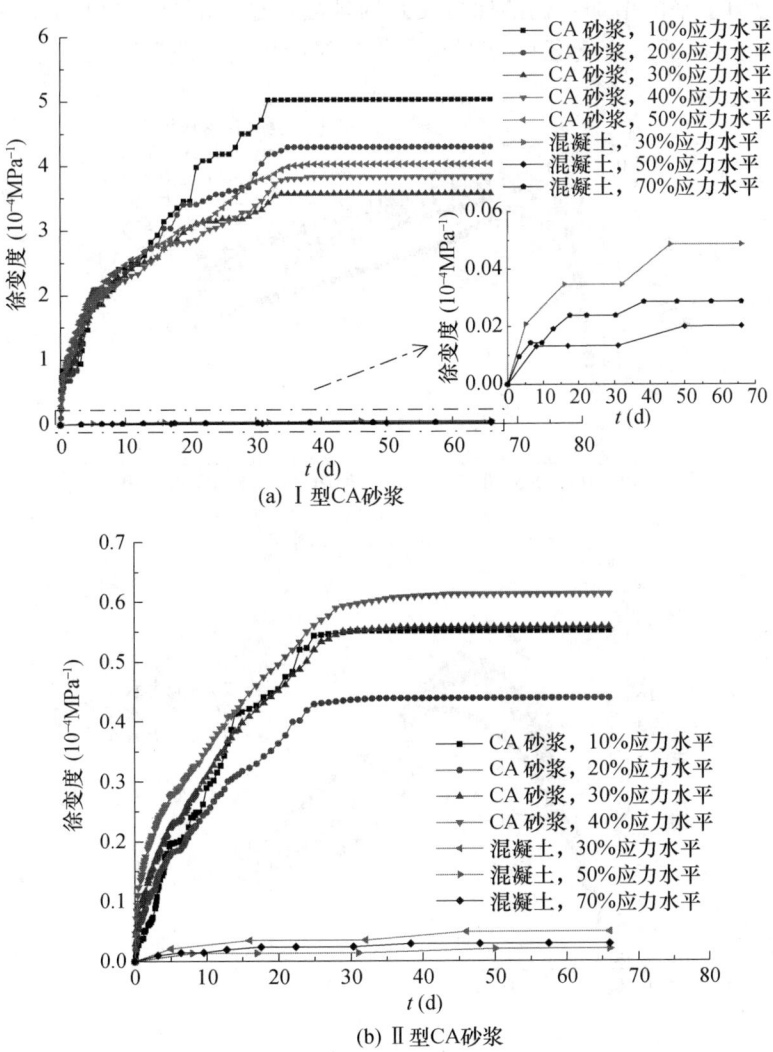

(a) Ⅰ型CA砂浆

(b) Ⅱ型CA砂浆

图 4-4-5 CA 砂浆徐变恢复的徐变度曲线

4.4.4 徐变后的 CA 砂浆力学性能

图 4-4-6 为 CA 砂浆徐变 3 年后的抗压应力-应变曲线。在不同应力水平的长期荷载作用下，Ⅰ、Ⅱ型 CA 砂浆的应力-应变曲线均有较大变化，且Ⅱ型 CA 砂浆尤为明显。当应力水平从 0 增大到 0.4 时，Ⅰ型 CA 砂浆抗压强度从 2.57MPa 增至 2.91MPa，提高 13%，Ⅱ型 CA 砂浆则由 15.2MPa 增至 20.37MPa，提高 34%。如图 4-4-7 所示，对于Ⅰ型 CA 砂浆，当应力水平从 0.1 增大到 0.4 时，其弹性模量（1/3 割线模量）与峰值应变基本不变；而对于Ⅱ型 CA 砂浆，徐变后的强度与弹性模量均明显增加，但峰值应变却明显减小，这表明其变形能力在徐变后明显退化。

另外，如图 4-4-6 所示，应力水平越高，Ⅱ型 CA 砂浆峰值应力前的非线性变形阶段逐渐减小，峰值应力后曲线的下降速度越快，脆性破坏越明显。Ⅰ型和Ⅱ型 CA 砂浆的应力-应变曲线在峰值应力后存在显著差别，Ⅰ型 CA 砂浆的变形能力强于Ⅱ型 CA 砂浆，且随着应力水平的增加，仍能保持良好的延性，这可能与Ⅰ型 CA 砂浆采用弹性体 SBS 橡胶（苯乙烯-丁二烯-苯乙烯嵌段共聚物）对沥青进行改性有关。

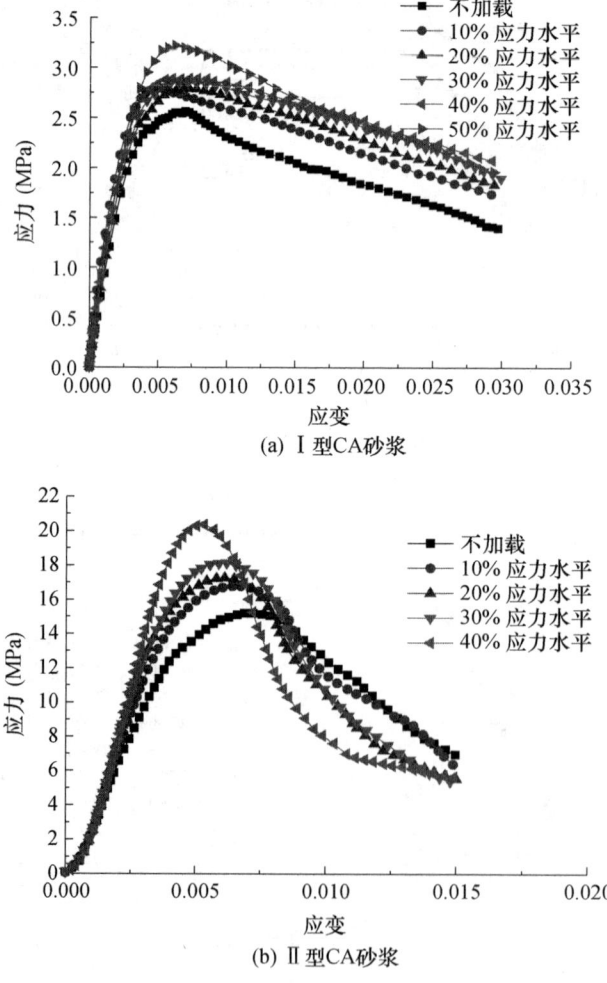

(a) Ⅰ型CA砂浆

(b) Ⅱ型CA砂浆

图 4-4-6 徐变 3 年后 CA 砂浆的应力-应变曲线

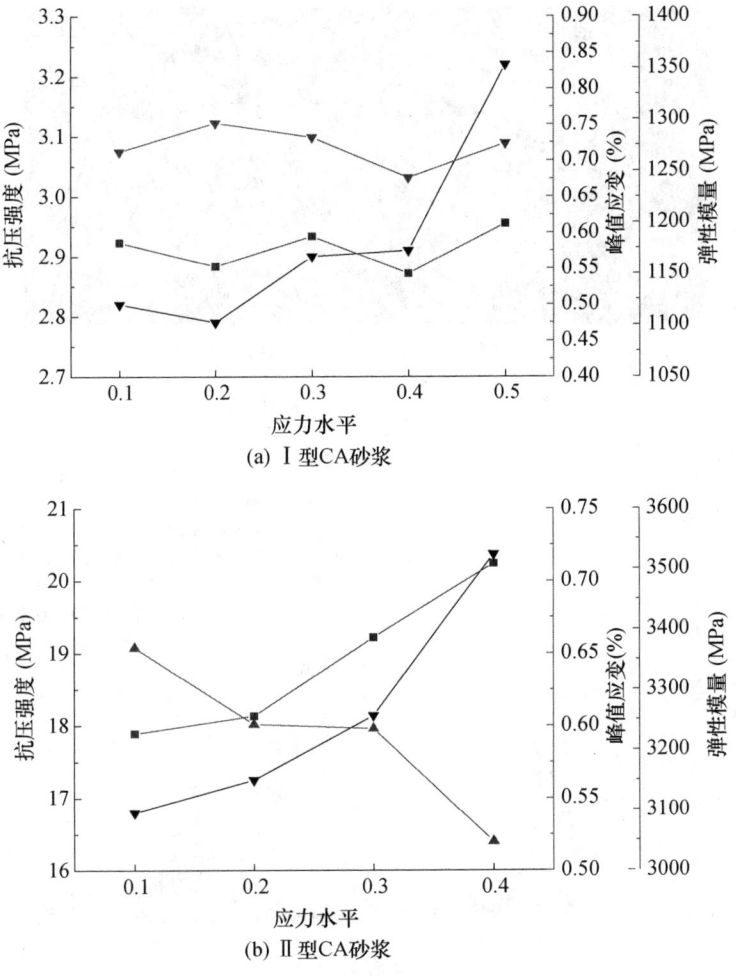

图 4-4-7 徐变对 CA 砂浆力学性能的影响

4.4.5 CA 砂浆徐变后的微细观结构

如图 4-4-8 所示，CA 砂浆中存在着水泥水化产物凝胶和沥青膜两种胶结相，这两种胶结相形成相互交织的空间网络结构并将砂子集料胶结成整体，其内部存在大量的有机物-无机物界面[104]。如图 4-4-9 所示为压汞法得到的 CA 砂浆孔隙结构曲线，CA 砂浆在 40nm、1μm 与 6μm 处均存在大量孔隙，由于 CA 砂浆中沥青与水泥并未发生化学反应，且沥青颗粒的粒径为 1~10μm，因此 40nm 孔应与水泥水化物的毛细孔有关，而 1μm 孔应与水泥水化物与沥青界面孔有关，6μm 孔应与沥青颗粒间隙等有关。

目前水泥基材料的徐变研究集中在混凝土领域，徐变理论较多，且理论大多基于水泥水化物的微、细观结构特性，主要理论有粘弹性理论、渗出理论、黏性流动理论、塑性流动理论、微裂缝理论、内力平衡等理论。由于 CA 砂浆存在着复杂物相与界面，因此其徐变机理复杂，图 4-4-9 表明，随着应力水平的变化，徐变后的 CA 砂浆孔径分布曲线变化较大，且变化规律呈非单调的特点，不同层级的孔隙存在转化与迁移现象，显示出其内部微结构发生着较大变化。

(a) Ⅰ型CA砂浆　　　　　　　(b) Ⅱ型CA砂浆

图 4-4-8　CA 砂浆在 SEM 下的照片

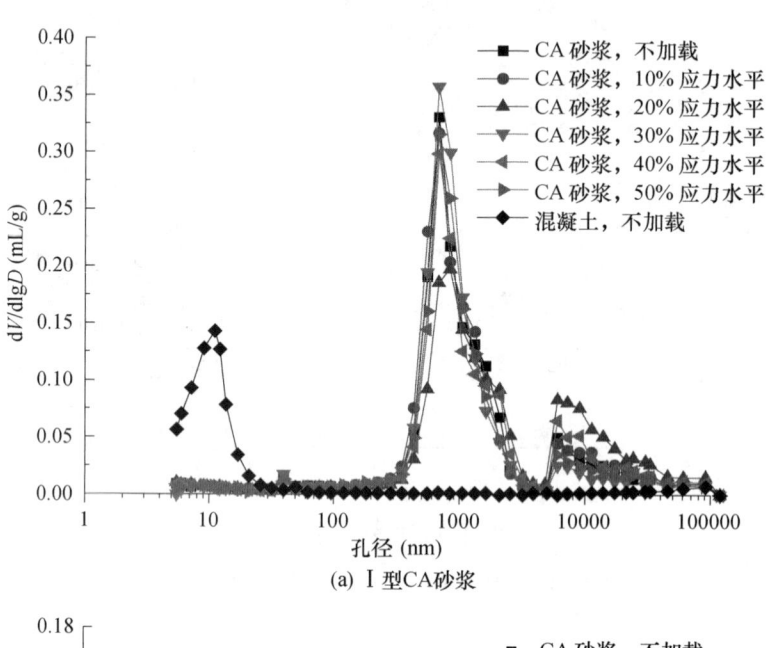

(a) Ⅰ型CA砂浆

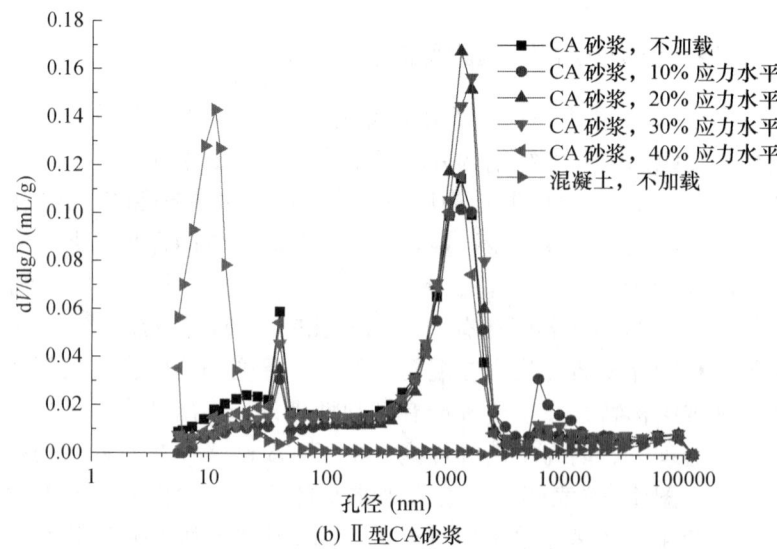

(b) Ⅱ型CA砂浆

图 4-4-9　徐变后 CA 砂浆的孔隙结构曲线

总体来说，随着应力水平的增加，CA 砂浆 40nm 层级孔先减小后增加，1μm 层级孔也是先减小后增加（或随后再减小），而 6μm 层级孔为先增大后减小。40nm 层级孔的变化应与水化物毛细孔的闭合与扩张有关，在低应力水平下，毛细孔发生闭合，随着荷载的增加，水泥水化物凝胶将产生流动，进而导致毛细孔增加。1μm 层级孔的变化应与各物相界面孔的闭合与扩张有关，低应力水平同样导致界面孔闭合，增大荷载使界面产生滑移，界面孔体积增大，但当滑移至一定程度，滑移面受约束与阻隔时，荷载又产生密实闭合效果，进而导致界面孔体积又减少。6μm 层级孔为其中大型复合凝胶团结构间的孔隙，受荷时其变形最先启动，导致 CA 砂浆内部应力重分布，随后的密实效应即导致孔隙减小、强度增加、变形能力退化。

由于沥青含量与性能的差异，Ⅰ、Ⅱ型 CA 砂浆徐变性能差别明显；同时由于 CA 砂浆与混凝土组成、结构之间差别较大，CA 砂浆与混凝土徐变特性存在质的区别。CA 砂浆徐变较大以及徐变导致变形能力退化与微结构变化等，这在实际工程中应引起重视，通过 SBS 橡胶改性沥青可减缓其变形能力退化，这对工程有一定的指导意义。

4.5 水泥乳化沥青砂浆动态损伤特性

4.5.1 损伤的基本概念

材料内部有许多空隙和微裂缝存在，在一定的外部荷载下，微裂缝不断扩展，使材料的强度和刚度等力学性能下降，这些导致材料力学性能劣化的微观结构变化称为损伤[105]。材料在损伤过程中，其内部微裂纹、孔隙之间会有相互作用影响，从而引起材料微观结构和某些宏观性能的变化，因此可以从微观和宏观两个方面选择度量损伤的基准[106]。材料内在的损伤可以理解为一种连续的场变量，而描述材料中损伤状态的场变量则称为损伤变量[107]。损伤变量一般根据物理微结构分析或者直接结合试验结果来选择，常用的有：①空隙的数目、长度、面积和体积；②由空隙的形状、排列和取向决定的有效面积；③弹性系数（弹性模量 E 和泊松比 v）；④密度等[108]。

1958 年，Kachanov 在研究金属的蠕变断裂时，第一次提出"连续性变量"和"有效应力"的概念，以此描述材料的损伤状态[109]，定义连续性变量 ψ 为

$$\psi = \frac{\overline{A}}{A} \tag{4-5-1}$$

Rabotnov 在研究金属蠕变时引入了一个与连续性变量相对应的变量 D，称为损伤变量[110]。

$$D = \frac{A - \overline{A}}{A} \tag{4-5-2}$$

式中　A——初始横截面积；

　　　$\overline{A}$——受损后其损伤面积。

当 $D=0$ 时，对应于无损伤状态；$D=1$ 时，对应于完全损伤；$0<D<1$，对应于不同程度的损伤状态。令 $\sigma=F/A$ 为横截面上的名义应力；$\bar{\sigma}=F/\overline{A}$ 为净截面或有效截面上的应力，也称为有效应力。于是可得

$$\sigma \cdot A = \bar{\sigma} \cdot \bar{A} \tag{4-5-3}$$

$$\bar{\sigma} = \frac{\sigma}{1-D} \tag{4-5-4}$$

在受损材料中，测定有效面积比较困难，为了能间接衡量损伤，Lemaitre 提出了应变等价原理[111]。这一假设认为应力 σ 作用在受损材料上引起的应变与有效应力作用在受损材料上引起的应变等价，根据这一假设可以得到

$$\sigma = E(1-D)\varepsilon \tag{4-5-5}$$

$$\varepsilon = \frac{\sigma}{E} = \frac{\bar{\sigma}}{\bar{E}} \tag{4-5-6}$$

式（4-5-5）或式（4-5-6）表示一维问题中受损材料的本构关系。$\bar{E} = E(1-D)$ 为受损材料的弹性模量，称为有效弹性模量，由此得到

$$D = 1 - \frac{\bar{E}}{E} \tag{4-5-7}$$

材料的弹性模量可以划分为切线模量、割线模量及卸载模量等，因此可以根据需要采用不同方式的弹性模量来描述材料的损伤，是损伤变量最简单的描述办法，也是复杂损伤变量定义的先决条件。

4.5.2 试件的破坏形态

在单轴受压的状态下，当加载至相同的应变时，不同应变速率下 CA 砂浆的最终破坏形态如图 4-5-1 所示。

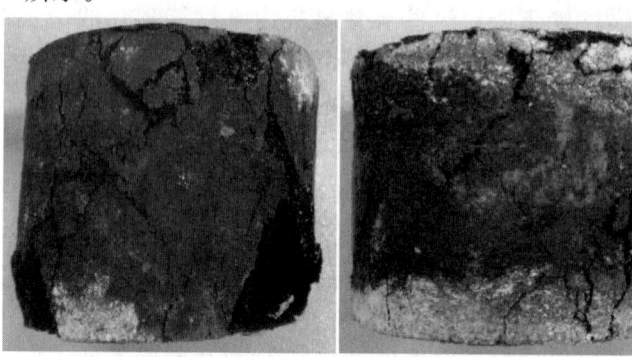

(a) 应变速率 $\dot{\varepsilon}=1\times10^{-5}s^{-1}$ (b) 应变速率 $\dot{\varepsilon}=1\times10^{-4}s^{-1}$

(c) 应变速率 $\dot{\varepsilon}=1\times10^{-3}s^{-1}$ (d) 应变速率 $\dot{\varepsilon}=1\times10^{-2}s^{-1}$

图 4-5-1　不同应变速率下的破坏情况

从图 4-5-1 可以看出，CA 砂浆在低应变速率下的破坏情况较高应变速率严重，当应变速率为 $1\times10^{-5}\mathrm{s}^{-1}$ 时，CA 砂浆试件不仅开裂严重还出现掉块现象，而当应变速率增大到 $1\times10^{-2}\mathrm{s}^{-1}$ 时 CA 砂浆试件仅出现少量开裂。出现不同破坏程度的原因是 CA 砂浆属于典型的粘弹性材料，在动荷载作用下 CA 砂浆的应力和应变存在滞后效应[112]，因此应变速率越小，作用时间越长，CA 砂浆的变形越充分，因此在相同的应变情况下 CA 砂浆的破坏越严重。

本节将从宏观上定义 CA 砂浆损伤，即用 CA 砂浆试件受损伤而引起的宏观力学性能参数的变化量来度量损伤。书中采用 CA 砂浆受压切线模量的退化来表征损伤，即定义损伤 D 为

$$D=(E_0-E_1)/E_0 \tag{4-5-8}$$

式中，E_0 指初始切线模量；E_1 指任一应力水平比对应的切线模量。使用该方法可以不计 CA 砂浆的初始微裂隙和微空洞，能简化 CA 砂浆材料内部损伤的生成和演化的测量过程，从而对 CA 砂浆在动态受压情况下的实时损伤演化规律进行分析和研究。笔者将参考文献 [113] 的方法，将描述混凝土损伤的方法及"应力空间"和"应变空间"的概念引入本书中来描述 CA 砂浆在不同应变速率下的动态损伤。

4.5.3 应力空间 CA 砂浆损伤演化

在应力空间下，损伤开始稳定发展时对应的应力大小定义为损伤应力阈值[113]，参照文献 [113] 本节取 CA 砂浆的损伤值为 0.05 时对应的应力作为 CA 砂浆的损伤应力阈值 σ_k。以现场取样 CA 砂浆实测数据为例，通过分析计算可知，不同应变速率下 CA 砂浆的损伤应力阈值 σ_k 以及损伤应力与最大平均应力的比值 R_σ（$R_\sigma=\sigma_k/\sigma$）见表 4-5-1。

表 4-5-1 CA 砂浆的 σ_k 及 R_σ

应变速率 (s^{-1})	σ_k（MPa）				R_σ			
	试件 1	试件 2	试件 3	平均值	试件 1	试件 2	试件 3	平均值
1×10^{-5}	0.130	0.115	0.152	0.132	0.061	0.054	0.071	0.062
1×10^{-4}	0.312	0.307	0.312	0.310	0.118	0.117	0.118	0.118
1×10^{-3}	0.413	0.468	0.387	0.423	0.118	0.134	0.111	0.121
1×10^{-2}	0.469	0.465	0.507	0.480	0.088	0.087	0.094	0.089

从表 4-5-1 中可知，随应变速率的增大，损伤应力阈值增大。这说明在高应变速率下，CA 砂浆内部裂缝的开展相对低应变速率下出现滞后现象，这是由于 CA 砂浆中沥青的存在使 CA 砂浆的受力与应变之间存在滞后效应，且应变始终落后于应力一个相位。以 $1\times10^{-5}\mathrm{s}^{-1}$ 的应变速率作为准静态应变速率，应变速率为 $1\times10^{-4}\mathrm{s}^{-1}$、$1\times10^{-3}\mathrm{s}^{-1}$、$1\times10^{-2}\mathrm{s}^{-1}$ 下的损伤应力阈值 σ_k 分别增加了 134.84%、220.45%、263.64%，当应变速率增大到一定值以后，应变速率对损伤应力阈值与平均最大应力的比值影响不再明显。

产生这一结果的原因是应变速率对 CA 砂浆动态特性的影响主要表现在高应变速率时 CA 砂浆中乳化沥青的黏性阻碍了 CA 砂浆内部微裂缝的发生与发展，而 CA 砂浆是典型的粘弹性材料，因此随着应变速率的提高，CA 砂浆的损伤应力阈值不断增大，同

时这种阻碍作用也增大了 CA 砂浆的极限抗压强度；因而当应变速率增大以后，CA 砂浆的损伤应力阈值与最大应力的比值受应变速率影响不大。

若以货运列车为例，取荷载系数为 3.0，准静态加载时的 CA 砂浆的损伤应力阈值为 0.132MPa，设轨道板尺寸为 2400mm×4920mm×200mm，那么货车整车质量超过 104t 时，即可达到 CA 砂浆的应力损伤阈值。而遂渝客运专线后来时开行货运列车，由于国内列车超载严重，因此，很容易超过 CA 砂浆的应力损伤，其快速破坏实属正常。

4.5.4 应变空间 CA 砂浆损伤演化

与应力空间相同，在应变空间下，CA 砂浆损伤开始稳定发展时对应的应变大小定义为 CA 砂浆的损伤应变阈值 ε_k。书中依然取损伤值为 0.05 时对应的应变为损伤应变阈值。以现场取样 CA 砂浆试件的实测数据为例，通过对 CA 砂浆损伤随应变水平比的分析计算，不同应变速率下 CA 砂浆损伤应变阈值 ε_k 以及损伤应变阈值与相应应变速率下的平均应变的比值 R_ε（$R_\varepsilon = \varepsilon_k / \varepsilon$）随应变速率的变化情况如表 4-5-2。

表 4-5-2　CA 砂浆的 ε_k 及 R_ε

应变速率 (s^{-1})	$\varepsilon_k / u_\varepsilon$				R_ε			
	试件 1	试件 2	试件 3	平均值	试件 1	试件 2	试件 3	平均值
1×10^{-5}	432.8	421.2	518.2	457.3	0.0218	0.0212	0.0261	0.0230
1×10^{-4}	1078.9	954.7	1149.4	1061.3	0.0521	0.0461	0.0555	0.0512
1×10^{-3}	1118.1	1224.7	1310.0	1218.3	0.0472	0.0517	0.0553	0.0514
1×10^{-2}	1041.6	1011.9	1138.2	1093.9	0.0393	0.0381	0.0429	0.0413

随着应变速率的增大，CA 砂浆损伤应变阈值及其与峰值应变平均值的比值先增大后趋于稳定，产生以上结果的原因是在高应变速率作用下，CA 砂浆内部的黏性阻碍微裂缝的产生和发展，同时也阻碍了损伤的发展；因此在高应变速率下 CA 砂浆的应变阈值较低应变速率的大，在高应变速率的情况下，应变速率对 CA 砂浆的应变阈值与平均应变的比值影响不大。

第5章 水泥乳化沥青砂浆施工技术

【内容提要】

水泥乳化沥青砂浆充填层是板式无砟轨道的重要组成结构之一，起到调整、支撑、承力、传力、减振等作用，对无砟轨道安全性、平顺性至关重要。水泥乳化沥青砂浆除具有良好的施工性能和耐久性能，其施工质量的好坏与后期服役性能密切相关。因此，优质的施工技术十分必要。

本章首先介绍了 CA 砂浆原材料技术要求，然后从 CA 砂浆的搅拌工艺、运输过程、灌注工艺及养护技术四个方面出发探讨了 CA 砂浆施工质量控制技术。

5.1 水泥乳化沥青砂浆原材料检验

水泥乳化沥青砂浆由乳化沥青、水泥、细集料、水和外加剂经特定工艺搅拌制得的具有特定性能的砂浆。影响水泥乳化沥青砂浆性能的因素有很多，原材料性能就是其中非常重要的一项。除沥青的种类与性能外，水泥、砂、膨胀剂、外加剂等的种类与性能对水泥乳化沥青砂浆的最终性能也有较大影响。

5.1.1 原材料技术要求

《客运专线铁路 CRTS Ⅰ 型板式无砟轨道水泥乳化沥青砂浆暂行技术条件》《客运专线铁路 CRTS Ⅱ 型板式无砟轨道水泥乳化沥青砂浆暂行技术条件》对水泥乳化沥青砂浆原材料技术要求做出了以下具体规定。

1. 沥青

应选用重交通道路石油沥青，其性能应符合表 5-1-1 的要求，用于生产沥青的原油宜固定。

表 5-1-1 沥青的技术要求

序号	项目		单位	指标	试验方法
1	针入度（25℃，100g，5s）		0.1mm	60～100	
2	延度（5cm/min，15℃）		cm	≥100	
3	软化点（环球法）		℃	42～54	
4	闪点（COC）		℃	≥230	
5	含蜡量（蒸馏法）		%	≤2.2	JTG E20—2011
6	密度		g/cm³	≥1.0	
7	溶解度（三氯乙烯）		%	≥99.0	
8	薄膜加热试验后的残留物（163℃，5h）	质量损失	%	≤0.6	
		针入度比（25℃）	%	≥50	
		延度（15℃）	cm	≥50	

2. 改性沥青

沥青可采用 SBS 或 SBR 进行改性，其主要性能应分别符合表 5-1-2、表 5-1-3 的要求。用于生产改性沥青的沥青性能应满足表 5-1-1 的要求。

表 5-1-2　SBS 改性沥青技术要求

序号	项目		单位	指标要求				试验方法
				Ⅰ-A	Ⅰ-B	Ⅰ-C	Ⅰ-D	
1	针入度（25℃，100g，5s）		0.1mm	≥100	≥80	≥60	≥40	
2	针入度指数 PI			≥−1.0	≥−0.6	≥−0.2	≥+0.2	
3	延度（5℃，5cm/min）		cm	≥50	≥40	≥30	≥20	
4	软化点（TR&B）		℃	≥45	≥50	≥55	≥60	
5	运动黏度（135℃）		Pa·s	≤3				
6	闪点（COC）		℃	≥230				JTG E20—2011
7	溶解度		%	≥99				
8	离析，软化点差（℃）		℃	≤2.5				
9	弹性恢复（25℃）		%	≥55	≥60	≥65	≥70	
10	薄膜加热试验后的残留物（163℃，5h）	质量损失	%	≤1.0				
		针入度比（25℃）	%	≥50	≥55	≥60	≥65	
		延度（5℃，5cm/min）	cm	≥30	≥25	≥20	≥15	

表 5-1-3　SBR 改性沥青技术要求

序号	项目		单位	指标要求			试验方法
				Ⅱ-A	Ⅱ-B	Ⅱ-C	
1	针入度（25℃，100g，5s）		0.1mm	>100	80～100	60～80	
2	针入度指数 PI			≥−1.0	≥−0.8	≥−0.6	
3	延度（5℃，5cm/min）		cm	≥60	≥50	≥40	
4	软化点（TR&B）		℃	≥45	≥48	≥50	
5	运动黏度（135℃）		Pa·s	≤3			
6	闪点（COC）		℃	≥230			JTG E20—2011
7	溶解度		%	≥99			
8	黏韧性		N·m	≥5			
9	韧性		N·m	≥2.5			
10	薄膜加热试验后的残留物（163℃，5h）	质量损失	%	≤1.0			
		针入度比（25℃）	%	≥50	≥55	≥60	
		延度（5℃，5cm/min）	cm	≥30	≥20	≥10	

3. 乳化沥青

水泥乳化沥青砂浆分别采用两种乳化沥青，即阳离子乳化沥青和阴离子乳化沥青，应采用满足要求的沥青或改性沥青进行生产，其主要性能除应满足表 5-1-4 和表 5-1-5 的指标要求外，还必须满足水泥沥青砂浆的最终性能。

表 5-1-4 阳离子乳化沥青的主要性能指标要求

序号	项目		单位	指标要求	试验方法
1	外观			浅褐色液体、均匀、无机械杂质	JC/T797
2	颗粒极性			阳	
3	恩氏黏度（25℃）			5～15	
4	筛上剩余量（1.18mm）		%	<0.1	
5	贮存稳定性（1d，25℃）		%	<1.0	
6	贮存稳定性（5d，25℃）		%	<5.0	
7	低温贮存稳定性（-5℃）[1]			无粗颗粒或块状物	JTG E20—2011
8	水泥混合性		%	<1.0	
9	蒸发残留物	残留物含量	%	58～63	
		针入度（25℃，100g）	0.1mm	60～120	
		溶解度（三氯乙烯）	%	>97	
		延度（5℃）[2]	cm	≥20	
		延度（15℃）	cm	≥50	

注：(1) 当乳化沥青实际使用中经过低温贮存和运输时，进行此项检测。
(2) 当采用改性沥青制备乳化沥青时，进行此项检测。

表 5-1-5 阴离子乳化沥青的性能指标要求

序号	项目		单位	性能指标要求	试验方法
1	筛上剩余物（1.18mm）		%	<0.1	JTG E20—2011
2	颗粒极性		—	阴	
3	粒径		μm	平均粒径≤7；模数粒径≤5	GB/T 19627—2005
4	水泥适应性		—	20s 内至少流出 70mL 样	
5	贮存稳定性（1d，25℃）		%	<1.0	
6	贮存稳定性（5d，25℃）		%	<5.0	
7	低温贮存稳定性（-5℃）[1]		—	无粗颗粒或块状物	
8	蒸发残留物	残留物含量	%	≥60	JTG E20—2011
9		针入度（25℃，100g，5s）	0.1mm	40～120	
10		软化点（环球法）	℃	≥42	
11		溶解度（三氯乙烯）	%	≥99	
12		延度（25℃）	cm	≥100	
13		延度（5℃）[2]	cm	≥20	

注：(1) 当乳化沥青实际使用中经过低温贮存和运输时，进行此项检测。
(2) 当采用改性沥青制备乳化沥青时，按此项进行蒸发残留物延度检测。

4. 聚合物乳液

采用高分子聚合物乳液，其主要性能应符合表 5-1-6 的指标要求。与乳化沥青混合时，应具有良好的相容性，不得产生凝聚、破乳等现象。

表 5-1-6 聚合物乳液的主要性能指标要求

序号	项目	单位	指标要求	试验方法
1	密度	g/cm³	1.0±0.1	GB/T 4472—2011
2	不挥发物	%	45±3	GB/T 20623—2006
3	水泥混合性	%	<1.0	JTG E20—2011

5. 干料

"暂行技术条件"分别对 CRTS Ⅰ型和 CRTS Ⅱ型板式无砟轨道水泥乳化沥青砂浆用干料做了如下技术规定。

(1) CRTS Ⅰ型水泥乳化沥青砂浆。

① 水泥：采用强度等级不低于 42.5 的硅酸盐水泥或快硬硫铝酸盐水泥，其技术要求应符合 GB 175—2007 或 JC/T 933—2019 的规定。

② 细集料（砂）：应采用河砂、山砂或机制砂，不得使用海砂。细集料应为最大粒径小于 2.50mm 的岩石颗粒，不得包含软质岩、风化岩石的颗粒，其他技术要求应符合表 5-1-7 的规定。细集料宜烘干后使用，颗粒级配宜符合表 5-1-8 的要求。在贮存和运输过程中，应采取措施防止雨淋、杂物混入。

表 5-1-7 细集料的性能指标要求

序号	项目	单位	指标要求	试验方法
1	细度模数		1.4~1.8	JGJ 52—2006
2	表观密度	g/cm³	≥2.55	
3	吸水率	%	<3.0	
4	泥块含量	%	<1.0	
5	含泥量	%	<2.0	
6	有机物（比色法）		比标准色浅	
7	氯化物含量	%	<0.01	

表 5-1-8 细集料的颗粒级配要求

序号	筛孔尺寸（mm）	过筛物的质量百分比（%）	筛余物的质量百分比（%）
1	2.36	100	0
2	1.18	90~100	0~10
3	0.60	60~85	15~40
4	0.30	20~50	50~80
5	0.15	5~30	70~95

③ 铝粉、膨胀剂：宜采用硫铝酸钙类膨胀剂，除初凝时间应大于 60min 外，其他性能应符合 JC 476 的规定。宜采用鳞片状铝粉，其性能应符合 GB/T 2085.1—2007 的规定。

(2) CRTS Ⅱ型水泥乳化沥青砂浆。

干料的主要性能应满足表 5-1-9 的要求。

第5章 水泥乳化沥青砂浆施工技术

表 5-1-9 干料的性能指标要求

序号	项目		单位	性能指标要求		试验方法
1	级配	筛孔尺寸（mm）	%	通过率		JGJ 52—2006
		1.18		100		
		0.6		90~100		
		0.3		55~70		
		0.15		45~55		
		0.075		35~45		
2	扩展度[(1)]		mm	水灰比≤0.58 $D_5 \geq 160$；$D_{30} \geq 150$		"暂行技术条件" 附录B
3	膨胀率[(2)]		%	0~3		"暂行技术条件" 附录C
4	抗压强度	1d	MPa	≥12		"暂行技术条件" 附录D
		7d		≥30		
		28d		≥35		

注：(1) D_5 表示砂浆出机扩展度；D_{30} 表示砂浆出机30min时的扩展度。
(2) 当干料膨胀率不满足要求而水泥沥青砂浆膨胀率满足要求时，可对此值不做要求。

① 水泥：应采用硅酸盐水泥，其性能应符合 GB 175—2007 的相关规定。

② 细集料：应采用河砂或机制砂，不得使用海砂，最大粒径1.18mm，其他主要性能应满足表 5-1-10 的要求。

表 5-1-10 细集料的性能指标

序号	项目	单位	指标要求		试验方法
			河砂	机制砂	
1	表观密度	g/cm³	≥2.55		JGJ 52—2006
2	含水率	%	<0.1		
3	吸水率	%	<3.0		
4	泥块含量	%	<1.0	—	
5	含泥量	%	<2.0	—	
6	石粉含量	%	—	<5.0	
7	坚固性	%	≤8		
8	有机物（比色法）	/	合格		
9	氯化物含量	%	<0.02		
10	硫化物及硫酸盐含量（折算成 SO_3）	%	≤0.5		
11	碱活性（快速砂浆棒法）	%	≤0.10		TB/T 2922.5—2002

③ 铝粉、膨胀剂：其性能应分别符合 GB/T 2085.1—2007、GB/T 23439—2017 的相关规定。

6. 水

拌和水应符合 JGJ 63—2006 的规定。

7. 外加剂

(1) 消泡剂：宜采用有机硅类消泡剂。

(2) 引气剂：宜采用松香类引气剂。

5.1.2 原材料的储存与管理

原材料进厂（场）后，应及时建立原材料管理台账。台账内容应包括进货日期、材料名称、品种、规格、数量、生产单位、质量证明书编号、复验报告编号、使用区段里程等。管理台账应填写正确、真实、项目齐全。

原材料应按品种、生产厂家分别储存，不同品种、不同生产厂家的原材料不得混装、混堆。聚合物乳液、引气剂、铝粉等要遮光储存，避免阳光直射、防潮、防雨淋。

原材料在运输、储存过程中，其温度应严格控制在一定的温度范围内。乳化沥青、干料的温度控制在5～35℃，未作明确要求的，其适宜的温度以保证原材料的质量和砂浆的温度要求为前提。环境温度低于5℃或大于35℃时，应对原材料采取必要的控温措施。

乳化沥青现场储罐的容量宜为现场施工3d的用量以上，并结合乳化沥青的运输情况来确定。储罐应配备从乳化沥青运输车上卸料的配管以及向水泥沥青搅拌车上装料所需的专用泵及配管。储罐应设有可以从外部确认罐内乳化沥青温度和存量的设施、搅拌设施以及进行适当温度管理的设施。

乳化沥青的储存时间不宜大于3个月，干料的储存时间不宜大于1个半月。

对于检验不合格的原材料，应按有关规定清除出厂（场）。

5.2 水泥乳化沥青砂浆搅拌

5.2.1 水泥乳化沥青砂浆的拌合特性

根据定义，水泥乳化沥青砂浆是由乳化沥青、水泥、细集料、水和外加剂经特定工艺搅拌制得的具有特定性能的砂浆。拌制时，先根据水泥乳化沥青砂浆的力学性能确定乳化沥青、干料的基本配比，并根据流动度情况确定用水量，将砂浆配合比输入计算机，然后确定水泥乳化沥青砂浆的搅拌工艺。在有关水泥乳化沥青砂浆的日本专利中，除提出有关水泥乳化沥青砂浆的配比外，还对其搅拌工艺有所要求，并有水泥乳化沥青砂浆搅拌车的专利，我国也有水泥乳化沥青砂浆搅拌工艺及装置的专利[114-120]。目前我国市场上共有6个品牌（如图5-2-1所示）和3种搅拌形式（如图5-2-2所示）的水泥乳化沥青砂浆搅拌车，每种搅拌车的搅拌叶片、加料特性、误差特性、容量、分散和引气机理等均不同，这给水泥乳化沥青砂浆搅拌工艺的选择带来了困难。

水泥乳化沥青砂浆的搅拌过程也是干料、乳化沥青、水、外加剂、空气等多种物料与物相混合、演化的过程，其中固液相的混合是其最主要影响因素；因此研究基于固液相混合的水泥乳化沥青砂浆的搅拌、引气特性，并以此为基础进行搅拌工艺的选择与优化将是本节的研究重点。

图 5-2-1　目前国内市场 6 个品牌水泥乳化沥青砂浆车

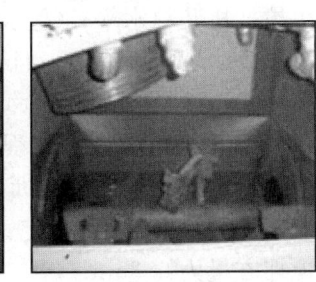

(a) 涡轮式　　　　　　　(b) 立轴行星式　　　　　　(c) 卧轴强制式

图 5-2-2　水泥乳化沥青砂浆搅拌车基本搅拌方式

5.2.2　固液相混合与搅拌

影响固液相混合与分散的因素主要有固相体积分数、颗粒大小及界面状况、液相黏度、表面张力、固液间的作用等。固液相的混合明显表现出阶段性，在不同阶段物料的分散机理不同，搅拌需克服的阻力也不同，固液相混合时由于液体的表面张力，将在浆体中形成絮凝结构，在宏观尺度上，固液相混合时出现的各种絮凝结构如图 5-2-3 所示。

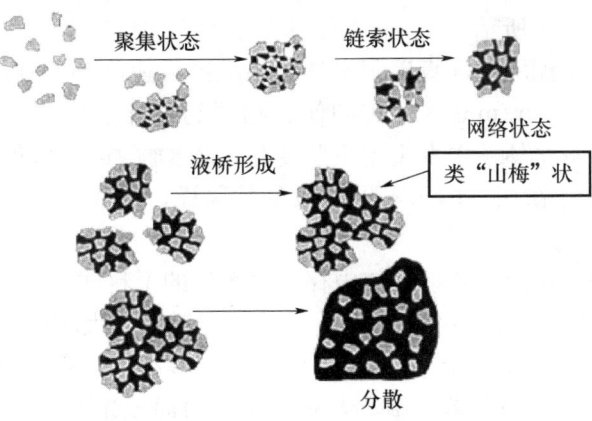

图 5-2-3　固液相混合时出现的各种絮凝结构[121]

5.2.3 功率法研究乳化沥青-干料的搅拌动力学

功率因可以反映物料搅拌过程中的物理、化学变化，目前已广泛应用于混凝土、制药、食品加工、陶瓷等的搅拌研究[122-131]。Cazacliu 等[122-125]利用搅拌功率变化研究了混凝土的混合动力学，发现在先加干料，后加水，再加减水剂的拌和中，依据功率变化，混凝土的搅拌可分为 5 个阶段，并认为搅拌功可用于最佳用水量的选择。Chopin 等[126]利用功率曲线来监测混凝土的均匀性，Daumann 等[127]认为功率稳定的时间即混凝土均匀所需时间，而 Amziane 等[128]采用搅拌功评价混凝土的工作性。Watano 等[129]则采用搅拌功研究可溶性醋氨酚的搅拌特性。

搅拌功主要用于：①克服机械间的摩擦力；②克服颗粒与颗粒及颗粒与叶片、壁间的摩擦力；③克服液相与颗粒及液相与叶片、壁粘结力；④克服液相间的粘聚力。混凝土搅拌功：①投料时功率的增加与加料及自动控制系统有关；②在一定投料顺序下，功率峰值取决搅拌机装料水平；③功率的减少可反映搅拌机的混合效率；④功率的波动与用水量和混凝土的坍落度有关，且可反映物料的均匀性；⑤主机空转时功率的减少与叶片磨损有关；⑥在卸料操作完成后，功率可用于观测卸料完全与否。

1. 水泥乳化沥青砂浆搅拌过程中的功率变化

笔者采用双卧轴式水泥乳化沥青砂浆搅拌车进行水泥乳化沥青砂浆的搅拌试验，如图 5-2-2 所示，所选择的搅拌工艺：

(1) 搅拌方量为 $0.35m^3$。

(2) 低速（50r/min）搅拌下加入沥青、水和外加剂等，并搅拌一定的时间（为研究乳化沥青与水的搅拌特性，将该时间设定为 180s，现场该搅拌时间一般小于 30s）。

(3) 加入干料，并在干料加入完毕后中速（90r/min）搅拌 30s。

(4) 干料加完后，高速（130r/min）搅拌 120s。

(5) 低速（50s/min）搅拌 30s。

(6) 卸料。

将采集到电流 $I \times 380/1000$，得到单位为 kW 的功率数据，将功率-时间数据用软件 Origin8.0 作图，并利用其中的 Smoothing 命令对曲线进行平滑处理；将源数据减去平滑后的数据，并将差对时间作图，得到功率波动曲线；对平滑后的曲线求导，得到功率的导数曲线，如图 5-2-4 所示。

在图 5-2-4 中，水泥乳化沥青砂浆搅拌功率随搅拌速度的增加而明显增加，但同时在转速为 90r/min 和 130r/min 区间，即使在相同的搅拌速度下，功率的变化也明显，这说明乳化沥青-干料-水体系中发生了一些变化，依据搅拌功率随搅拌时间的变化，可将搅拌的区域分为 7 个阶段。取出不同阶段的砂浆样，用 $\phi 9.5mm$ 或 4.75mm 筛过筛，如图 5-2-5 所示。

从图 5-2-5 可知，在阶段Ⅱ，浆体中存在着大量的干料球，干料球内部为新鲜干料，外面为一层富沥青的"壳"；而在阶段Ⅲ，浆体中充满了大大小小的干料球；在阶段Ⅳ，浆体中的干料球开始变小；而在阶段Ⅴ，用 4.75mm 级筛过筛后仅有少量干料球；最后，在阶段Ⅵ，浆体中基本已看不到干料球，浆体表面较光滑。

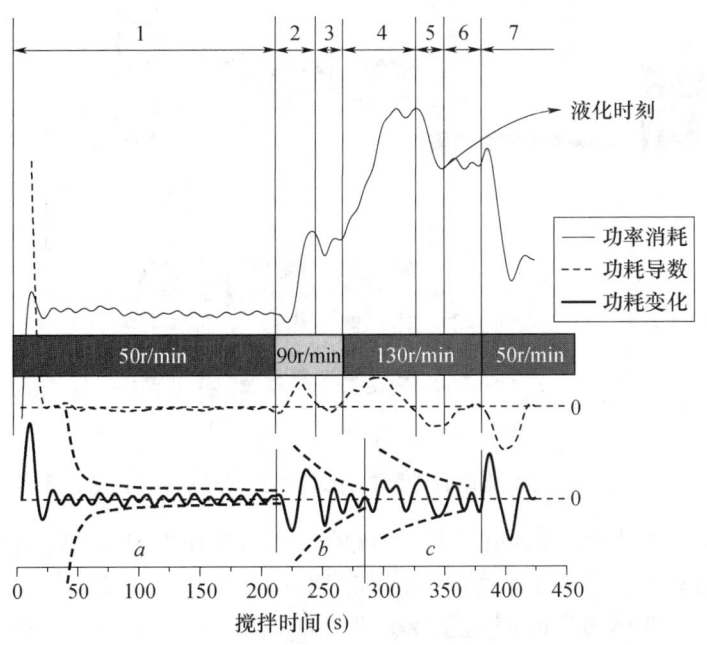

图 5-2-4 水泥乳化沥青砂浆搅拌电流随搅拌时间的变化

图 5-2-5 水泥乳化沥青砂浆搅拌过程中浆体的变化

2. 水泥乳化沥青砂浆搅拌动力学

依据图 5-2-4、图 5-2-5 功率随时间的变化及水泥乳化沥青砂浆体系结构的演化，可将搅拌分为液相均匀、干料球形成、干料球分散、干料球浸润、干料球溶解、悬浮液均匀、低速搅拌 7 个阶段；且依据图 5-2-4 中的功率波动曲线，搅拌可简单可分为 3 个均匀区，即液相均匀区、干料球均匀区和悬浮液均匀区，如图 5-2-6 所示。

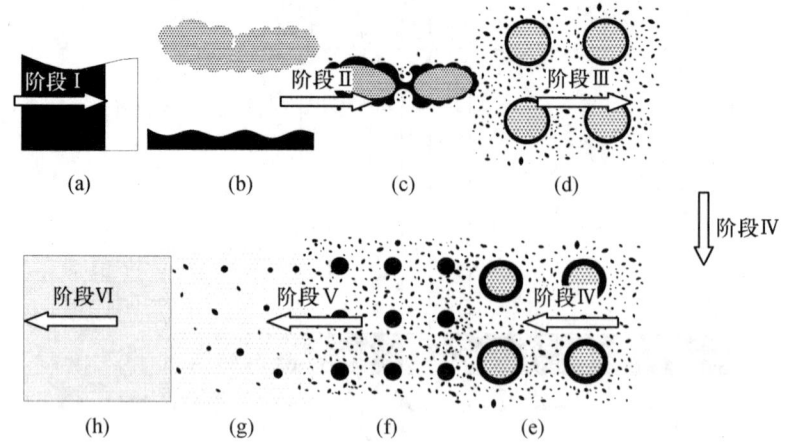

图 5-2-6 水泥乳化沥青砂浆搅拌过程中浆体结构的演化示意图

阶段 I 为沥青与水加入后的搅拌。在该阶段，沥青和水加入后，电流迅速增大，这一方面与主机启动时需克服的静摩擦力、加速度等有关；另一方面与乳化沥青的宾汉姆流体特性有关。因浆体搅拌时需克服最小剪切力，故功率在阶段 I 开始时出现峰值。

从图 5-2-4 的功率波动曲线还可以看出，功率的波动在阶段 I 随搅拌时间的延长变小，这反映了溶液的匀质性变好。由于乳化沥青恩格拉黏度为 5～10，密度为 1.03g/cm³，均高于水，因此搅拌乳化沥青时，达到同样的转速其功率要高于水。搅拌开始时，乳化沥青在局部富集，而造成功率波动较大，随着乳化沥青逐渐与水混合均匀，其功率波动也逐渐变小。

阶段 II 为投干料的中速搅拌阶段。干料加入后，干料/空气的界面将被干料/乳液界面和乳液/空气界面取代，因此乳液对干料的润湿存在阻力；另外由于液体与固体的动态接触角 θ_d 随黏度 η 的增加而增加[132]，也抑制了沥青乳液对干料的润湿；因此干料在加入后，干料与沥青乳液将形成明显界面。

随着乳液对干料的润湿及乳液在干料中的扩散，干料表面形成一层富液相的"外壳"，该"外壳"将乳液与干料隔绝（如图 5-2-6d 所示）。如图 5-2-7 所示，"壳"中的固体颗粒将通过乳液"桥"相连接，而乳液在干料中的浓度将形成梯度。Rumpf[133] 推导了与孔隙率、颗粒大小、胶结力有关的颗粒间黏结力大小公式：

$$\sigma = \frac{9}{8} \frac{(1-\varepsilon)}{\varepsilon} \frac{F_{bond}}{d_{3,2}^2} \tag{5-2-1}$$

式中，ε 为孔隙率；$d_{3,2}$ 为等效表面积的直径；F_{bond} 是颗粒间的胶结力。

胶结力主要由范德华力、静电力和液相桥力组成，对于一般性的固液混合，液相桥力是最重要的胶结力，但对于乳化沥青-干料来说，水泥颗粒因静电力等对沥青颗粒的吸附也将起重要作用。颗粒间的液相桥力主要与毛细作用及黏度有关，分别对应其静应力与动应力，其中的毛细作用力与颗粒周围毛细压力差有关，Rumpf 得到的毛细作用力公式为

$$\sigma_c = 6S \frac{(1-\varepsilon)}{\varepsilon} \frac{\gamma}{d_{3,2}^2} \tag{5-2-2}$$

式中，S 为液相饱和水平；γ 为液相的表面张力。

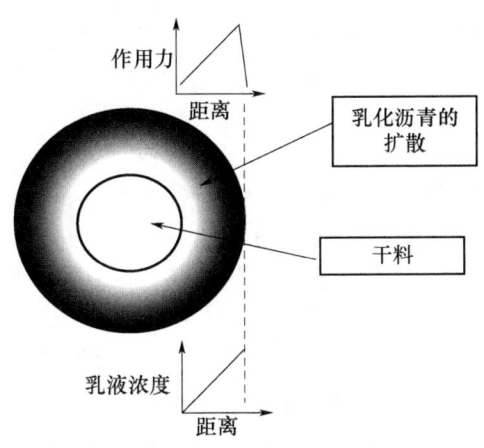

图 5-2-7 乳化沥青-干料搅拌过程中的干料球"壳"及作用力分布

由式（5-2-2）可知，固体颗粒间的毛细作用力与液相的饱和水平呈正比，但随孔隙率的增加而减小。因此胶结力在干料球最外端的某处达到最大；而在其与乳化沥青所形成的界面处，往液相方向，由于干料孔隙率 ε 迅速增大，直至为 1，因此毛细作用导致的粘结力也将迅速减为 0。

在搅拌的作用下，干料团成球形分布（最小比表面积）。物料的增加、转速的提高、壳的破裂、乳液与干料球以及颗粒作用力、颗粒间的摩擦力等使搅拌功率迅速增大。投干料完毕后，在持续搅拌作用下，干料球将作为一个整体在乳液中悬浮，并被搅拌均匀。因此在阶段Ⅲ，将明显看出在某一时段，搅拌功率波动越来越小（图 5-2-4），这表明存在一个干料球级别的均匀区。

搅拌所形成的剪切作用将使最外层壳剥落、溶解，并露出新的表面，因此在阶段Ⅳ的高速搅拌下，一些大的料球被击碎，干料球与液相的对流加速，液相迅速扩散至料球中心。乳液的浸润消耗使液相体积分数减少，而使搅拌阻力增大，同时将料球击碎也需消耗能量，因此搅拌功率越来越大。功率的最高点即体系的粘聚点，此时乳液将浸润至干料球中心。

在阶段Ⅴ，随着乳液浸润至干料球中心，在搅拌作用下，干料球将解体，干料球碎片及已被分散的砂、水泥颗粒等在乳液中悬浮，搅拌功率迅速减小。阶段Ⅴ的结束点即体系的液化点。

在阶段Ⅵ，随着干料球的进一步解体，悬浮体系的均匀性进一步增强，电流波动越来越小，这可从功率波动曲线看出。阶段Ⅵ的电流一定程度上可用于评价砂浆的流动度，Amziane[134]曾用搅拌功率来评价混凝土的工作性，武广客运专线施工现场统计得到的水泥乳化沥青砂浆流动度与搅拌电流的关系，如图 5-2-8 所示。

阶段Ⅶ为低速搅拌阶段，其主要作用是通过搅拌使大气泡在叶片、壁、浆体中聚结、上升，并在表面破裂，以达到消除大气泡的目的。此时随着搅拌速度的减小，搅拌功率进一步减小。

此外，依据图 5-2-4 的电流波动曲线，水泥乳化沥青砂浆搅拌过程可简单分为 3 个均匀区，即液相均匀区、干料球均匀区、悬浮颗粒均匀区。

事实上，各阶段的功率表现是体系中各种尺度"粒子"加权平均的结果，且与搅拌

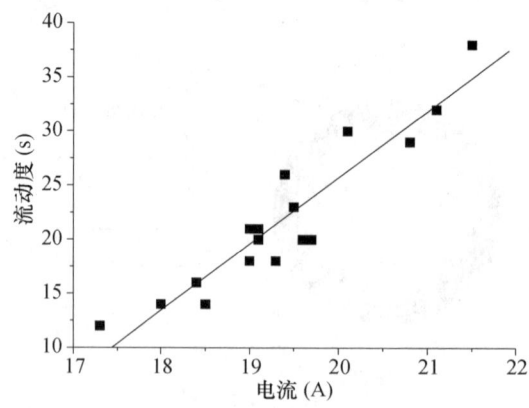

图 5-2-8　水泥乳化沥青砂浆流动度与搅拌电流的关系

速度密切相关,对于某特定阶段,并不意味所有粒子均处于该阶段,如在干料刚加入后,就已存在部分砂、水泥的悬浮颗粒。

水泥乳化沥青砂浆的搅拌动力学对其搅拌工艺的选择十分重要。如搅拌时间的选择,本书研究表明沥青和水在低速搅拌 30s 左右时即可达到均匀,同时浆体高速搅拌 90s 左右即可被液化等,这些都将为搅拌时间的选择提供参考。另外,由于乳液对干料的浸润将影响搅拌效率,因此可以通过加入表面活性剂来改善乳液与干料润湿性以提高搅拌效率。此外,一些外加剂(如引气剂、消泡剂等)的效率与砂浆的状态密切相关,合适的剂量及加入时间将直接影响成品砂浆的性能。

5.2.4　水泥乳化沥青砂浆的搅拌引气与含气量

按照《客运专线铁路 CRTS I 型板式无砟轨道水泥乳化沥青砂浆暂行技术条件》的要求,水泥乳化沥青砂浆的含气量为 8%~12%,气泡直径小于 0.3mm,这给砂浆质量控制带来了困难。水泥乳化沥青砂浆中的气泡主要通过搅拌作用引入,搅拌方式、搅拌工艺、材料本身等都对砂浆含气量以及气泡粒径产生影响。

如图 5-2-9 所示,决定引气的步骤可分为两部分[135]。首先是由搅拌产生涡流在砂浆表面的活化能需大于砂浆表面张力的作用,使砂浆表面产生变形或"缺口",而形成气泡;此外,砂浆表面附近流体所具有的动能应能克服浮力作用以将形成的气泡带入内部。

1. 气泡的形成

涡流产生的活化作用将使浆体表面产生缺口从而使气泡进入砂浆。表面涡流所具有的活化能为

$$E_T = C_1 u^2 \tag{5-2-3}$$

式中,C_1 为与浆体性能有关的常数;u 为涡流速度。

使表面产生曲率半径为 r_b 的"缺口"需克服表面能 E_s 为

$$E_s = \frac{2\sigma}{\rho r_b} \tag{5-2-4}$$

式中,σ 为浆体的表面张力;ρ 为浆体密度。

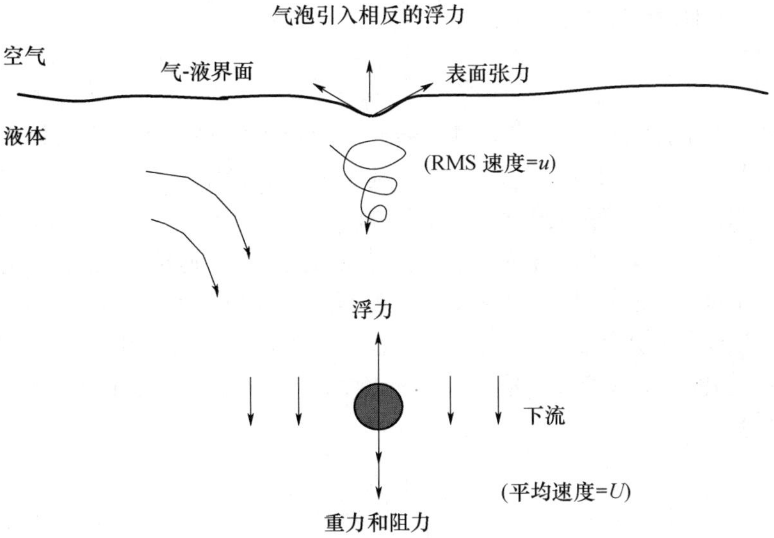

图 5-2-9 气泡的引入示意图[135]

当气泡形成后,水的静压将阻止气泡进入浆体深处,因此还需克服重力作用,这部分能量为

$$E_p = g \cdot y \tag{5-2-5}$$

式中,y 为表面缺口的深度。由 $E_T = E_s + E_p$ 可得到

$$C_1 u^2 = \frac{2\sigma}{\rho r_b} + gy \tag{5-2-6}$$

由于引入气泡一般为毫米级,通过 Davies[136] 的计算得到漩涡深度 $y < 11\text{mm}$,此时静水压相对表面张力其作用可以忽略,式(5-2-6)中气泡形成的条件可以简化为

$$u^2 \geqslant C_1' \frac{\sigma}{\rho d_b} \tag{5-2-7}$$

该式假定浆体曲率半径与气泡半径相等,从式(5-2-7)可得到形成气泡所需要的最小涡流活化能的条件。

由式(5-2-7)可以看出,降低浆体的表面张力和提高转速均对气泡的引入有利,只有高速搅拌下,才有可能形成小气泡,由于气泡越小将越稳定,因此这对水泥乳化沥青砂浆搅拌工艺(宜高速搅拌)的选择十分重要。

2. 气泡的保持

一般来说,在水中,当气泡直径 $d_b \leqslant 2\text{mm}$ 时,气泡可看作球形。由于水泥乳化沥青砂浆的表面张力更大且气泡的直径要求为 0.3mm 以下,因此水泥乳化沥青砂浆中的气泡可视为球形,根据 Stokes 定律计算气泡的受力有

$$u^2 = \frac{1}{18} \frac{(\rho - \rho_g)}{\mu} g d_b^2 \tag{5-2-8}$$

式中,μ 为水泥乳化沥青砂浆的黏度;ρ 为浆体的密度;ρ_g 为气泡的密度。

为将气泡保持在浆体中,气泡往下的平均速度需与其上升的平均速度相等,有

$$u^4 \propto \left[\sigma^2 \frac{1}{\mu \rho^2} \frac{g}{U} \rho \right] \approx \frac{\varphi}{U} \tag{5-2-9}$$

其中 φ 只与浆体本身性质有关：

$$\varphi \approx \frac{\sigma g^2}{\mu \rho} \tag{5-2-10}$$

综上可知，当浆体表面张力增大时，需要形成更大的涡流才能将浆体表面破坏以形成气泡，同时浆体黏度 μ 和密度 ρ 的升高有利于气泡的稳定。

3. 搅拌对水泥乳化沥青砂浆含气量的影响

从式（5-2-7）可知，存在着临界速度，若转速低于该速度，搅拌作用在浆体中所形成的表面涡流的活化能将无法克服浆体的表面能，且液面下浆体的动力将无法克服气泡的浮力而将气泡带入浆体深处。因此，笔者分析了正搅拌过程中，加干料完成后再搅拌 3min，水泥乳化沥青砂浆含气量随搅拌速度的变化，如图 5-2-10 所示（以 120r/min 的转速作为参考）。

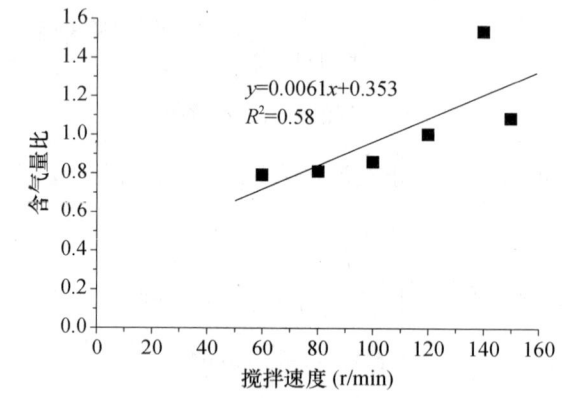

图 5-2-10　水泥乳化沥青砂浆含气量随搅拌速度的变化（3min）

从图 5-2-10 中可看出，在转速低于 100r/min 的范围内，砂浆含气量对转速并不敏感，而当转速高于该值时，砂浆含气量上升较快，即搅拌引气的过程中，确实存在着某临界速度。在较低转速下水泥乳化沥青砂浆含气量与搅拌总次数的关系如图 5-2-11 所示。

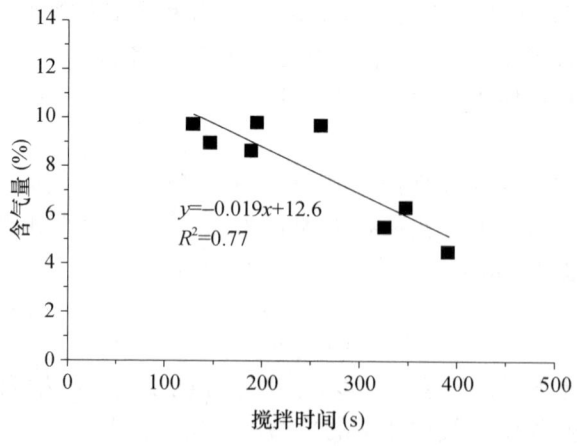

图 5-2-11　水泥乳化沥青砂浆含气量与总搅拌次数的关系（不大于 50r/min）

在较低转速下，水泥乳化沥青砂浆的含气量随搅拌次数的增加甚至会减少，这与较低转速下搅拌无法实现引气有关，也与搅拌过程中干料的排气有关。由图 5-2-6 可知，干料加入乳化沥青中后，松散堆积的干料中的空气将被乳液所取代，这时气泡将被挤出并上浮至表面，气泡产生排液作用而破裂，如图 5-2-12 所示。因此，若搅拌作用无法引入气泡，浆体的含气量将随搅拌次数的增加而减少。

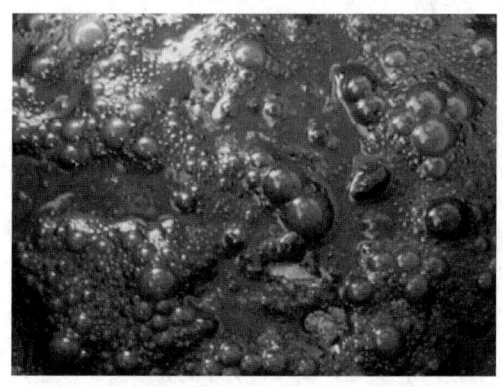

图 5-2-12 投干料后浆体表层的气泡

从式（5-2-10）可知，浆体黏度的增加将有利于气泡保持，水泥乳化沥青砂浆流动度与含气量的关系如图 5-2-13 所示，各数据点的搅拌速度、搅拌时间相同。在流动度为 10~60s 的范围，砂浆的含气量随流动度的增大而增加，浆体黏度的增加确实有利于提高浆体的含气量，气泡保持是含气量的重要因素；但在流动度为 60~500s 的范围，砂浆的含气量随流动度的增加几乎不变，这可能因为黏度增大将导致浆体表面张力增大，而根据式（5-2-7）可知，表面张力增大将使浆体胶结力增大，表面难以形成涡流，而使气泡难以形成，因此含气量增加不明显，此时气泡引入是含气量的决定性因素。

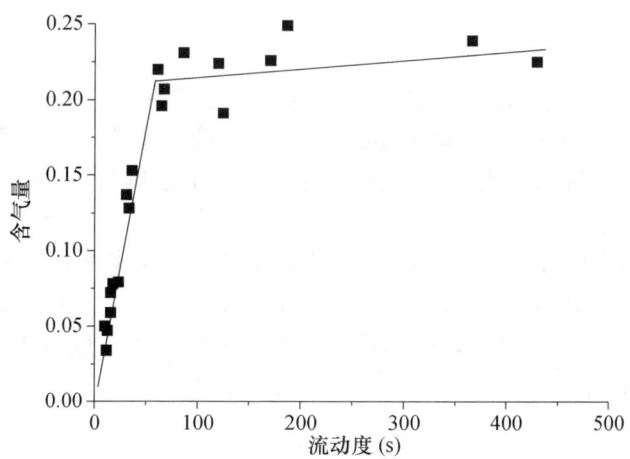

图 5-2-13 水泥乳化沥青砂浆含气量随流动度的变化（CA 砂浆搅拌机，260r/min 搅拌 3min）

从式（5-2-7）还可知，浆体表面能的降低将使气泡的引入变得容易，进而影响水泥乳化沥青砂浆的含气量，为此研究了引气剂掺量与砂浆含气量的关系，如图 5-2-14 所示（以不加引气剂作为参考，120r/min 搅拌 3min）。

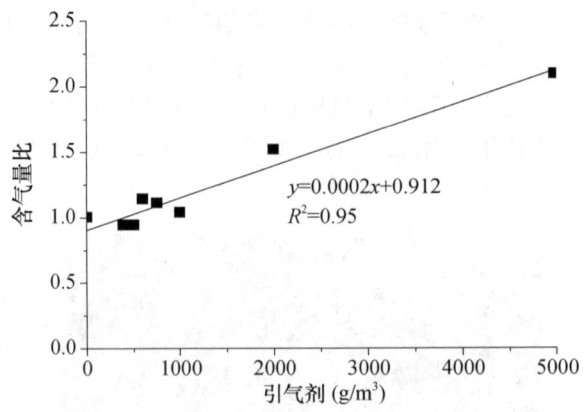

图 5-2-14　引气剂掺量与砂浆含气量的关系曲线（以不掺引气剂为参考，120r/min 搅拌 3min）

4. 含气量随搅拌时间变化关系研究

由前文可知，气泡的引入、分散和保持是砂浆含气量得以上升的原因。因此，若对影响砂浆含气量的各种作用进行分类，那么可分为两类：①通过影响气泡稳定性而影响砂浆的含气量；②通过影响气泡的引入而影响砂浆的含气量。事实上，单一因素可能有两方面作用，如搅拌速度的加快，一方面会使浆体产生更多的涡流，使更多的气泡引入，另一方面会使更多的气泡在砂浆表面暴露，由于气泡在砂浆表面的寿命有限，因此会使更多的气泡破裂。

因此，水泥乳化沥青砂浆的含气量是一个动态过程，气泡不断地被引入的同时，部分气泡因搅拌或不稳定浮至表面而破裂。砂浆的含气量越高，砂浆在表面暴露的机会也越大，气泡破裂的数目也就越多，含气量下降的速度也就越快。在不考虑气泡直径的情况下，在同条件下，可认为含气量降低的速率与含气量呈正比，若以参数 b 来表征气泡的不稳定行为，有

$$-yb = \frac{dy}{dt} \tag{5-2-11}$$

式（5-2-11）中 y 为砂浆的含气量；b 为与气泡稳定有关的参数，气泡越不稳定，b 值越大，b 为砂浆本身的性质，除与砂浆有关外，与搅拌也有一定关系，气泡直径将影响其稳定性；t 为搅拌时间，由于干料加入后存在一个强排气过程，t 是指该过程完成后的时间。

此外，由图 5-2-9 可知，在搅拌产生的涡流作用下，浆体表面将形成"缺口"，从而使气泡被引入砂浆中，在搅拌条件一定的情况下，浆体表面"缺口"的数量应与浆体的体积呈正比（1－气泡所占体积），即单位时间内气泡引入的数量与浆体的体积分数呈正比，若以参数 a 来表征因搅拌导致的砂浆引气作用，有

$$(1-y)a = \frac{dy}{dt} \tag{5-2-12}$$

式（5-2-12）中 y 为砂浆的含气量；a 为引气能力有关的参数，引气作用越强，a 值越大，a 与搅拌作用和砂浆本身有关；t 为搅拌时间。

综合式（5-2-11）和式（5-2-12），有

$$\int (1-y)a - yb = \int \frac{dy}{dt} \tag{5-2-13}$$

解：式（5-2-13）的微分方程，有

$$y=\frac{a}{a+b}-c\times e^{-(a+b)t} \tag{5-2-14}$$

式中，y 为含气量；a 为引气能力有关的参数；b 为与气泡稳定性有关的参数；c 为与初始含气量有关的常数；t 为搅拌时间。

在容积为 5L 水泥胶砂搅拌机上进行含气量随搅拌时间的变化试验，试验时将水泥乳化沥青砂浆工作时间调整至 60min 几乎不变，且干料的加料速度较慢，以使排气阶段充分完成，分别进行不加消泡剂和消泡剂掺量为 20g/m³ 的试验，得到的含气量与搅拌时间的关系如图 5-2-15（a）所示。

容积为 30L 的水泥乳化沥青砂浆专用搅拌机在不加消泡剂和消泡剂掺量为 20g/m³ 的情况下，分别进行高速搅拌和中速搅拌下的含气量试验，结果如图 5-2-15（b）所示，水泥乳化沥青砂浆含气量随搅拌时间的变化均较符合式（5-2-14）中的关系式，其关系式、相关系数以及根据拟合的关系式计算得到的 a、b 值如表 5-2-1 所示。

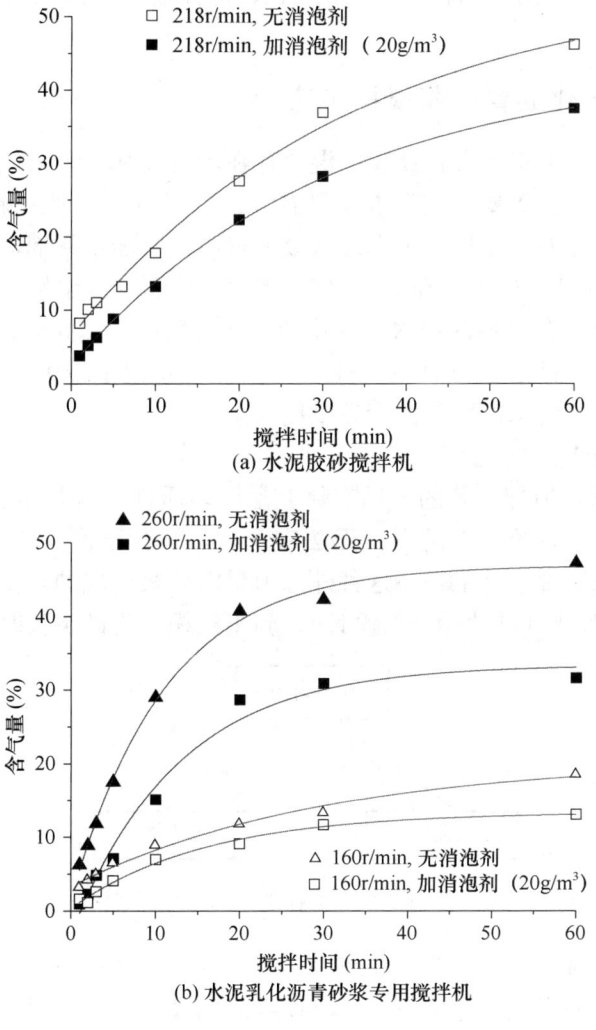

图 5-2-15　砂浆含气量与搅拌时间的关系

表 5-2-1　砂浆含气量与搅拌时间关系

编号	公式	搅拌机	搅拌速度 (r/min)	消泡剂 (g/m³)	a	b
1#	$Y=0.47-0.45e^{-0.09t}$，$R^2=0.997$	水泥胶砂搅拌机，5L	218	0	0.016	0.013
2#	$Y=0.40-0.42e^{-0.06t}$，$R^2=0.994$	水泥胶砂搅拌机，5L	218	20	0.014	0.018
3#	$Y=0.21-0.17e^{-0.03t}$，$R^2=0.989$	CA砂浆搅拌机，30L	260	0	0.042	0.048
4#	$Y=0.13-0.13e^{-0.06t}$，$R^2=0.985$	CA砂浆搅拌机，30L	260	20	0.027	0.053
5#	$Y=0.55-0.48e^{-0.03t}$，$R^2=0.994$	CA砂浆搅拌机，30L	166	0	0.007	0.027
6#	$Y=0.43-0.41e^{-0.03t}$，$R^2=0.999$	CA砂浆搅拌机，30L	166	20	0.008	0.055

从表 5-2-1 中 3# 和 5# 对比可看出，搅拌速度越高，a 值越大，引气能力越强；从表 5-2-1 中，不加消泡剂和加消泡剂的对比可看出，消泡剂的加入不利于气泡的稳定，从而使 b 值增大。以上说明 a、b 参数能较好地表征搅拌及砂浆的引气及稳气能力，但 a、b 参数与搅拌容量、搅拌叶片、搅拌罐形状、搅拌速度、砂浆性能等具体的关系仍需进一步研究。

5.2.5　水泥乳化沥青砂浆搅拌工艺

从上述研究可知，干料与乳化沥青的混合存在着阶段性与复杂性，因此基于其本身特性的搅拌工艺选择十分重要。在日本专利 JP 11—246252[114] 中，除提出了修补用水泥乳化沥青砂浆基本配比外，还提出了先加入液相材料，再加促凝剂，后加入砂及增稠剂等，最后进行 2 min 高速（200r/min）搅拌的水泥乳化沥青砂浆搅拌工艺。而在日本专利 JP 55—7807[137] 有关寒冷地区用水泥乳化沥青砂浆配比中，同样也包含了与各种配比有关的搅拌工艺。另在日本专利 JP 54—42709[138] 中，提出了带多个储料仓、轨道行驶，并采用涡轮式搅拌主机的水泥乳化沥青砂浆搅拌车。

1. 搅拌工艺选择基本规则

如图 5-2-16 所示，搅拌工艺的选择实际上是以匀质性、含气量、搅拌时间（工期）为系统单元的平衡，当系统内部的平衡无法实现时，就会导致"外溢效应"。即需要通过外部力量的介入来实现这种平衡，这种外部力量即砂浆组成的调整（加入引气剂、消泡剂等）、搅拌车的改造（叶片等重新设计）、施工组织（为砂浆长时间搅拌做打算）。

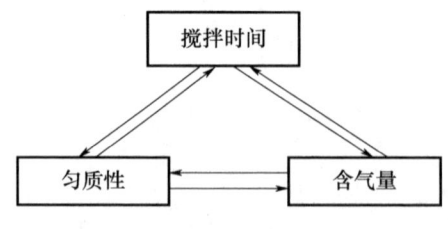

图 5-2-16　搅拌工艺的选择

在选择搅拌工艺时，三者考虑顺序应为：匀质性→含气量→搅拌时间。即先基于砂浆的匀质性，选择某一个搅拌速度下的最小搅拌时间 T_{min}，再根据砂浆的含气量选择最大搅拌时间 T_{max}，然后在两个搅拌时间之间选择合理搅拌时间，即 $T_{min} \leqslant T \leqslant T_{max}$，从施工速度考虑，$T$ 还应小于最小施工速度对应的砂浆搅拌时间 T_c，即 $T<T_c$。

以上为理想情况，假若基于砂浆匀质性的最小搅拌时间大于含气量的最大搅拌时间，即砂浆被搅拌均匀时，其含气量即已超标了（$T_{\min}>T_{\max}$），此时应考虑降低搅拌转速，但由式（5-2-3）可知，要形成直径较小的气泡，搅拌所形成的涡流速度需较高才行，因此搅拌机转速不宜太低（不宜低于 80r/min），若在这种情况下，仍出现砂浆被搅拌均匀时含气量超标。此时图 5-2-16 的系统无法实现平衡，产生外溢效应，需外界介入以达到平衡。

另一种情况是在很高转速下达到合格含气量的搅拌时间远大于最小搅拌时间 $T_{\min}$，也远大于最小施工速度对应的砂浆搅拌时间 T_c，此时提高转速已不可能，同样宜外界介入。

此外，若 $T_{\min} \gg T_c$，也宜外界介入，但这种情况一般很少。

外部进行调节的顺序：砂浆组成调整→搅拌车改造→施工方案调整。即首先通过加入引气剂、消泡剂等方式，基于匀质性，来调节砂浆的含气量；若这样做也不行，那么就通过对搅拌主机的改造来实现，搅拌主机改造主要包括叶片分布、角度、直径，搅拌罐、搅拌臂的直径，挡板等的焊接灯；施工方案调整即考虑现有施工速度，重新安排人员、班次或增加砂浆搅拌车等。

2. 施工现场搅拌工艺调整

在现场施工条件下，搅拌工艺由于不宜做大的变动，因此具体一些调整方法见表 5-2-2。

表 5-2-2 水泥乳化沥青砂浆搅拌工艺调整

序号	问题	解决方法
1	含气量过低	提高转速、延长搅拌时间、加入引气剂
2	含气量过高	降低转速、加入消泡剂
3	主机电流过高（低）	增加（降低）砂浆的用水量，检查原材料与计量系统
4	砂浆中有未搅散干料团	延长搅拌时间、降低干料加料螺旋速度
5	砂浆中有沥青团	乳化沥青过筛
6	砂浆中有干料块	干料过筛
7	表面有大气泡	延长慢速搅拌时间，并喷入消泡剂
8	气泡上浮	提高转速减小气泡粒径，调整原材料
9	气泡夹层	调整原材料，改善砂浆流变

3. 某工地干料团成因分析及解决办法

（1）问题：该工地的水泥乳化沥青砂浆搅拌工艺：先加入液料和水，搅拌一定时间；再加入干料；干料加完后高速搅拌一定时间；然后慢速搅拌一定时间；再取样检测；检测合格后卸料。但现场人员在施工过程中发现，施工一段时间后，原先均匀砂浆中出现了一些小"疙瘩"，将"疙瘩"破碎后可看到灰白色未被润湿的干料，如图 5-2-17 所示。

未被搅散的干料团将对水泥乳化沥青砂浆的质量产生影响。首先，它使砂浆实际配合比变化，因为干料局部集中将导致砂浆中其他区域干料含量较少；另外，它将影响砂浆的力学性能，力学的均匀性将因干料局部集中而改变；此外，它将严重影响砂浆的体

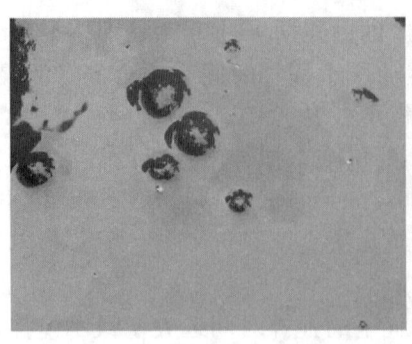 

图 5-2-17 新拌水泥乳化沥青砂浆中出现的干料团

积稳定性和耐久性,未被分散的干料团后期水化导致的体积变化将严重砂浆的体积稳定性,进而对砂浆耐久性产生影响。

(2)原因分析:由于此前并未出现过该现象,基本可以排除这是因搅拌时间不够导致的;另外,通过对原材料进行筛分和肉眼观察等,发现原材料中干料并没有因受潮而出现成团现象。在将这些因素排除后,笔者对砂浆搅拌车进行了观察,发现干料加料口粘料和搅拌机搅拌臂粘料是导致出现干料团的原因,如图 5-2-18、图 5-2-19 所示。

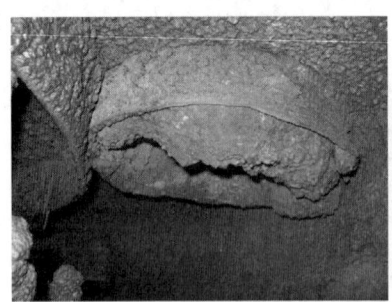 

图 5-2-18 干料加料口粘料

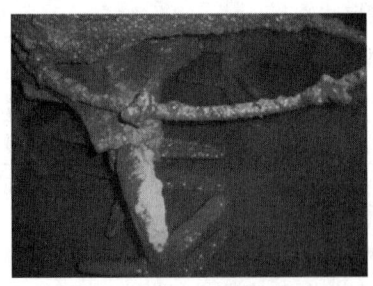

图 5-2-19 搅拌臂粘料

在图 5-2-19 中,干料加料口位于搅拌主机上方,当搅拌机高速搅拌时,飞溅的浆体将落至干料的加料口,并粘在加料口表面。当搅拌下一盘水泥乳化沥青砂浆时,已通过计量的干料被螺旋输送至加料口,粘在飞溅起来的水泥乳化沥青砂浆表面,并没有完全落入搅拌主机内。随后,随着搅拌机的振动作用,部分干料才落入搅拌主机,由于这部分干料搅拌时间不够,因此呈干料团状态。在早期,由于加料口较为清洁、平滑,口直径也较大,干料即使被粘住也能很快落入搅拌主机中,但随着干料的积聚,加料口表面变粗糙，口的直径也变小，干料将很难快速落入搅拌机内，如图5-2-18所示。

此外，在图5-2-19中，在加干料时，当叶片经过干料的加料口时，部分干料粘在搅拌臂上，随着搅拌臂的转动，部分干料才慢慢落入搅拌机内，也将导致分散不均匀，出现干料团。同样地，在早期，由于搅拌臂较为清洁、平滑，且较细小，不会出现干料团现象，但随着砂浆在搅拌臂上的积聚与黏附，搅拌臂变粗大、粗糙，而导致了干料团现象。

（3）解决办法：在经过对干料团出现的原因进行分析后，笔者对砂浆搅拌机的加料口和搅拌工艺进行了改进，有效地防止了新拌水泥乳化沥青砂浆中干料团，如图5-2-20、图5-2-21所示。

 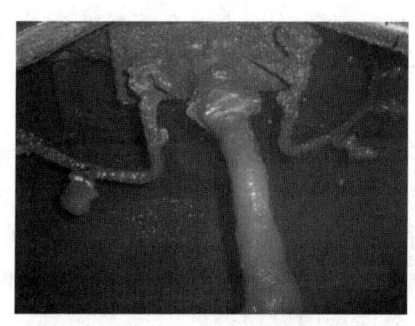

图 5-2-20　加料口的延长橡皮套　　图 5-2-21　二次高压进水后的搅拌臂

在图5-2-20中，笔者对加料口用橡皮套进行了延长，这样做有三个好处：①可以避免砂浆飞溅入加料口，而使加料口干料结块，粘料甚至堵塞加料口（曾经发生过）；②橡皮套伸至刚好与搅拌臂保持一定的接触，这样搅拌臂转至橡皮套时，可以拍打橡皮套，而使橡皮套的粘料落下，而不是在搅拌快完成时落下；③当橡皮套永久性结料至一定厚度而影响使用时，只需将其换掉，不耽误生产，而不像原先的加料口，当料积至一定厚度必须清理才能继续生产。

图5-2-21为笔者进行二次高压进水改进后的搅拌臂，改进后的搅拌臂上已经看不到灰白色的干料。所谓二次高压进水，是指开始只加入少许水进行拌和，当干料加料完成后，再加入一定量的水（已通过计量），并以高压的形式加入，以对搅拌主机叶片等进行清洗，这样可有效地避免搅拌臂、叶片等部位粘料，起到了较好的效果。

此外，当干料因受潮等原因出现结块时，也会出现干料团现象，但此时以上改进措施将很难防止干料团的出现。在结块程度较轻的情况下，可考虑降低加料速率、延长搅拌时间的方法。若结块程度较严重，需废料或过筛。但最好的方法是对水泥乳化沥青砂浆原材料存放进行严格管理，并缩短干料的存放时间，以防止受潮。

5.3　水泥乳化沥青砂浆灌注

5.3.1　水泥乳化沥青砂浆充填层灌注施工

1. 灌注前的准备工作

砂浆的灌注应在气温 5～35℃ 的范围内进行，不在此范围内施工时应采取相应措施。下雨天不得进行灌注作业，若灌注作业中途出现降雨，应及时加盖防水布等，避免雨水与灌注袋直接接触。

在机械的各部分检查、清扫完毕后，将砂浆的灌注材料装车。材料装车完毕后，采取防雨措施。提前确认砂浆灌注计划的板，并提前采取防雨措施覆盖需要灌注的板，防止底座存有积水，影响施工。

所有准备工作完成后，按以下程序要求开始施工。

(1) 轨道板底部杂物灌注前清理。

轨道板铺设后，由于可能桥面附属工程处于同时施工，或未能及时施工砂浆，板底与底座混凝土之间的缝隙可能会有小石子或杂物存在，可能会有些尖锐的小石子会戳破灌注袋，导致砂浆流出。对于混凝土底座上的积水、粉尘等可能对灌注成果产生不良影响的要予以清除（水、灰尘等可用压缩空气吹掉或用废棉纱头擦拭，除去积水）。

(2) 灌注前轨道板状态确认。

技术人员应该在砂浆搅拌的同时对砂浆灌注计划的板进行确认；用钢尺估测轨道板的平整度及水平偏移情况，确认轨道板是否精确调整到位；轨道板精调时也有可能会有木块遗漏，这样会导致灌注袋无法铺设，因此要确认凸形挡台与轨道板之间的定位木楔都已打设并有效（是否有松动），尤其是曲线超高段。

(3) 灌注袋铺设检查。

用直尺检查轨道板与底座混凝土之间的距离并选择合适大小的灌注袋，将灌注袋平整地铺开在指定的位置，避免出现褶纹，灌注袋的 U 型边切线要与轨道板边缘一致，允许偏差 1cm 左右。灌注袋的铺设要根据灌注厚度的情况来确定，技术人员和灌注袋铺设人员使用三角板及时调整灌注袋铺设位置。灌注袋浇筑口方向应根据施工的方便性确定，应注意保持方向的一致性，但在坡度区间应注意，袋浇筑口方向应是从轨道板的低侧方向，浇筑从轨道板的低侧浇注。

(4) 砂浆灌注设备的检查。

由于砂浆搅拌结束后的清洗工作会有一些残留的污水，其中的沥青和砂子如果存留在灌注口的位置，硬化后会对下一班的灌注工作带来影响；因此灌注作业前应首先确认灌注口没有被堵塞。确认灌注口通畅后方可进行灌注作业。

2. 灌注施工

在轨道板表面铺设塑料薄膜，防止轨道板等的污损。

一切准备完毕后，由班长下达开灌口令，打开下料阀门，将搅拌好的砂浆从搅拌机经过下料软管流进灌注漏斗，如图 5-3-1 所示。

适度对流入灌注漏斗的砂浆进行搅拌（目的是减少砂浆的气泡，使浆液均匀）灌注漏斗与灌注软管相连，打开灌注漏斗与灌注软管间连接放料阀门，使砂浆流入灌注软管。同时一起打开灌注软管与浇口袋（两个）相连阀门（每块板 2 个灌注袋的灌注应同时进行），使砂浆通过浇口袋自然流入灌注袋内（不得将搅拌灌注设备下料口与灌注袋浇口直接连接）。

砂浆应缓慢连续灌注，防止产生气泡。灌注过程中安排专人观测轨道板状态，不得出现拱起、上浮现象，尽量避免踩踏轨道板。当注入灌注袋 1/2 量时，应降低灌注速度，直至灌注袋砂浆充分填充（避免轨道板下面出现空隙）。

第5章 水泥乳化沥青砂浆施工技术

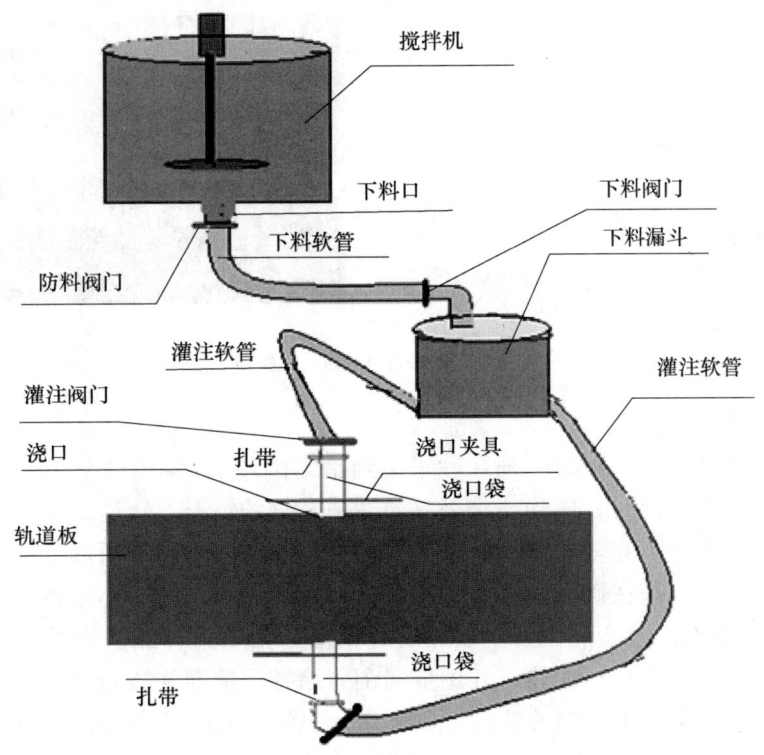

图 5-3-1 砂浆灌注设备连接示意图[139]

确认灌注袋的端部及四角已经充分填充,其中有支撑螺栓(共4个)稍微松动,即刻停止灌注,将浇口用扎带扎紧,在浇口袋多留一些砂浆(补充用)。分离灌注软管与浇口袋,用木块垫起灌注浇口。用板子将灌浇口袋竖起,如图 5-3-2 所示。

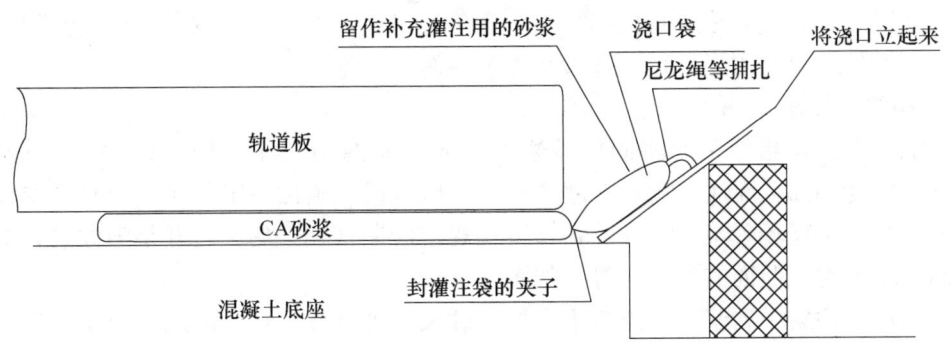

图 5-3-2 砂浆灌注浇口处理示意图[139]

在砂浆凝固之前,要数次将浇口袋内的砂浆挤入灌注袋,挤入砂浆量应根据支撑螺栓的浮起状态来确定。浇口袋的砂浆不够时,从灌注漏斗再输送一些砂浆进行补充灌注。

如图 5-3-3 所示,砂浆挤入结束后,用 U 型夹具封住浇口。如果发生灌注袋破损砂浆溢出的情况,量少时用夹具止漏,量多时,用废棉纱头、细骨材及水泥等进行堵漏,也可用沥青毡布进行修补。

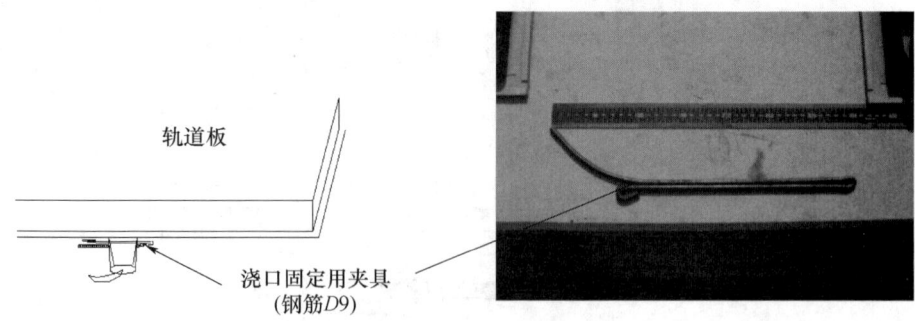

图 5-3-3 浇口固定处理示意图[139]

3. 灌注后的处理

撤除防止污损用的塑料布。确认砂浆达到指定强度（1d，0.1N/mm² 左右）后，撤除定位螺杆和托架。此时，应确认是否有灌注不充分的情况，轨道板与混凝土底座之间有无空隙。如果灌注不充分，需要修补或者撤去已灌注的砂浆重新进行灌注。

为了保护浇口，应在砂浆凝固后，用刀具切断灌注口，并用小型燃烧器将保护薄膜（封补灌注袋的苦布）及金属刮刀全面加温后粘贴。粘贴封补灌注袋的苦布时，为了避免空隙的产生，要对其进行加热，并用金属刮刀涂抹，使灌注袋和砂浆溶为一体。灌注袋或者 CA 砂浆如果出现破损的地方，也可用封补灌注袋的苦布进行修补[139]。

5.3.2 水泥乳化沥青砂浆充填层灌注质量监测方法

水泥乳化沥青砂浆充填层的施工质量取决水泥乳化沥青砂浆性能、灌注工艺、环境等因素，而水泥乳化沥青砂浆的性能是关键。受各种条件的限制，目前满足相关规范要求的砂浆施工后的充填层质量并不一定合格，因此加强充填层施工质量监测十分重要。但目前并没有合适的方法，直接揭板观察会延误工期，而且成本较高，因此需研究出一些无损、间接地评价水泥乳化沥青砂浆充填层施工质量的方法。

1. 小灌注袋法

小灌注袋法是指施工时将同样砂浆灌入同材质的小型灌注袋（80cm×60cm）中，并使其厚度为5cm，灌注完后，在灌注袋上方压铁板，施加一定的压力，且保持小灌注袋中砂浆与施工现场砂浆同条件养护，待到规定龄期（1d）后，打开小灌注袋，观察砂浆表面的密实性、断面的均匀性等，如图 5-3-4 所示。

由于小灌注袋中砂浆与轨道板下充填层砂浆各种条件一致，因此其质量一定程度上可代表充填层砂浆的质量。通过在工地使用，发现揭板后，若小灌注袋中的砂浆有问题，则砂浆充填层肯定也有问题；反之，若小灌注袋中的砂浆较好，则砂浆充填层基本较好。因此，可通过现场灌小灌注袋的方法来监控充填层的施工质量。

2. 灌注袋袋口砂浆观察

按照《CRTS I 型板式无砟轨道水泥乳化沥青砂浆施工技术指南》的要求，水泥乳化沥青砂浆采用袋法施工，在灌注完成后，灌注袋的灌注口需保留较长一段砂浆，并用架托起，以对灌注袋中的砂浆进行补充，并根据充填层的饱满度情况，在砂浆硬化前挤入一些砂浆，如图 5-3-5 所示。

(a) 小灌注袋法装置　　　　　　(b) 折袋

(c) 表面完整　　　　　　(d) 断面良好

图 5-3-4　小灌注袋法监测砂浆充填层质量

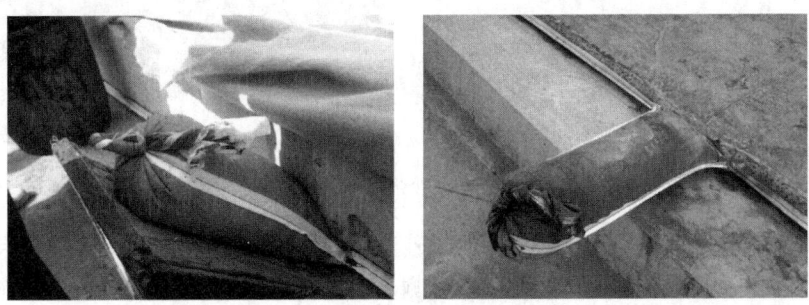

图 5-3-5　施工中灌注口所留砂浆

灌注口砂浆可用来监测充填层的施工质量,在将灌注袋撕破后,砂浆应不粘灌注袋,其表面应光滑、硬度较高,用手指按无印痕,且应较为饱满,砂浆断面应较均匀,无沉砂,无大气泡,无表面气泡层或气泡夹层,如图 5-3-6 所示。

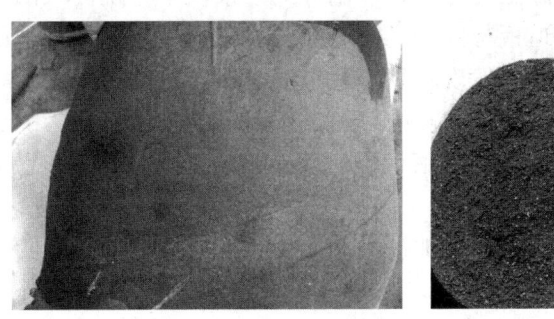

图 5-3-6　施工中灌注口砂浆检查

3. 新拌水泥乳化沥青砂浆气泡稳定性监测

按照《客运专线铁路 CRTS Ⅰ 型板式无砟轨道水泥乳化沥青砂浆暂行技术条件》的要求，水泥乳化沥青砂浆的含气量需为 8%～12%，且流动度须为 18～26s，这些均使砂浆表面易形成气泡层，而成为砂浆的薄弱地带，这也给施工带来了困难，除揭板观察硬化砂浆的质量外，还可以通过测试静置新拌砂浆含气量随时间的变化来监控气泡的稳定性。

如图 5-3-7 (a) 所示，对于气泡稳定的新拌砂浆，其含气量随静置时间几乎不变，而对于气泡不稳定的砂浆，其含气量将随静置时间的延长而减小，这是因为在气泡不稳定的砂浆中，气泡易上浮至表面而破裂，而使砂浆含气量减小。施工时，砂浆在灌注袋中，上压轨道板，气泡很难破裂并排出，当气泡不稳定上浮后，将在表面形成气泡层，如图 5-3-7 (b) 所示，成为薄弱区。

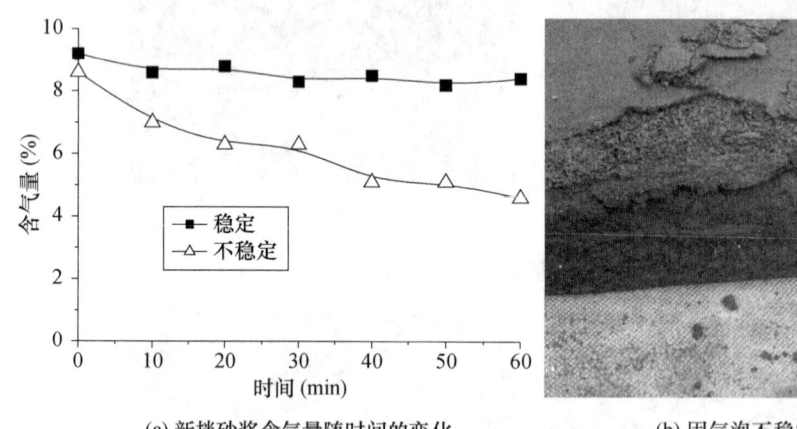

(a) 新拌砂浆含气量随时间的变化　　(b) 因气泡不稳定导致的气泡层

图 5-3-7　气泡稳定性对砂浆含气量及揭板质量的影响

因此，可通过测试静置水泥乳化沥青砂浆含气量的变化来监测其中气泡的稳定性，由于该方法可在砂浆硬化前的短时间内监测新拌砂浆的气泡稳定性，且操作较为简单，因此有一定的适用价值。在施工现场，建议试验人员在测量砂浆工作时间的同时，测试其含气量的变化。

5.3.3　砂浆灌注过程中的轨道板上浮及其控制

水泥乳化沥青砂浆采用灌注施工的方法，拌制好的砂浆从中转罐注入灌注斗中，然后打开灌注斗阀门使砂浆流入轨道板与底板之间的灌注袋中，砂浆以自流平的形式灌注饱满。在灌注施工过程中，现场人员发现易发生过量灌注而导致轨道板上浮，进而对轨道板标高产生影响，且在一些施工控制方法中，以支撑轨道板螺栓松动为灌注终点，这显然不妥，因为支撑螺栓若松动，说明轨道板已有 1mm 以上的上浮量，大于目前所要求 0.5mm 的标高控制要求。

目前现场一般采用膨胀螺栓或植筋胶加槽钢的方法将轨道板压紧，以防止轨道板上浮。但对于轨道板上浮力产生原因、上浮力大小、影响因素、控制手段目前缺乏相关研究。

1. "水击"现象

当有压管道中的阀门等装置快速调节时,引起管道内流量的迅速改变。使得液体的流速骤然增加或减少,同时伴有压强的剧烈波动,并在整个管道内传播。这种现象称为水击(水锤)现象[140-141]。水击压强的升高与降低可以达到很高的程度,甚至引起管道的破裂。

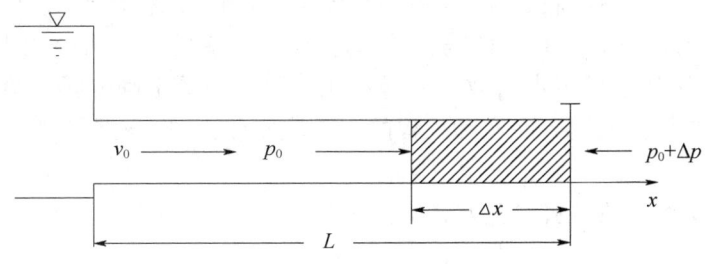

图 5-3-8　水击波特性示意图[140]

如图 5-3-8 所示的简单管道系统,末端安有可调节流量的阀门,管长为 L,管径 D 与管壁厚 e 沿程不变。设初始时管道水流为定常流,流速为 v_0,压强为 p。下面以管道阀门突然(瞬时)关闭为例,分析水击波所呈现的特性。

当管道末端的阀门瞬时关闭时,首先是与阀门紧密相连的微小段的水流速度为 0,这时该微小段水流的动量发生相应的变化,压强增大,液体受到压缩,密度增大,管壁受压膨胀。紧连着该微小段的另一微小段内的液体也相应地速度为零、压强增大和受到压缩。并依次一段一段地以波的形式向上游传播,这个波就称为水击波。由于传播的过程中最显著的特征是液体的压强变化与密度变化,也称为弹性波。其传播速度称为水击波速,以 c 表示。

由液体速度的减小,引起压强的增大,所产生的这一压强增量可以根据动量定理来确定。现设与阀门紧密相连的微小段的长度为 Δx,在 Δt 时段内,当该微小段的液体速度由 v_0 减少至 v 时,因惯性作用,压强由 p 增大到 $p_0+\Delta p$,密度由 ρ 增大到 $\rho_0+\Delta \rho$,管道截面面积由 A 增大到 $A+\Delta A$,如图 5-3-5 所示。

在 Δt 内,Δx 微小段液体的动量变化为

$$\text{动量变化} = [(\rho+\Delta\rho)\Delta x(A+\Delta A)v] - \rho\Delta x A v_0 \tag{5-3-1}$$

略去二阶微量,其动量变化可写成

$$\text{动量变化} = \rho\Delta x A(v+v_0) \tag{5-3-2}$$

同时,微小段所受到的作用力,在不计阻力的情况下,为

$$\text{动量变化} = \rho A - (\rho+\Delta\rho)(A+\Delta A) \tag{5-3-3}$$

根据动量定理,有

$$[\rho A - (\rho+\Delta\rho)(A+\Delta A)]\Delta t = \rho\Delta x A(v-v_0) \tag{5-3-4}$$

略去二阶微量,并考虑 $\Delta pA \gg p\Delta A$,整理后可得:

$$-\Delta p A\Delta t = \rho\Delta x A(v-v_0) \tag{5-3-5}$$

或

$$\Delta p = \rho \frac{\Delta x}{\Delta t}(v_0-v) \tag{5-3-6}$$

式中，$\dfrac{\Delta x}{\Delta t}$ 表示变化的传播速度，即水击波（弹性波）的传播速度，以 c 表示。这样上式还可以写成

$$\Delta p = \rho c (v_0 - v) \tag{5-3-7}$$

式（5-3-7）为阀门关闭时的水击压强增量表达式。当阀门瞬时完全关闭时，有 $v=0$，若管道流速 $v_0=1\text{m/s}$，假定波速 $c=1000\text{m/s}$，水击压强将达到 1MPa，扬起的水柱将有 102m 高。因此，当阀门瞬时完全关闭时，管道所受的压强将会相当大。从式（5-3-7）可见，水击压强增量与水击波速 c 呈正比。因此，要正确分析计算水击问题，就必须了解水击波的波速问题，在实际工程的水击波速计算中，还需考虑液体的压缩性与管壁的弹性。

考虑液体压缩性与管壁弹性的水击波速方程为

$$c = \dfrac{c_0}{\sqrt{1 + \dfrac{DK}{eE}}} \tag{5-3-8}$$

式中，c_0 为弹性波在介质中的传播速度，也即声波在介质中的传播速度；D 为管径；K 为介质材料的体积弹性系数；E 为管道材料的弹性系数；e 为管壁厚度。由式（5-3-8）可见，水击波速 c 随管径 D 增大而减小，随关闭材料的弹性系数 E 与管壁厚度 e 的减小而减小。由于式（5-3-8）中分母总大于 1.0，所以水击波速 c 总小于 c_0。

如声波等弹性波一样，水击波也存在着传播、反射、叠加、衰减现象，同时类似阀门关闭的行为，如流动过程中的管径突然减小等，流动受阻等，都会导致水击的发生，钱塘江的潮水，海浪拍打海岸时在石穴中的飞溅，也可归于水击的作用。

2. 轨道板上浮力的初步计算

在水泥乳化沥青砂浆的灌注施工中，在达到灌注终点时，在未安装压紧装置的情况下，易发生轨道板上浮现象，这与浆体的压强存在一定的关系，若将浆体看成一种纯流体，那么在图 5-3-9 的示意图中，若轨道板发生上浮，将会有灌注袋口浆体两侧的压强相等，有

$$P_1 = P_2 = \rho g h \tag{5-3-9}$$

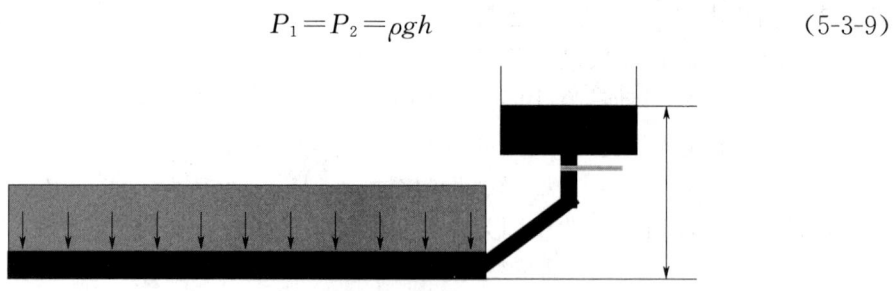

图 5-3-9 砂浆灌注示意图

因轨道板重力而产生的压强约为 0.005MPa，设新拌水泥乳化沥青砂浆的密度为 $1.60 \times 10^3 \text{kg/m}^3$，那么由式（5-3-9）得到的浆体平衡高度约为 0.32m，以上为静态情况，由于浆体运动等原因，有相当多的重力压差转化为浆体的动能，因此平衡高度会更高。用压强平衡的方法有两个现象无法解释，首先是灌注时即使液面高度低于 0.32m，也会发生轨道板上浮现象。另外，现场发现灌注越快，轨道板上浮越高，而经由压强平

衡得到的应为灌注越快，浆体重力压差转化为动能越多，实际压差越小，板上浮越小，两者存在矛盾。

砂浆灌注过程中的轨道板上浮可能还与浆体的"水击"有关，即砂浆在灌注中，当浆体流至灌注袋顶端或灌注时浆体流动受阻时（类似上节的阀门关闭作用），灌注口处的浆体仍不断地流入灌注袋中，同样由于浆体的可压缩性，导致浆体被压缩，而导致压强迅速增大，当增大至足以克服轨道板重力时，即发生轨道板上浮。

在灌注袋对浆体所产生的受限作用下，轨道板压力导致的压强大部分被灌注袋以饱满的形式平衡；与水等流体不同的是，新拌水泥乳化沥青砂浆为非牛顿型流体，具有屈服剪切力等特性，即浆体具有一定的屈服强度，在浆体被屈服前，浆体将不会流动，在灌注袋的受限作用下，浆体的支承能力将呈数量级增加，这些将导致轨道板在上浮后，灌注袋袋口处砂浆因轨道板重力导致的压强并没有大规模增加，上浮后的轨道板并不会局部减压（漏浆）而重新下降，这也是灌注袋破裂时用干料即可堵住的原因。

如图 5-3-10 所示，在轨道板-充填层-底板的断面中，设充填层砂浆充填层厚度为 5cm，并设灌注袋在充满时呈半圆形，那么可得式（5-3-9）中的 D 值约为 5cm。

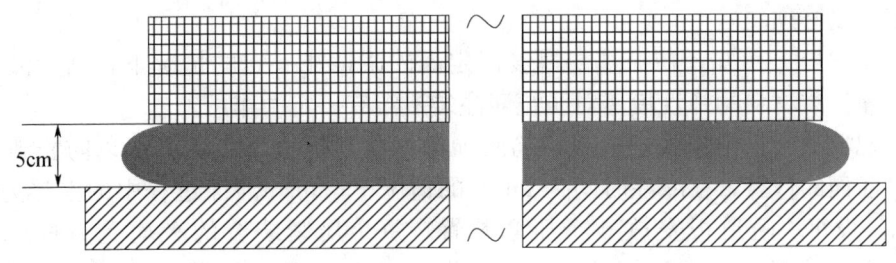

图 5-3-10　轨道板-充填层-底板的断面示意图

新拌水泥乳化沥青砂浆由于固相体积分数较高，且含气量为 8%～12%，有较强的声波衰减与吸收能力，声波在其中的传播速率远小于在水中，浆体的声波传播速率与其流动度等有关，测试得到的水泥乳化沥青砂浆声波传播速率为 30～100m/s，依据式（5-3-10）：

$$K = \rho V_T^2 \tag{5-3-10}$$

式中，K 为介质的体积模量；ρ 为介质的密度；V_T 为纵波在材料中的传播速率。假定新拌水泥乳化沥青砂浆的密度为 $1.60 \times 10^3 \text{kg/m}^3$，可计算得到新拌水泥乳化沥青砂浆的体积模量为 1.44～16MPa，取式（5-3-8）中的 K 值为 8.7MPa。

水泥乳化沥青砂浆灌注袋材料为聚酯类无纺布，其变形的弹性系数约为弹性模量的 7～10GPa，取式（5-3-8）中的 E 值为 8.5GPa。

依据《客运专线铁路 CRTS I 型板式无砟轨道水泥乳化沥青砂浆和凸台树脂用灌注袋暂行技术条件》中的要求，灌注袋的厚度需为 0.42 ± 0.06mm，取 0.42mm 作为式（5-3-8）中 e 值。

将以上各值代入式（5-3-8）中，计算得到的考虑液体压缩性与管壁弹性的波速为 27.0～89.8m/s；设实际施工中的水泥乳化沥青砂浆在 2～8min 内完成灌注，设灌注口的直径为 15cm，灌注完一块板需砂浆为 0.6m³ 左右，那么计算得到的水泥乳化沥青砂浆灌注过程中浆体平均流速为 0.19~0.74m/s，设浆体流至灌注袋边角时，砂浆流速变为 0。将以上数据代入式（5-3-7）中，计算得到恒定流速灌注情况下，即将灌注饱满时因"水击"导致的压强增量将为 0.008~0.106MPa。

设轨道板为标准的 4962mm 板，其面积为 12m² 左右，那么"水击作用"产生的轨道板上浮力为 96000~1272000N，实际上由于浆体压强的非均匀分布，上浮力小于该值，设压强分布为均匀梯度分布，那么上浮力还需除以 2，为 48000~636000N，即可能大于轨道板的重力 60000N 左右，因此轨道板在灌注过程中可能会上浮。

3. 轨道板上浮防止

在施工过程中，为防止轨道板的上浮，首先应降低灌注斗的高度以减小压差，通过前面的计算可知，在不影响灌注速度的情况下，灌注斗的高度应尽可能低，以 0.3~0.5m 的高度为宜。

式（5-3-7）说明了灌注速度对其"水击"压强的影响，板的上浮力将直接与灌注速度呈正比，因此为防止轨道板的上浮，灌注速度不宜太快，由前节的计算可知，只有当灌注时间不小于 6min 左右时，才存在不用压紧装置也可防止轨道板上浮的可能性，故现场不配备压紧装置时，灌注时间应在 6min 以上（但从富余系数的角度考虑，压紧装置的配备是必须的）。

由式（5-3-8）可知，在充填层厚度固定、砂浆性能一定的情况下，增大灌注袋厚度和减小灌注袋材料的弹性模量对防止灌注袋上浮有一定的作用。

施工现场通常采用膨胀螺栓或植筋胶加槽钢将轨道板压紧的方法以防止轨道板上浮。通过前面的计算，在灌注时间为 2min 的情况下，可知灌注过程中的上浮力为 0~576000N，设每块轨道板安放 6 个压紧装置，每个压紧装置的平均受力将达到 0~96000N。设普通的精轧螺纹钢的弹性模量为 200GPa，施工过程中允许的上浮高度为 0.3mm，压紧装置高度为 25cm，计算可得到钢筋的最小直径为 22.5mm，即不考虑膨胀螺栓、植筋胶与混凝土底板连接以及槽钢与精轧钢连接的情况下，精轧钢直径需 22.5mm 以上才能保证轨道板不上浮。

5.4 水泥乳化沥青砂浆养护

水泥乳化沥青砂浆充填层养护主要方法是自然养护，对水泥乳化沥青砂浆充填层砂浆采取覆盖、蓄水湿润的养护措施。

养护用水采用生活用水，由洒水车运至施工现场后，灌入外加剂桶内，采用吊车吊运上桥，然后用高压水枪进行喷洒。

水泥乳化沥青砂浆充填层周边采用覆盖土工布后浇水养护的方法，为防止土工布被风刮跑，将其卷在条形方木上；覆盖土工布浇水养护应在砂浆浇筑完毕后 3~12h 内进行，并经常浇水保持湿润。浇水养护日期不得少于 7d。

水泥乳化沥青砂浆充填层灌浆孔及观察孔采用蓄水湿润养护的方法，在灌注孔及观察孔内注水至平轨道板顶面，设专人经常检查孔内水量流失情况，及时补充。

当日最低气温低于 0℃时，应对灌注的砂浆层采取适当的保温措施，采用塑料薄膜将砂浆充填层范围整体包裹[142]。

5.5 水泥乳化沥青砂浆施工质量控制

5.5.1 乳化沥青储存稳定性现场快速检测

在水泥乳化沥青砂浆原材料质量检验中,乳化沥青的检验比较费时,尤其是其 1d、5d 的储存稳定性,需要静置 1d、5d 后才能进行检测,这给原材料质量控制带来困难,尤其是给乳化沥青检验入库带来麻烦,因为不可能等试验结果出来再入库(尽管目前没有乳化沥青 1d、5d 储存稳定性的强制要求),所以需研发快速检验乳化沥青储存稳定性的方法。

在悬浮体的分离中,离心是一种较为有效的分离方法,离心主要通过物料间密度的不同而发生作用。假设颗粒为球形,并且重力和离心力的合力等于液体间的剪切力时,根据 Stokes 定律可以推导出与之相似的离心力场中颗粒的速度表达式

$$\frac{\pi x^3}{6}(\rho_t - \rho) = 3\pi\mu\chi\frac{d_r}{d_t} \tag{5-5-1}$$

式中,χ 为颗粒直径;ρ_t 为固相密度;ρ 为液相密度;μ 为液体黏度。

为了写成与重力加速度相似的表达式,式(5-5-1)可以整理成以下形式

$$\frac{d_r}{d_t} = \frac{\chi^2}{18\mu}(\rho_t - \rho)r\omega^2 \tag{5-5-2}$$

与式(5-5-2)中重力沉降条件下的终极沉降速度 u_t 相比较

$$u_t = \frac{\chi^2}{18\mu}(\rho_t - \rho)g \tag{5-5-3}$$

可以发现,两者的区别在于右端加速度项不同。在重力场中,加速度为 g,是一个常量;而在离心场中,加速度为一个与半径 r 相关的变量。

根据式(5-5-2)和式(5-5-3)引出一个参数,即分离因数 F_r

$$F_r = \frac{r\omega^2}{g} \tag{5-5-4}$$

分离因数越大,说明离心力越强。同时根据上面的分析也可以看出,离心分离实际上是离心场下的沉降过程,即离心沉降。由于乳化沥青中,沥青颗粒的密度(为 1.03g/cm³)略高于水的密度,因此可通过离心法将两者分离,但由于其密度与水较为接近,因此由式(5-5-3)可知,所需离心速度较高。

将 15mL 乳化沥青倒入 25mL 离心试管中,以 20000r/min 的转速进行离心,离心后试管如图 5-5-1 所示。乳化沥青在离心后,将被分离为沥青团+皂液的形式,沥青颗粒在试管底部沉积,而皂液在上层,两者之间将形成较为明显的界面。

将分离后的上层黄色液体倒入烧杯中称重,得到的液体质量随离心时间的变化如图 5-5-2 所示。乳化沥青的离心分离速率呈慢→快→慢变化,可能由于乳化剂导致的电荷斥力以及空间位阻力,使得在最初 1min 左右时,乳化沥青的离心分离程度很低,随后离心分离量迅速增加,最后离心分离量基本不变。编号为 1#、2#、3# 的乳化沥青的 1d 储存稳定性分别为 3.2%、1.3%、0.4%,在离心速度为 20000r/min 的情况下,离心时间为 1~2min 时,乳化沥青的储存稳定性越差,离心分离的溶液越多,但再延长离心时间,离心分离的溶液质量与储存稳定性的关系并不明显。

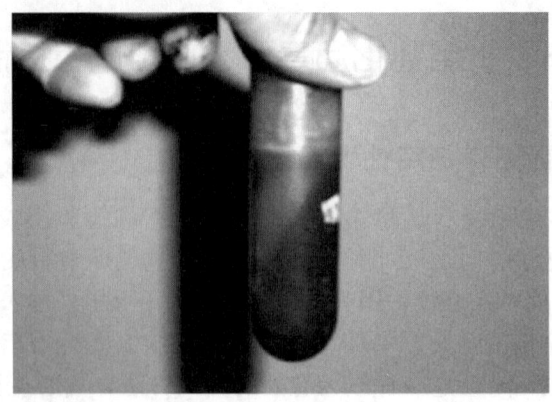

图 5-5-1　乳化沥青离心后（20000r/min，离心 5min）

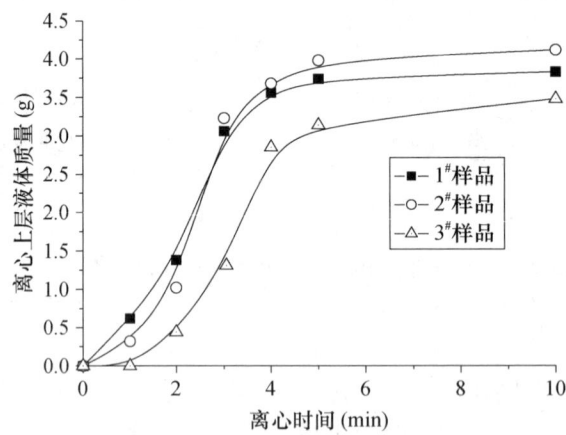

图 5-5-2　乳化沥青离心分离溶液质量随时间的变化（离心速度为 20000r/min）

在图 5-5-3 中，在离心时间为 5min 的情况下，存在着某临界速度，低于该速度，乳化沥青中的沥青颗粒与皂液很难分离。对于 1# 样品，该临界速度低于 5000r/min；而对于 2# 样品，该速度为 5000r/min 左右；3# 样品的临界速度为 10000～15000r/min，也即储存稳定性越差，离心分离的临界速度越低。

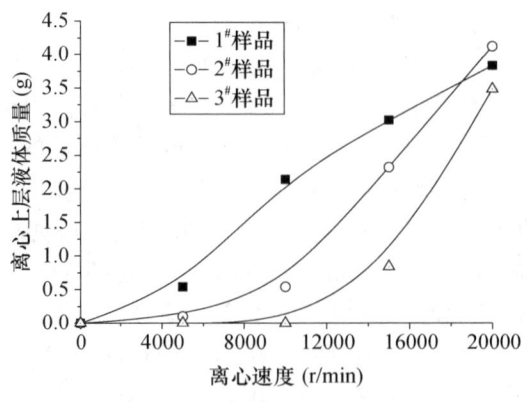

图 5-5-3　乳化沥青离心分离溶液质量随离心速率的变化（离心时间 5min）

因此，一定程度上既可以在规定的速度下，如 20000r/min，以离心时间作为评价乳化的储存稳定性的依据，如图 5-5-2 中的 1~2min；也可以在规定时间下，如 5min，以离心速度来评价乳化沥青储存稳定性，具体的离心时间或速度尚待进一步研究。

5.5.2 水泥乳化沥青砂浆施工性能的现场监测技术

由前几章论述可知，水泥乳化沥青砂浆的流动度与分离度是其相当重要的性能指标，将直接影响砂浆的灌注饱满度、表面密实性和断面匀质性，因此其测试也变得十分重要。

现有流动度测试方法为 J 型漏斗法，即将拌好的砂浆注入 J 型漏斗，以砂浆从漏斗流完的时间为砂浆的流动时间，即流动度。这种方法的缺点是必须停机取样测量，这在原材料稳定时较好控制，但若原材料不稳定，如乳化沥青的固含量增加，此时需反复加水、反复测试以使砂浆流动度合格，这样较费时。能否在搅拌机中安装测试仪器或传感器，以对砂浆的流动度进行实时监测，这是研究的出发点之一。

现有分离度测试方法为将新拌砂浆灌入 $\phi50mm\times50mm$ 试模，待 1d 后将硬化后的试块沿垂直重力方向锯成两半，再用静水天平分别测量其上下部分的密度，其上下部分密度差与平均密度比值的 1/2 即为分离度。该测试方法缺点较多，首先是精度很难保证，砂浆在锯断时表面往往有很多凹凸，用静水天平测量其水中的质量时凹凸处很难被水润湿，给测试结果带来影响。另外，由于采用硬化后的砂浆，发现砂浆分离度不合格时，砂浆早已完成灌注，测试结果滞后于施工，不能实时指导施工。有必要开发出快速测量水泥乳化沥青砂浆分离度的方法。

电学方法已广泛用于多相悬浮系统领域，如矿浆、废水、油墨、涂料等[143-150]。Tavera 等[143,144]用电导率法测量矿浆的含气量和固体浓度；竺美等[145]用电导率法测定稀土废水中的氯化铵含量；而电阻断层技术更被用于观测悬浮液流动形成的涡流、流场及悬浮液反应、颗粒分散状况等[146-151]。液相体积分数是影响悬浮液导电的最关键因素，此外悬浮液的固液电学、表面特性等及固体颗粒的粒径分布等也对悬浮液的导电产生影响。

Maxwell[152,153]在研究多相介质导电后，提出了颗粒悬浮液的导电模型，该模型认为两相悬浮液的电导率 σ_m 与连续相的电导率 σ_l、球形分散相的电导率 σ_s 及分散相的体积分数 φ 有关。对于连续相为导体，分散相为绝缘体的悬浮液，Maxwell 模型建立的关系式可简化为

$$\sigma_m = \sigma_l \left(\frac{\varphi}{1.5 - 0.5\varphi} \right) \tag{5-5-5}$$

研究表明 Maxwell 模型可以用于描述多种悬浮液的导电，如自流平砂浆、涂料、油墨、废水、水煤浆、矿泥等。本书拟通过研究水泥乳化沥青砂浆的导电特性，探讨采用电学方法测定新拌砂浆流动度、分离度的可能性。

1. 电学方法检测水泥乳化沥青砂浆流动度

在新拌水泥乳化沥青砂浆的悬浮体系中，沥青颗粒、水泥颗粒、砂颗粒、气泡等为绝缘体分散相，而由水构成的溶液为导体连续相，尽管铝粉具有一定的导电能力，但由于铝粉的掺量相当少，且相当细，所以其对电导率的贡献可以忽略。试验得到的水泥乳化沥青砂浆电导率与其液相体积分数（液相体积分数＝1－固相体积分数）的关系如图 5-5-4 所示。

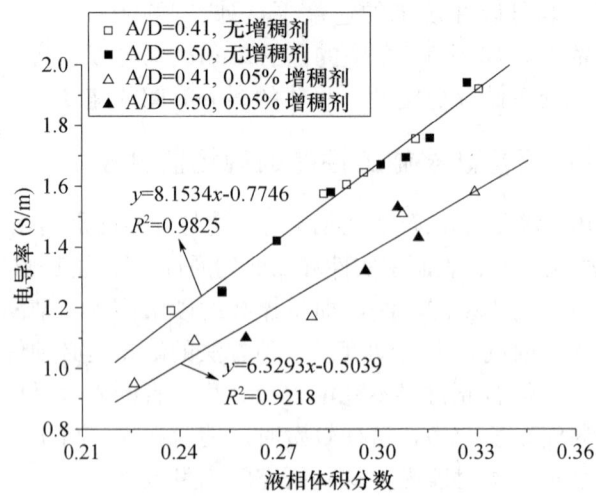

图 5-5-4 新拌水泥乳化沥青砂浆电导率与液相体积分数的关系

图 5-5-4 表明,与一般悬浮液导电类似,新拌水泥乳化沥青砂浆的电导率与其液相的体积分数密切相关,且两者呈线性关系。这是因为:对式(5-5-5)求偏导,有

$$\frac{\partial \sigma_m}{\partial \varphi} = \frac{1.5\sigma_l}{(1.5-0.5\varphi)^2} \approx \frac{1.5\sigma_l}{A} \qquad (5-5-6)$$

当液相体积分数 φ 变化较小时(0.22~0.33),$(1.5-0.5\varphi)^2$ 可看作常数 A;另外,由于水泥水化过程中,水泥颗粒与水接触,各种离子迅速溶解于溶液中,溶液中各离子浓度立即达到较高甚至过饱和水平,因此溶液电导率 σ_l 一定程度上也可视为常数;因此新拌水泥乳化沥青砂浆电导率 σ_m 与其液相体积分数 φ 呈线性关系。

图 5-5-4 也说明在一定范围内,电导率与液相体积分数的关系与其沥青/干粉料比无关,这反过来也说明溶液的电导率并不太受体系组成的影响。增稠剂的加入对新拌水泥乳化沥青砂浆的电导率产生了显著影响,在同液相体积分数情况下,加入增稠剂后浆体的电导率要低于不加的。这可能因为增稠剂增大了溶液的黏度,从而减小了自由离子的迁移速率,而使电导率降低。

新拌水泥乳化沥青砂浆电导率与流动度的关系如图 5-5-5 所示。从图中可以看出,水泥乳化沥青砂浆流动度与其电导率也呈指数关系,相关性系数 R^2 达 0.97 以上。该关系不受沥青/干料配比(会随沥青固含量波动而变化)甚至增稠剂的影响,两者也存在一一对应性。

电导率与流动度的关系与固相体积分数(或液相体积分数)有关,新拌砂浆的流动度随固相体积分数的增加而增大,两者呈指数关系,且一一对应,增稠剂增大同固相体积分数浆体的流动度,但仍呈指数关系;而由图 5-5-5 可知,浆体电导率随液相体积分数的增加而增大,两者呈线性关系,增稠剂减小了同液相体积分数下浆体的电导率,但仍呈线性关系;由于液相体积分数=1-固相体积分数,因此有电导率随流动度的增加而减小,且一一对应。

在实际施工中,可将电导率仪埋入搅拌主机中,并注意其保护和清洗(可采用液压门加高压清洗喷头的方式),通过电导率的方法实时监控新拌水泥乳化沥青砂浆的流动

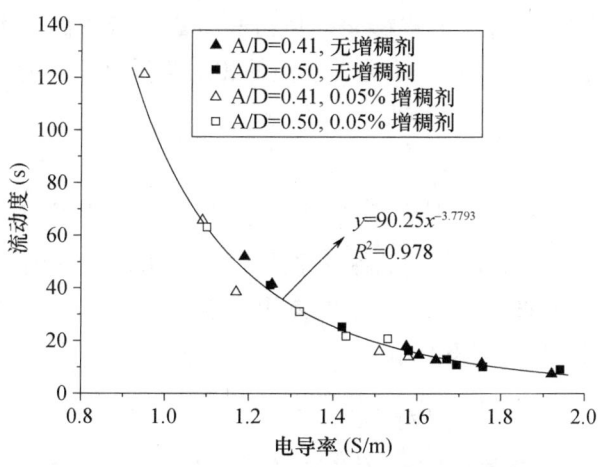

图 5-5-5　新拌水泥乳化沥青砂浆电导率与流动度的关系

度,该方法得到的流动度与电导率关系基本不受增稠剂及沥青固含量的影响,因此可用于现场实时监控。

2. 电学方法测定水泥乳化沥青砂浆分离度

如图 5-5-6 所示,在新拌水泥乳化沥青砂浆中,因砂等密度较大,易发生沉降而造成浆体离析,而直径较大的气泡则较容易上浮,从而使砂浆分离度不合格。目前通过测定 1d 已硬化砂浆上下层密度差的方法评价水泥乳化沥青砂浆的分离度,这将滞后于施工,因为当测得砂浆分离度不合格时,砂浆已经完成施工,因此有必要开发出快速评价砂浆分离度的方法。砂等沉降后,将导致上下层浆体液相体积分数的变化,进而引起电导率的变化;因此可用电导率的方法测试浆体的分离度。

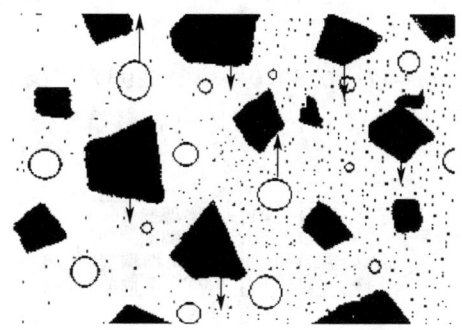

图 5-5-6　新拌水泥乳化沥青砂浆结构示意图

由式 (1-3-3) 可知,颗粒沉降速度 u 与其粒径 d_s 的平方以及颗粒与浆液的密度差呈正比,与浆液的黏度 η 呈反比。当颗粒的密度 ρ_s 大于浆体的密度 ρ_p 时,颗粒的运动方向是向下的,即发生沉降,但当颗粒密度小于浆体密度时,颗粒的运动将相反,即发生上浮。

在新拌水泥乳化沥青砂浆中,沥青颗粒的密度与水接近,因此沥青颗粒短时间内几乎不发生沉降,这也可从乳化沥青的稳定性可以看出;而水泥颗粒尽管密度较大,但由于其粒径仅为砂的 1/10,由式 (1-3-3) 可知其沉降速率仅为砂颗粒的 1/60 左右;水泥乳化沥青砂浆含引气组分,气泡较为稳定(若气泡不稳定那就意味着会出现气泡层,不在考虑范围）。因此，水泥乳化沥青砂浆的离析与分离主要与砂的沉降有关，由此可假定分离后的砂浆，其中水、沥青、水泥、气泡的相对含量是不变的，有

$$d\rho = \rho_w d\varepsilon_w + \frac{\rho_a \varepsilon_a}{\varepsilon_w} \cdot d\varepsilon_w + \frac{\rho_c \varepsilon_c}{\varepsilon_w} \cdot d\varepsilon_w + \frac{\rho_g \varepsilon_g}{\varepsilon_w} \cdot d\varepsilon_w$$
$$-\rho_q \left(d\varepsilon_w + \frac{\varepsilon_a}{\varepsilon_w} \cdot d\varepsilon_w + \frac{\varepsilon_c}{\varepsilon_w} \cdot d\varepsilon_w + \frac{\varepsilon_g}{\varepsilon_w} \cdot d\varepsilon_w \right) \quad (5\text{-}5\text{-}7)$$

式中，ρ_w、ρ_a、ρ_c、ρ_g、ρ_q 分别为水、乳化沥青、水泥、气泡、砂的密度；ε_w、ε_a、ε_c、ε_g 分别为水、乳化沥青、水泥、气泡的体积分数。

在此过程中液相体积分数变化 $d\varepsilon_l$ 为

$$d\varepsilon_l = d\varepsilon_w + \frac{\rho_a \cdot \varepsilon_a \cdot (1-\delta)}{\rho_w \cdot \varepsilon_w} \cdot d\varepsilon_w \quad (5\text{-}5\text{-}8)$$

式中，δ 为沥青的固含量。综合式（5-5-7）、式（5-5-8）以及图 5-5-4 的电导率与液相体积分数关系，可得：

不加增稠剂，有

$$d\rho = \frac{\rho_w \left(\Delta\rho_{w-q}\varepsilon_w + \Delta\rho_{a-q}\varepsilon_a + \Delta\rho_{c-q}\varepsilon_c + \Delta\rho_{g-q}\varepsilon_g \right)}{8.1534 \left[\rho_a \varepsilon_a (1-\delta) + \rho_w \varepsilon_w \right]} \cdot d\sigma_m \quad (5\text{-}5\text{-}9)$$

加入增稠剂，有

$$d\rho = \frac{\rho_w \left(\Delta\rho_{w-q}\varepsilon_w + \Delta\rho_{a-q}\varepsilon_a + \Delta\rho_{c-q}\varepsilon_c + \Delta\rho_{g-q}\varepsilon_g \right)}{6.3293 \left[(\rho_a \varepsilon_a (1-\delta) + \rho_w \varepsilon_w \right]} \cdot d\sigma_m \quad (5\text{-}5\text{-}10)$$

式中，$\Delta\rho_{w-q}$、$\Delta\rho_{a-q}$、$\Delta\rho_{c-q}$、$\Delta\rho_{g-q}$ 分别为水、沥青、水泥、气泡与砂的密度差。将本书两种水泥乳化沥青砂浆配比参数代入式（5-5-9）、式（5-5-10）中，化简后得：

不加增稠剂，有

$$d\rho = (-0.4922 \sim -0.4885) \times d\sigma_m \quad (5\text{-}5\text{-}11)$$

加入增稠剂，有

$$d\rho = (-0.6340 \sim -0.6293) \times d\sigma_m \quad (5\text{-}5\text{-}12)$$

试验测得的水泥乳化沥青砂浆上下层浆体电导率差与密度差的关系如图 5-5-7 所示。

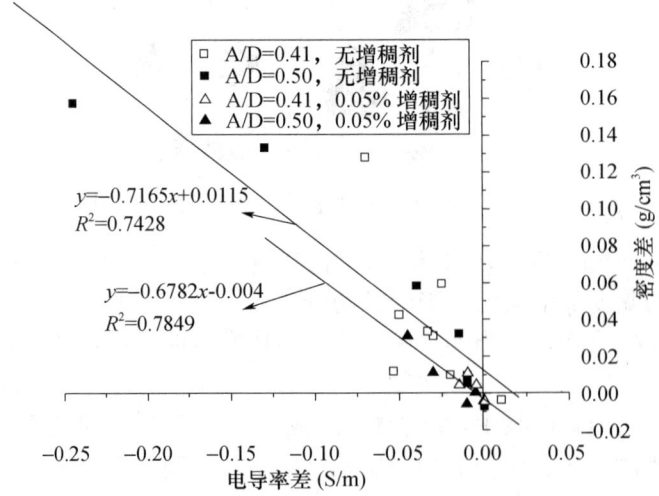

图 5-5-7　水泥乳化沥青砂浆上下层浆体的电导率差与密度差关系

图 5-5-7 表明，水泥乳化沥青砂浆上下层浆体的密度差与电导率差呈线性关系，不加增稠剂与加入增稠剂的直线斜率分别为 -0.7165 和 -0.6782，与笔者的推导值较为接近，但绝对值均比推导值高。这可能是由于笔者推导时假定水泥颗粒不会发生沉降，实际有可能沉降；静置 10min 时砂粒可能并未沉降完全；选择 5cm 和 10cm 深处电导率差也可能与实际并不太符合；测密度时误差较大也是原因之一。

以上研究表明，可在理论的基础上，通过试验建立水泥乳化沥青砂浆密度差与电导率差的经验关系式，并在实际应用中建立采用电导率快速评价水泥乳化沥青砂浆分离度的方法。

5.5.3 灌注袋渗水及其防治

水泥乳化沥青砂浆的施工采用袋注法，所用的灌注袋材料为聚酯无纺布，采用针刺或热轧工艺制作而成。在《客运专线铁路 CRTS I 型板式无砟轨道水泥乳化沥青砂浆和凸台树脂用灌注袋暂行技术条件》中，除对灌注袋厚度、单位面积质量和力学性能提出要求外，还对其透气率（应为 $320\pm40mm/s$）、抗渗水性（应为 $27\pm4cmH_2O$）提出了相关要求。

新拌水泥乳化沥青砂浆灌入灌注袋后，在压力作用下，砂浆中的水、沥青颗粒易从灌注袋中渗出。在对目前国内施工所用的几大水泥乳化沥青砂浆体系进行调研后，发现几大砂浆体系均存在不同程度的渗水现象，且渗水量波动较大，不太稳定。

灌注袋渗水将对充填层的灌注饱满度产生影响，在曲线段（超高段，指为平衡列车拐弯的离心力，轨道设计成一侧比另一侧高，目前国内客运专线最大超高达 190mm 以上）施工时更是如此，易造成轨道板与充填层离缝，从而出现"翘板"与"吊板"现象。另外，灌注袋渗水将对施工现场造成污染，尤其是当其渗黑水时，将对梁面及底板造成污染。灌注袋渗水的好处之一是少量水的排出有利于在灌注袋与沥青的界面形成富沥青膜层，可有效降低砂浆的毛细吸水速率，起保护作用。另外，渗水不会对砂浆中的水泥水化程度产生影响，因为砂浆配制时所用的水已远高于水泥水化所用水量。

如图 5-5-8 所示，新拌水泥乳化沥青砂浆在注入灌注袋后，水及沥青颗粒从灌注袋的孔中渗出，而水泥颗粒则被阻隔在灌注袋内部，此即现场所观测到的灌注袋渗水及渗黑水现象。当某一或某几个沥青颗粒直径较大，与灌注袋纤维间隙所形成"管道"的管壁碰撞频繁，产生较大"摩擦"等阻力，此时沥青颗粒运动将受阻，并在大颗粒周围积聚，颗粒间合并并破乳，形成水及沥青颗粒渗出的阻隔层，此后渗水尤其渗黑水现象将得到改善。

在图 5-5-8 中，设沥青颗粒运动的阻力只与沥青与管壁间的作用有关，忽略沥青颗粒间的黏性力及颗粒短时间合并与破乳、沥青颗粒的布朗运动、涡流、沥青颗粒与水之间黏性力的作用。大粒径沥青由于与管壁间作用的概率较大，因此在运动中速度将小于小粒径的颗粒，并以其为中心形成阻隔层的"前端"。

在图 5-5-8 的 I 类条件下，单个沥青颗粒堵塞了渗黑水的管道；而在 II 条件中，渗黑水管道的堵塞依靠两个或两个以上的沥青颗粒完成。但从概率角度来说，类似沥青颗粒同时出现在同一管道截面的概率较低，因此笔者不做考虑。

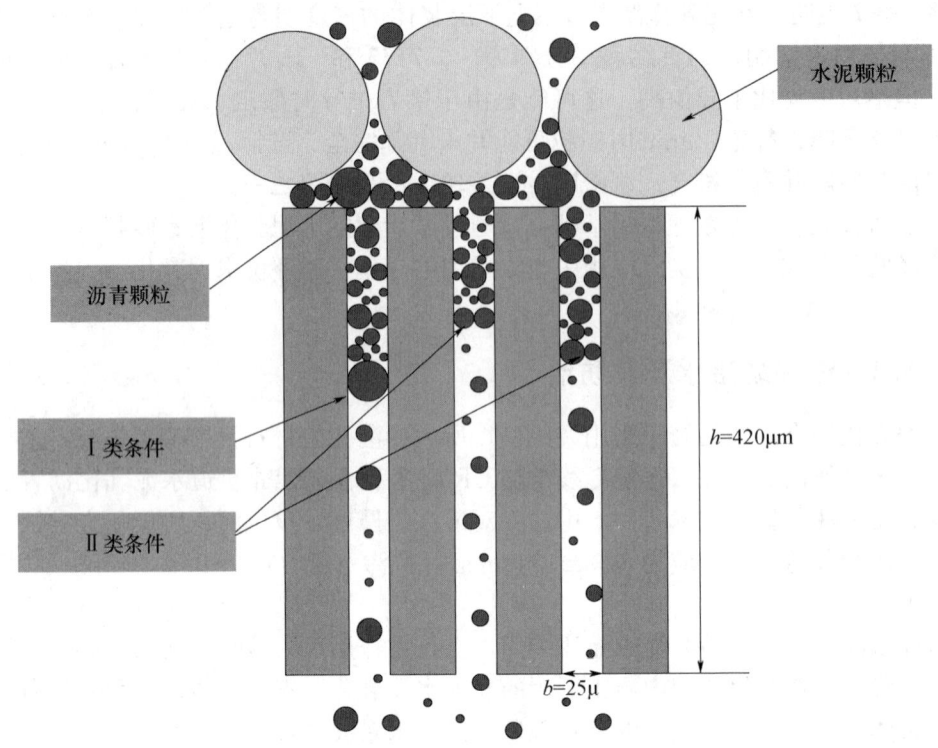

图 5-5-8 水及沥青颗粒从灌注袋渗出示意图

灌注袋一点都不渗"黑水"(非渗水)的基本条件是当第一个沥青颗粒运动至管道末端时,管道发生了阻塞,即从管道起点至管道末端至少存在一个某较大粒径的沥青颗粒,使管道阻塞,也即新拌砂浆的溶液中直径大于或等于该粒径沥青颗粒的体积分数应大于该粒径沥青颗粒体积与管道体积之比(设阻塞前进入管道的溶液中的沥青颗粒浓度与原新拌砂浆一致)。

设渗水管道的长度为 h,管道直径为 b,那么在 I 类条件下,溶液中粒径大于 b 的沥青颗粒的体积分数 C_b 需满足:

$$C_b \geqslant \frac{2b}{3h} \tag{5-5-13}$$

由式(5-5-13)可知,提高粒径大于 b 的沥青颗粒的含量和加厚灌注袋可有效地防止水及沥青颗粒从灌注袋中渗出。在实际中,设新拌砂浆溶液中粒径大于 b 的沥青颗粒的体积分数为 C_a,若 $C_a \geqslant C_b$,则灌注后,灌注袋基本不会渗黑水;反之,若 $C_a < C_b$,则黑水的总体积为 $V\left(\dfrac{C_b}{C_a}-1\right)$,$V$ 为灌注袋孔的总体积,即提高乳化沥青中粒径大于 b 的沥青颗粒的含量有利于减少灌注袋渗水。

如图 5-5-9 所示,水泥乳化沥青砂浆施工用灌注袋为聚酯无纺布,由纤维多层乱向叠加而成,且单根纤维直径为 $25\mu m$ 左右,从图 5-5-9 可以看出,单个平面上,纤维间的距离在很多区域均大于纤维的直径,即单个平面上,纤维所形成的孔径大于 $25\mu m$;当灌注袋受到挤压时,其间的孔径将变大。

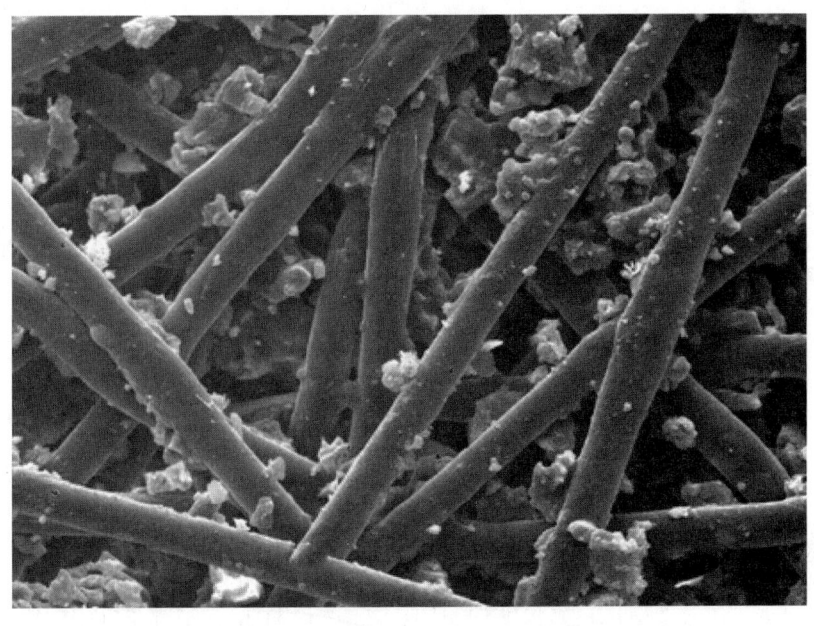

图 5-5-9　灌注袋 SEM 照片（施工现场获得，内侧）

但从图 5-5-9 还可以看出，纤维之间层层叠加，设灌注袋厚为 420μm，即纤维叠加有 19 层（420/25＝17）。由于纤维的叠加，纤维所形成的沥青颗粒的溢出通道最小直径不大于 25μm，这是因为即使上层纤维所形成的孔隙平面直径（间距）大于 25μm，但由于下层纤维与上层纤维的间距只有 25μm（单根纤维直径），因此纤维间的空间能容纳球体的最大直径只有 25μm，即大于 25μm 的沥青颗粒即使不与上层纤维接触，也会与下层纤维接触；由于纤维叠加有 17 层，因此接触的概率几乎 100%，因此可用 25μm 作为所形成沥青颗粒渗出管道的直径 b。同时，由于纤维的叠加，可知沥青颗粒渗出管道并不是图 5-5-8 中的直线管道，需引入弯曲因子 λ（$\lambda \geqslant 1$），即式 5-5-13 修正为

$$C_b \geqslant \frac{2b}{3\lambda h} \tag{5-5-14}$$

式中，弯曲因子 λ 与纤维的密度、分布有关，纤维越密，λ 越大；b 为纤维直径；h 为灌注袋厚度。

式（5-5-14）只有纤维间距大于其直径时才存在。

将 $b=25\mu m$ 代入式（5-5-14）中，并取灌注袋厚为 420μm，并取弯曲因子 $\lambda=1$，计算得到 C_b 值为 0.0595，换算成乳化沥青后得到 C_b 值为 0.0655（单位砂浆用水量按 50kg/m³ 计），即对于图 5-5-19 中的水泥乳化沥青砂浆用灌注袋，当乳化沥青中粒径大于 25μm 沥青颗粒的体积分数不小于 6.55% 时，灌注袋将基本不渗黑水。由此，笔者选择了 3 种粒度分布不同的乳化沥青进行试验，3 种乳化沥青的粒度分布及累积曲线如图 5-5-10 所示。其中 1#、2#、3# 沥青的体积平均粒径为 4.680μm、5.413μm、6.537μm，d(0.9) 分别为 12.719μm、13.343μm、18.640μm，其各粒径的筛上值见表 5-5-1。

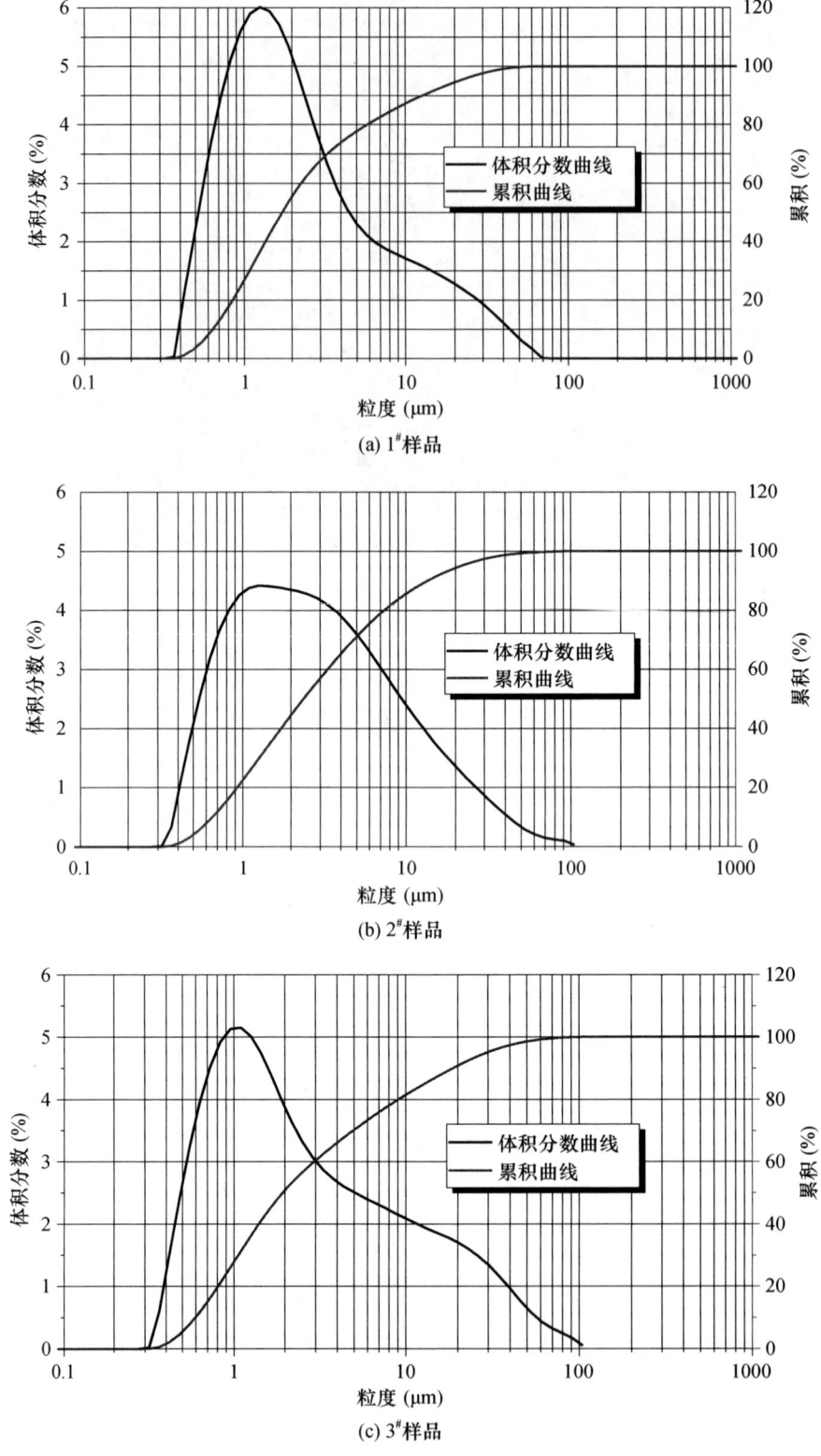

图 5-5-10 乳化沥青的粒度分布及累积曲线

第5章 水泥乳化沥青砂浆施工技术

表 5-5-1　乳化沥青各粒径筛上值

粒径 (μm)	体积累积 (%)	粒径 (μm)	体积累积 (%)	粒径 (μm)	体积累积 (%)	粒径 (μm)	体积累积 (%)	粒径 (μm)	体积累积 (%)	粒径 (μm)	体积累积 (%)
(a) 1# 样品											
0.105	0	0.550	5.84	2.512	62.87	11.482	88.87	52.481	99.86	239.883	100.00
0.120	0	0.631	9.56	2.884	66.69	13.183	90.43	60.256	100.00	275.423	100.00
0.138	0	0.724	14.04	3.311	70.02	15.136	91.9	69.183	100.00	316.228	100.00
0.158	0	0.832	19.16	3.802	72.92	17.378	93.28	79.433	100.00	363.078	100.00
0.182	0	0.955	24.76	4.365	75.48	19.953	94.56	91.201	100.00	416.869	100.00
0.240	0	1.096	30.66	5.012	77.78	22.909	95.73	104.713	100.00	478.630	100.00
0.275	0	1.259	36.67	5.754	79.89	26.303	96.79	120.226	100.00	549.541	100.00
0.316	0	1.445	42.61	6.607	81.86	30.200	97.72	138.038	100.00	630.957	100.00
0.363	0.03	1.660	48.32	7.586	83.73	34.674	98.5	158.489	100.00	724.436	100.00
0.417	1.06	1.906	53.66	8.710	85.52	39.811	99.12	181.970	100.00	831.764	100.00
0.479	3	2.188	58.53	10.000	87.23	45.709	99.57	208.930	100.00	954.993	100.00
(b) 2# 样品											
0.105	0	0.550	5.87	2.512	51.55	11.482	87.81	52.481	99.4	239.883	100.00
0.120	0	0.631	9.04	2.884	55.76	13.183	89.76	60.256	99.61	275.423	100.00
0.138	0	0.724	12.7	3.311	59.86	15.136	91.49	69.183	99.76	316.228	100.00
0.158	0	0.832	16.72	3.802	63.83	17.378	93.03	79.433	99.88	363.078	100.00
0.182	0	0.955	20.98	4.365	67.62	19.953	94.39	91.201	99.98	416.869	100.00
0.240	0	1.096	25.36	5.012	71.21	22.909	95.57	104.713	100.00	478.630	100.00
0.275	0	1.259	29.78	5.754	74.58	26.303	96.59	120.226	100.00	549.541	100.00
0.316	0.01	1.445	34.19	6.607	77.71	30.200	97.45	138.038	100.00	630.957	100.00
0.363	0.34	1.660	38.58	7.586	80.6	34.674	98.15	158.489	100.00	724.436	100.00
0.417	1.46	1.906	42.94	8.710	83.24	39.811	98.7	181.970	100.00	831.764	100.00
0.479	3.32	2.188	47.27	10.000	85.64	45.709	99.11	208.930	100.00	954.993	100.00
(c) 3# 样品											
0.105	0	0.550	7.72	2.512	56.5	11.482	83.56	52.481	98.78	239.883	100.00
0.120	0	0.631	11.66	2.884	59.57	13.183	85.49	60.256	99.22	275.423	100.00
0.138	0	0.724	16.17	3.311	62.44	15.136	87.35	69.183	99.55	316.228	100.00
0.158	0	0.832	21.09	3.802	65.16	17.378	89.14	79.433	99.8	363.078	100.00
0.182	0	0.955	26.22	4.365	67.76	19.953	90.85	91.201	99.97	416.869	100.00
0.240	0	1.096	31.37	5.012	70.27	22.909	92.46	104.713	100.00	478.630	100.00
0.275	0	1.259	36.38	5.754	72.69	26.303	93.95	120.226	100.00	549.541	100.00
0.316	0.02	1.445	41.12	6.607	75.03	30.200	95.29	138.038	100.00	630.957	100.00
0.363	0.62	1.660	45.51	7.586	77.29	34.674	96.45	158.489	100.00	724.436	100.00
0.417	2.12	1.906	49.52	8.710	79.46	39.811	97.42	181.970	100.00	831.764	100.00
0.479	4.51	2.188	53.17	10.000	81.55	45.709	98.19	208.930	100.00	954.993	100.00

将三种乳化沥青进行施工后，现场渗水情况如图 5-5-11、图 5-5-12、图 5-5-13 所示。在图 5-5-11 中，1#乳化沥青拌制的砂浆在灌注完后即开始渗黑水，5min 时渗黑水量持续增加，大约 15min 后开始渗清水，大约 1h 后，基本不渗水。而 1#乳化沥青中，沥青颗粒直径不小于 26.303μm 的只占 3.21%，不小于 22.909μm 的也只占 4.27%，均小于极限值 6.55%；因此沥青颗粒易从灌注袋中渗出，即渗黑水。当渗至一定时间后，渗水孔逐渐被大颗粒沥青堵塞，此时沥青颗粒不能通过，但水分子仍然可以通过，开始渗清水，后由于乳化沥青的破乳成膜，将渗水孔堵塞，再加上浆体因渗水而"减压"，因此灌注袋停止渗水。

(a) 灌注完毕

(b) 灌注后 5 min

(c) 灌注后 15min

(d) 灌注后 1 h

图 5-5-11　1#乳化沥青拌和砂浆渗水情况

(a) 灌注后 5min

(b) 灌注后 30 min

图 5-5-12　2#乳化沥青拌和砂浆渗水情况

(a) 灌注后5min　　　　　　　　(b) 灌注后30min

图 5-5-13　3#乳化沥青拌和砂浆渗水情况

在图 5-5-12 中，2#乳化沥青拌制的砂浆在灌注完 5min 后在边角处开始渗黑水，大约 30min 后开始渗清水，在未受压的情况下，基本不渗黑水，只在后期渗少许清水。2#乳化沥青中，颗粒直径不小于 26.303μm 的为 3.41%，不小于 22.909μm 的为 4.43%，均小于极限值 6.55%，但要比 1#粗，因此渗水情况要优于 1#乳化沥青拌制的砂浆。

如图 5-5-13 所示，3#乳化沥青拌制的砂浆灌注 5min 后表面出现了少许黑点，这可能与乳化沥青中较细颗粒沥青渗出有关，但是在 30min 以后，灌注袋外部未见黑水，且只有少许清水。3#乳化沥青中，沥青颗粒直径不小于 26.303μm 的为 6.05%，不小于 22.909μm 的为 7.54%，不小于 25.0μm 的为（采用 22.909～26.303μm 区间线性近似法）：7.54%－(7.54%－6.05%)(25－22.909)/(26.303－22.909)＝6.62%，大于极限值 6.55%，因此 3#乳化沥青拌制的砂浆中，由于粒径大于 25μm 沥青颗粒的体积分数较高，能很快将排气孔封住，而避免了后面的渗水，尤其是渗"黑水"。

由图 5-5-11、图 5-5-12、图 5-5-13 可以看出，三种乳化沥青的渗水量，尤其是渗黑水量随粒径大于 25μm 的沥青颗粒含量的增加而减少，这一方面说明了渗水是因为灌注袋的排气孔导致的，另一面也说明提高粗颗粒沥青的体积分数确实利于改善灌注袋渗水。

除提高粗颗粒沥青的体积分数外，加快乳化沥青的破乳速度也可有效防止灌注袋渗水，即在图 5-5-8 中，在沥青颗粒局部富集、颗粒与颗粒以及颗粒与管壁间频繁碰撞的情况下，若能使乳化沥青快速破乳，使沥青颗粒合并、聚集，将渗水管道堵塞，也能起到防止渗水（尤其是渗黑水）的作用。值得一提的是，沥青颗粒直径的增大将加剧其不稳定，从而导致快速破乳。

5.5.4　水泥乳化沥青砂浆充填层灌注厚度控制技术

按照《客运专线铁路 CRTS I 型板式无砟轨道水泥乳化沥青砂浆暂行技术条件》要求，水泥乳化沥青砂浆充填层的厚度应为 40～100mm，其中 40～60mm 为推荐的厚度值，但在施工现场，由于测量控制以及底板混凝土施工等原因，往往使充填层的厚度难以满足 100%合格，进而对施工产生严重影响。如图 5-5-14（a）所示，充填层过薄时，往往需将底板混凝土凿除、打磨后重灌；而在图 5-5-14（b）中，当充填层过厚时，为满足灌注饱满度的要求，需用特制、加大的灌注袋进行灌注。

充填层过薄将使水泥乳化沥青砂浆减振效果降低，且对砂浆灌注饱满度产生影响；而充填层过厚，一方面使材料成本大大增加，另一方面也将影响砂浆灌注饱满度以及轨

(a) 混凝土底板凿除、打磨

(b) 特制、加大型灌注袋

图 5-5-14 充填层厚度偏离时的措施

道板标高（越厚因砂浆体积稳定性导致的标高变化越大），此外过厚也使材料分离度增大，进而影响充填层的耐久性。在本节中，先对某工程中的充填层厚度进行了统计与分析，指出其中存在的问题，再针对该问题，提出充填层厚度控制要点及方法。

1. 某工程砂浆充填层厚度统计

某工程的水泥乳化沥青砂浆充填层施工由 3 个公司独立完成，原材料、施工条件完全一致，分别对各公司砂浆充填层厚度进行了抽样调查。其中第一个公司随机抽取 51 块，计 204 个高度数据；第二个公司随机抽取 134 块，计 536 个高度数据；第三个公司随机抽取 51 块，计 204 个高度数据。

（1）充填层厚度分布。

各公司施工砂浆充填层厚度的分布如图 5-5-15、图 5-5-16、图 5-5-17 所示。可看到第一、二个公司（以下简称一公司、二公司）充填层厚度呈正态分布，而第三个公司（以下简称三公司）正态分布并不明显。其中一公司左侧厚度的集中度最高，厚度为 45mm 左右的砂浆充填层已占所有的近 40%，左右侧的砂浆厚度基本被控制在 40～60mm，后进行调研，该公司对底板混凝土标高相当重视，派出最好的作业队伍进行控制。

二公司的砂浆充填层厚度虽也成正态分布，但其较为分散，砂浆厚度为 30～110mm，50mm、55mm 分别是其左右侧的最可几厚度，后经过调研，该公司存在人员、设备不够，工期被压缩，管理不到位，对标高控制重视不够等问题。

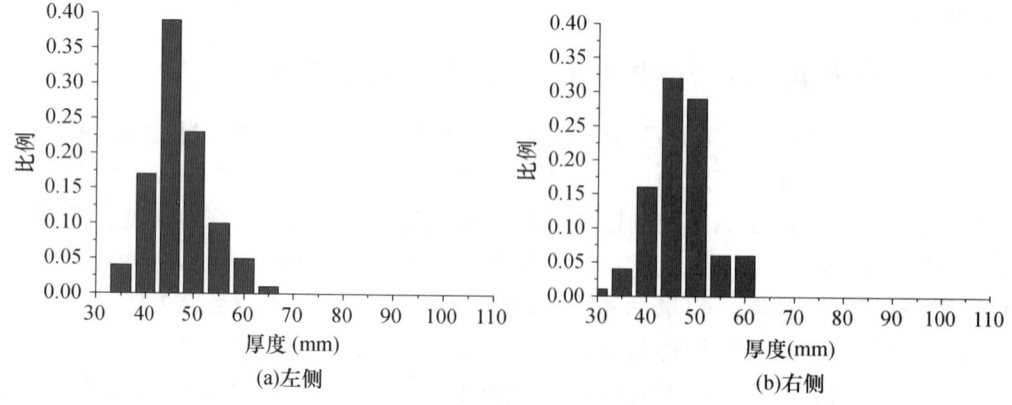

图 5-5-15 一公司左线砂浆充填层厚度分布

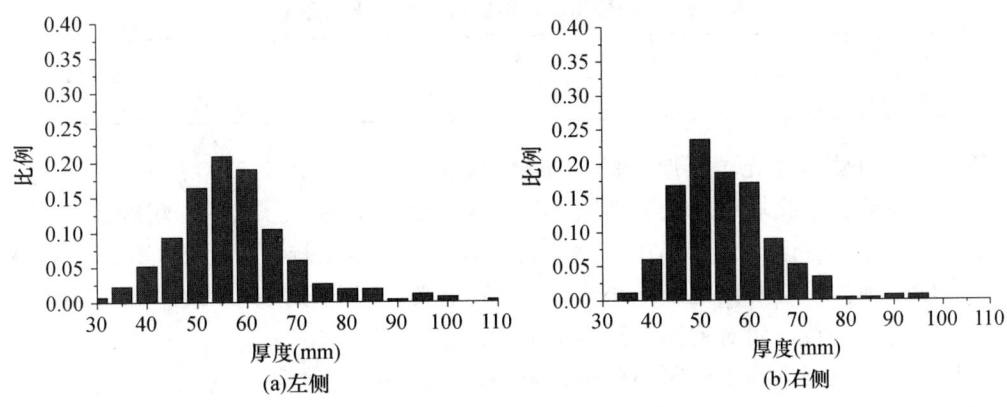

图 5-5-16 二公司左线砂浆充填层厚度分布

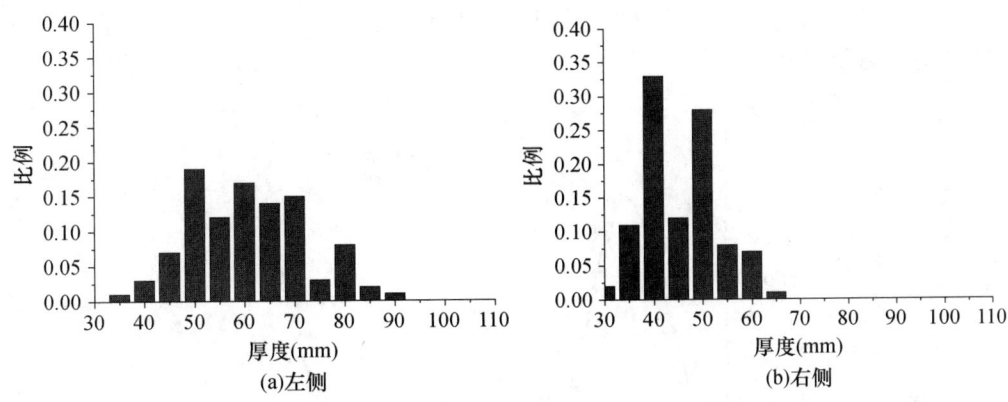

图 5-5-17 三公司左线砂浆充填层厚度分布

三公司充填层厚度分布较为离散，不具有常规统计学特点，其右侧高度有两个最可几范围，40mm 和 50mm 附近，后经调研，该公司标高基准点曾经因控制问题而进行改动。

(2) 左右侧充填层厚度对比。

表 5-5-2、表 5-5-3 表明该工程各公司水泥乳化沥青充填层的平均厚度都在 40～60mm 的范围，为充填层厚度的较合理区域；但同时，各公司砂浆充填层厚度差别明显，其中一公司和二公司的厚度已相差近 10mm，这也意味着所需砂浆方量相差近 20%（若长度以 50km 计算，光材料成本将增加 500 万左右）；另外，从表 5-5-2 还可看出，除一公司外，其他两个公司左右侧充填层厚度差别较大，其中三公司左右侧充填层厚度差竟然达到了 15mm 以上。

表 5-5-2 各公司充填层平均厚度

公司编号	一公司		二公司		三公司	
平均厚度（mm）	左侧	右侧	左侧	右侧	左侧	右侧
	47.1	47.0	57.3	54.8	60.8	45.3

表 5-5-3　各公司单块轨道板充填层平均厚度

公司编号	一公司	二公司	三公司
平均厚度（mm）	47.1	56.0	53.0

各公司左右侧砂浆充填层厚度的分布对比如图 5-5-18～图 5-5-20 所示，可以看出：一、二公司左侧砂浆充填层厚度分布基本与右侧一致，其中一公司左右侧砂浆充填层厚度分布基本能重合，但三公司其左右侧砂浆充填层厚度相差较大。由于 CRTS I 型水泥乳化沥青砂浆弹性模量要比混凝土小 1～2 个数量级，因此砂浆充填层厚度的不一致可能导致变形的不一致，而对列车运行的平顺性产生严重影响。

为此，对其原因进行了调研与分析，发现这种差别可能与当时的施工工况有关。所统计的施工地段为曲线段，且包含有全线曲率半径第二小的地段。在曲线段混凝土底板施工时，由于新拌混凝土坍落度较大的原因，造成浇筑后混凝土往低处移动，这样导致右侧底板被打高，而左侧底板被打低（统计段的拐弯为同一个方向），因此造成充填层左侧的高度要高于右侧。

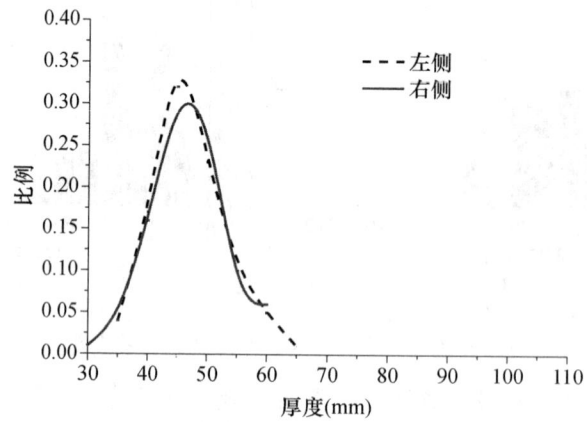

图 5-5-18　一公司左右侧砂浆充填层厚度分布对比

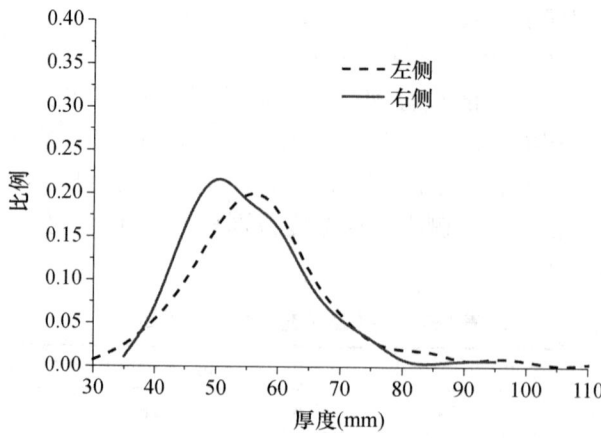

图 5-5-19　二公司左右侧砂浆充填层厚度分布对比

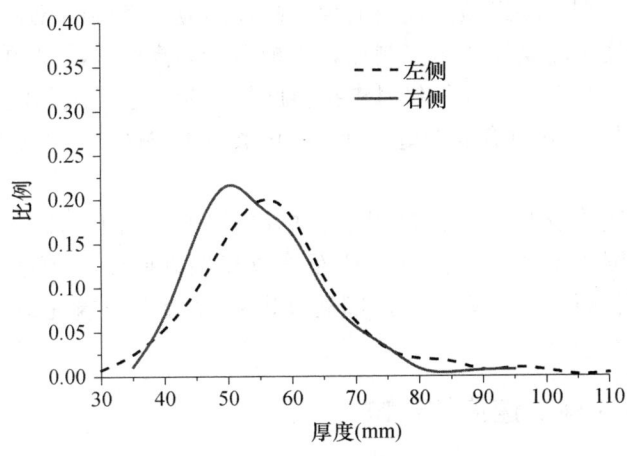

图 5-5-20　三公司左右侧砂浆充填层厚度分布对比

(3) 各公司砂浆充填层厚度合格率及优良率。

由表 5-5-4、表 5-5-5 的结果表明，水泥乳化沥青砂浆充填层的厚度若以 40～100mm 为合格，除三公司右侧高度合格率较低外，充填层厚度两侧的合格率都接近 95%；若以 40～100mm 为单块板下砂浆充填层平均厚度的合格率，则二、三公司的合格率均已达到 100%；一公司也为 96% 以上。

表 5-5-4　各公司砂浆充填层厚度抽样合格率（按 40～100mm 评估）

公司	一公司		二公司		三公司	
	左侧	右侧	左侧	右侧	左侧	右侧
合格率	94.1%	93.1%	95.1%	96.6%	99.0%	82.3%

表 5-5-5　各公司砂浆充填层厚度抽样优良率（按 40～60mm 评估）

公司	一公司		二公司		三公司	
	左侧	右侧	左侧	右侧	左侧	右侧
优良率	89.2%	92.1%	65.3%	72.8%	52.9%	79.4%

若以 40～60mm 为优良的砂浆充填层厚度指标，一公司施工砂浆充填层厚度的优良率最高，二公司次之，但已降至 70% 以下，而三公司左侧的优良率已接近 50%。

2. 水泥乳化沥青砂浆充填层厚度控制

由于基础、柱、梁高程控制误差的累积，混凝土底板和水泥乳化沥青砂浆充填层成了标高误差的最后"消化点"，水泥乳化沥青砂浆充填层除减振外，调平也是其作用之一，但显然调平不能无限制地由自流平充填层承担，混凝土底板应成为高程误差的主要"消化点"，即在砂浆充填层的厚度控制中，混凝土底板应起决定性的作用，必须在认识上加以重视。

测量、混凝土的配制与施工是影响混凝土底板标高的主要因素，由于其复杂性与多工种配合性，因此对施工组织是一个考验。

测量是底板混凝土高程控制的前提条件之一，除先进的仪器设备外，管理与标高点的选择也很重要。根据现场经验，模板的顶标高控制应为有效的控制手段，即在混凝土底板施工时，选择模板的高端作为控制点，支护至所需高度，浇筑的混凝土与模板平齐即可，模板底部的空缺部分以其他材料支护。此外，应注意模板的刚度，由于混凝土底板为连续浇筑（路基 20m 留有伸缩缝，桥梁 5m 留有伸缩缝），为防止模板变形，建议用刚度较好的模板。

底板混凝土的质量及其施工也将影响其标高控制，在曲线段，若混凝土坍落度过大，将导致施工中混凝土往低端流动，从而导致高端处砂浆充填层过厚，而低端处过薄，可采取二次"收面"的方法解决该问题，即在混凝土浇筑完成后，待混凝土初凝时，将混凝土重新抹平。

5.5.5 温度对施工速度的影响

水泥乳化沥青砂浆的施工速度影响因素多样，物流、人员配置、设备状况、施工组织、天气等都对施工速度造成严重影响。由于水泥乳化沥青砂浆充填层施工是无砟轨道板施工中除铺轨外的最后一环，且由于前期的工期延误，水泥乳化沥青砂浆充填层的施工工期往往相当紧张，而与之对应的是，其施工工艺最为复杂、技术要求最严、后果最为严重。由于天气属于影响中不可控的因素，因此本节主要以案例分析形式讨论温度对施工速度的影响。

某工程水泥乳化沥青砂浆施工自 2008 年 7 月下旬开始，至 2008 年 9 月上旬结束，基本属于全年最高温阶段，以单个作业面为统计对象，施工期间当地环境温度分布如图 5-5-21 所示。

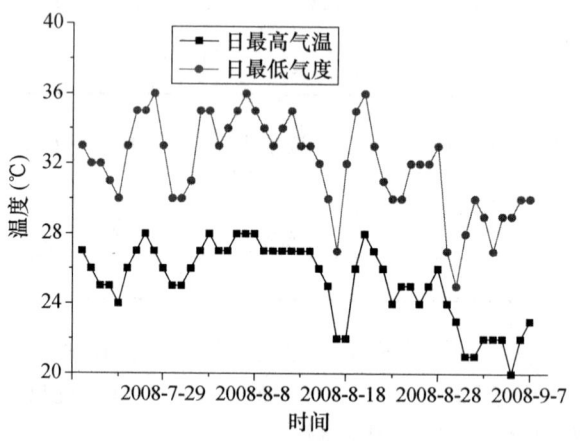

图 5-5-21 施工期间当地环境温度分布

图 5-5-21 表明，在施工期间，当地环境温度较高，日最高温度基本在 30℃ 以上，而日最低温度基本在 22℃ 以上，最高温度为 36℃。施工期间的温度呈两头低、中间高的倒 V 形分布，即施工开始和结束时的温度均较低，而中间阶段的 8 月初温度最高。

施工期间，每日完成的轨道板施工速度如图 5-5-22 所示（不计头两天试灌注以及因下雨停工）。施工期间，与当地环境温度分布恰好相反，施工速度呈两头高、中间低的正 V 形分布，即开始和结束阶段施工速度较快，而中间阶段施工速度最慢。在其中的 9 月 5 日，施工速度达到了 103 块/d，而当天环境温度恰好为施工期间最低温度；同时施工中间阶段的 8 月 6 日施工速度最慢,降至 11 块/d,而当天环境温度恰好为施工期间的最高温度。

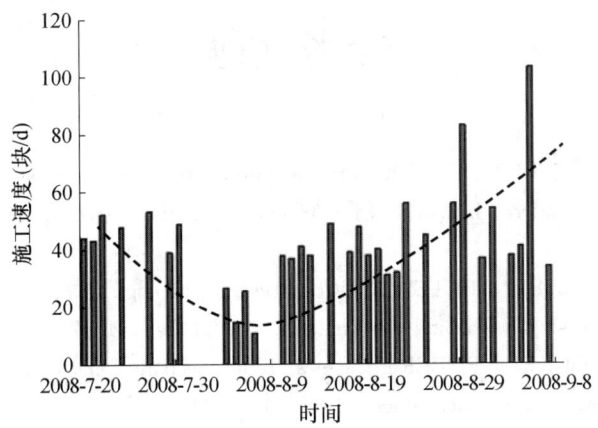

图 5-5-22　施工速度分布

施工速度与环境温度的关系如图 5-5-23 所示。图 5-5-23 表明施工速度与当地环境温度呈反比,即当地温度越高,施工速度越慢,其中与日最低温度的线性相关系数大于与日最高温度的,这可能与施工期间为避开白天高温而常选择夜间施工有关。

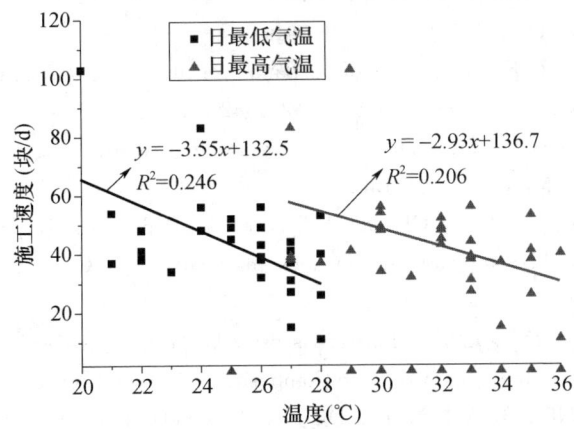

图 5-5-23　施工速度与环境温度的关系

上述表明环境温度对施工速度产生了严重影响,施工速度与当地环境温度呈反比。环境温度从多方面影响了施工速度,进而对施工产生影响。首先,高温对砂浆的可工作时间产生严重影响。如前所述,高温使砂浆可工作时间缩短,这增加了砂浆的灌注难度,并延长了灌注时间,而当机器出现故障、运输距离过长时,砂浆将失去流动性,清洗与重灌过程将大大降低施工速度。另外,由于沥青破乳、结块的原因,高温使搅拌车、中转罐、灌注斗的清洗频率大大增加,而使施工速度降低。此外,高温削弱了机械散热能力,从而增加了其故障频率,进而降低了施工速度。最后,高温影响了施工人员的工作效率,增大了其出错频率。由于水泥乳化沥青砂浆施工是一个需多人配合的系统工程,一个环节出错将导致全过程受阻,因此也将降低施工速度。

参考文献

[1] STENGER F, PEUKERT W. The role of particle interactions on suspension rheology-application to submicron grinding in stirred ball mills [J]. Chemical Engineering & Technology, 2003, 26 (2): 177-183.

[2] BRENDAN G, SHANE P, PETER J. S. Compressive rheology of aggregated particulate suspensions [J]. Korea-Australia Rheology Journal, 2006 18 (4): 191-197.

[3] JONATHAN J, STICKEL, ROBERT L, et al. Fluid mechanics and rheology of dense suspensions [J]. Annual Review of Fluid Mechanics, 2005, 37: 129-149.

[4] NASSER M S, JAMES A E. Compressive and shear properties of flocculatedkaolinite-polyacrylamide suspensions [J]. Colloids and Surfaces, 2008, 317 (1-3): 211-221.

[5] KARMAKAR S, KUSHWAHA R L. Development and laboratory evaluation of a rheometer for soil visco-plastic parameters [J]. Journal of Terramechanics, 2007, 44 (2): 197-204.

[6] GUILLEMIN J P, MENARD Y, BRUNET L, et al. Development of a new mixing rheometer for studying rheological behaviour of concentrated energetic suspensions [J]. Journal of Non-Newtonian Fluid Mechanics, 2008, 151 (1-3): 136-144.

[7] STRUBLE L J, SUN G K. Viscoelastic of portland cement paste as a function of concentration [J]. Advanced Cement Based Materials, 1995, 2 (2): 62-69.

[8] STRUBLE L J, LEI W G. Rheological changes associated with setting of cement paste [J]. Advanced Cement Based Materials, 1995, 2 (6): 224-230.

[9] MAHAUT F, MOKEDDEM S, CHATEAU X, et al. Effect of coarse particle volume fraction on the yield stress and thixotropy of cementitious materials [J]. Cement and Concrete Research, 2008, 38: 1276-1285.

[10] CHIDIAC S E, MAHMOOD Z F. Plastic viscosity of fresh concrete—A critical review of predictions methods [J]. Cement and Concrete Composites, 2009, 31 (8): 535-544.

[11] VIKAN H, JUSTNES H, WINNEFELD F, et al. Correlating cement characteristics with rheology of paste [J]. Cement and Concrete Research, 2007, 31 (7): 1502-1511.

[12] 盖国胜. 粉体工程 [M]. 北京: 清华大学出版社, 2009.

[13] 费祥俊. 浆体与粒状物料输送水力学 [M]. 北京: 清华大学出版社, 1994.

[14] 王绍周等著. 粒状物料浆体管道运输 [M]. 北京: 海洋出版社, 1998.

[15] 易小刚, 黄向阳, 邵满元, 等. 沥青水泥砂浆车: CN200810032018 [P]. 2008-08-07.

[16] MYERS D. 表面、界面和胶体原理及应用 [M]. 吴大诚, 朱谱新, 王罗新, 等, 译. 北京: 化学工业出版社, 2005.

[17] AL-SABAGH A M. The relevane HLB of surfactants on the stability of asphalt emulsion [A] // Colloids and Surfaces A-Physical and chemical and engineering aspects 2002 [C], 204 (1-3): 73-83.

[18] YOSHIHIKO O. Polymer-based admixtures [J]. Cement and Concrete Composites, 1998, 20 (2-3): 189-212.

[19] 李祝龙，梁乃兴，吴德平．聚合物水泥基材料的机理分析 [J]．公路交通科技，2005，22（5）：63-86．

[20] CHOONKEUM P, DONGWON C, HEEGAP O. 硅酸盐水泥基无大孔胶凝材料中金属离子的作用 [J]．硅酸盐学报，1996，24（4）：382．

[21] 梁乃兴．丁苯橡胶对水泥水化过程及水泥石微观结构的影响 [J]．硅酸盐学报，1994，22（4）：340．

[22] WANG R, LI X G, WANG P M. Influence of polymer on cement hydration in SBR-modified cement pastes [J]. Cement and Concrete Research, 2006, 36 (9): 1744-1751.

[23] 王茹，王培铭．聚合物改性水泥基材料性能和机理研究进展 [J]．材料导报，2007，21（1）：93-96．

[24] 阎培渝，孔祥明课题组．水泥沥青砂浆凝结硬化机理、力学性能及疲劳性能的研究 [R]．铁道部科技研究开发计划，北京：清华大学．

[25] 王金刚，王成林，等．醋酸乙烯阴离子型无皂乳液改性水泥砂浆性能的研究 [J]．硅酸盐学报，2004，32（1）：29-33．

[26] HEIKAL M, AIAD I. Physico-chemical characteristics of some polymer cement composites [J]. Materials Chemistry and Physics, 2001, 71 (1): 76-83.

[27] DENISE A, SILVA, PAULO J M. The influence of polymers on the hydration of Portland cement phases analyzed by soft X-ray transmission microscopy [J]. Cement and Concrete Research, 2006, 36 (8): 1501-1507.

[28] ABDELRAZIG B E I, BONNER D G, NOWELL D V, et al. The solution chemistry and early hydration of ordinary Portland cement pastes with and without admixtuires [J]. Thermochimica Acta, 1999, 340-341/ 417-430.

[29] SAKAI E, SUGITA J. Composite mechanism of polymer modified cement [J]. Cement and Concrete Research, 1995, 25 (1): 127-135.

[30] CHANDRA S, BJÖRNSTRÖM J. Influence of superplasticizer type and dosage on the slump loss of Portland cement mortars-Part II [J]. Cement and Concrete Research, 2002, 32 (10): 1613-1619.

[31] YOUSUF M, MOLLAH A, PADMAVATHY P, et al. Chemical and physical effects of sodium lignosulfonate superplasticizer on the hydration of portland cement and solidification/stabilization consequences [J]. Cement and Concrete Research, 1995, 25 (3): 671-682.

[32] HSU K. C, CHIU J J, CHEN S D, et al. Effect of addition time of a superplasticizer on cement adsorption and on concrete workability [J]. Cement and Concrete Composites, 1999, 21 (5-6): 425-430.

[33] WANG Z M, ZHAO J F, CUI S P. Chemical structures and adsorptive behaviors of superplasticizers on β-C_2S [J]. Journal Wuhan University of Technology, Materials Science Edition, 2007, 22 (2): 337-340.

[34] 王振军，李顺勇．水泥乳化沥青砂浆（CAM）的微观结构特征 [J]．武汉理工大学学报，2009，31（6）：32-35．

[35] 王振军，沙爱民，肖晶晶，等．水泥对乳化沥青混合料微观结构的改善机理 [J]．武汉理工大学学报，2009，31（5）：16-19．

[36] MARIA G, ANNEMARIE P, MARIANA C, et al. Thermoanalytical and infrared spect roscopy investigations of some mineral pastes containing organic polymers [J]. Cement and Concrete Research, 2002, 32 (8): 1269-1275.

[37] MAKAR J M, CHAN G W, ESSEGHAIER K. Y. A peak in the hydration reaction at the end of the cement induction period [J]. Journal of Materials Science, 2007, 42 (4): 1388-1392.

[38] 曾晓辉, 谢友均, 隋同波, 等. 电阻率法研究水泥水化诱导期. 建筑材料学报, 2009, 12 (2): 132-135.

[39] 杨南如, 岳文海. 无机非金属材料图谱手册 [M]. 武汉: 武汉工业大学出版社, 2000.

[40] 申爱琴. 水泥与水泥混凝土 [M]. 北京: 人民交通出版社, 2004.

[41] ANG F, LIU Z, HU S. Early age volume change of cement asphalt mortar in the presence of aluminum powder [J]. Materials and Structures, 2010, 43 (4): 493-498.

[42] 游宝坤, 吴万春, 韩立林, 等. U 型混凝土膨胀剂 [J]. 硅酸盐学报, 1990, 18 (2): 110-115.

[43] 阎培渝, 覃肖. 大体积补偿收缩混凝土中钙矾石的分解与二次生成 [J]. 硅酸盐学报, 2000, 28 (4): 319-324.

[44] 阎培渝, 彭江, 覃肖. 大体积补偿收缩混凝土中延迟钙矾石生成产生危害的条件 [J]. 硅酸盐学报, 2001, 29 (2): 109-113.

[45] 顾惕人, 朱埗瑶, 李外郎, 等. 表面化学 [M]. 北京: 科学出版社, 1994.

[46] RONCERO J, VALLS S, GETTU R. Study of the influence of superplasticizers on the hydration of cement paste using nuclear magnetic resonance and X-ray diffraction techniques [J]. Cement and Concrete Research, 2002, 32 (1): 103-108.

[47] BASILE F, BIAGINI S, FERRARI G, et al. Effect of the gypsum state in industrial cements on the action of superplasticizers [J]. Cement Concrete Research, 1987, 17 (5): 715-722.

[48] PRINCE W, LAINEF M E, AITCIN P C. Interaction between ettringite and a polynaphthalene sulfonate superplasticizer in a cementitious paste [J]. Cement and Concrete Research, 2002, 32 (1): 79-85.

[49] VOVK A. I. Hydration of tricalcium aluminate C_3A and C_3A-gypsum mixtures in the presence of surfactants: Adsorption or surface phase formation [J]. Colloid Journal, 2000, 62: 24-31.

[50] CORSTANJE W A, STEIN H N, STEVELS J M. Hydration reactions in pastes $C_3S+C_3A+CaSO_4.2aq.+$water at 25°C. III [J]. Cement and Concrete Research, 1973, 3: 791-806.

[51] SKALNY J, TADROS M. E. Retardation of calcium aluminate hydration by sulphate [J]. Journal of American Ceramic Society, 1977, 4: 174-175.

[52] 刘世安, 刘东红. 客运专线铁路 CRTS II 型板式无砟轨道水泥乳化沥青砂浆疑难问题解答 [M]. 北京: 中国铁道出版社, 2009.

[53] PLANK J, WINTER C. Competitive adsorption between superplasticizer and retarder molecules on mineral binder surface [J]. Cement and Concrete Research, 2008, 38 (5): 599-605.

[54] YAMADA K, SHOICHI O, HANEHARA S. Controlling of the adsorption and dispersing force of polycarboxylate-type superplasticizer by sulfate ion concentration in aqueous phase [J]. Cement and Concrete Research, 2001, 31 (3): 375-383.

[55] 沈观林, 胡更开. 复合材料力学 [M]. 北京: 清华大学出版社, 2006.

[56] 邓德华, 田青, 刘赞群, 等. 高速铁路用水泥乳化沥青浆体的物理结构 [J]. 中国科学: 技术科学, 2014, 7: 661-671.

[57] POWERS T C, BROWNYARDS T L. Studies of the Physical Properties of Hardened Cement Paste [C]. Chicago: Portland Cement Association, Research Laboratories, 1948: 101-132, 249-336, 469-505, 549-602, 669-712, 845-880, 933-99.

[58] SHUGUANG H, YUNHUA Z, FAZHOU W. Effect of temperature and pressure on the degradation of cement asphalt mortar exposed to water [J]. Construction Engineering and Management,

2012, 34: 570-574.

[59] 蔡锋良. 水泥沥青复合硬化浆体孔结构特点及表征 [D]. 长沙：中南大学，2013.

[60] TIAN Q, YUAN Q, FANG L, et al. Estimation of elastic modulus of cement asphalt binder with high content of asphalt [J]. Constuction Engineering and Management, 2017, 133: 98-106.

[61] WANG Y, YUAN Q, DENG D, et al. Modeling compressive strength of cement asphalt composite based on pore size distribution [J]. Constuction Engineering and Management, 2017, 150: 714-722.

[62] WANG Q, YAN P, KONG X, et al. Compressive strength development and microstructure of cement-asphalt mortar [J]. Journal of Wuhan University of Technology, 2011, 26 (5): 998-1003.

[63] 彭涛，傅强. 复杂应力条件下水泥沥青砂浆徐变特性实验研究 [J]. 世界科技研究与发展，2013, 35 (1): 15-20.

[64] 张良. 纳米 SiO_2 对 CA 砂浆材料性能的影响及作用机理研究 [D]. 杭州：浙江大学，2017.

[65] 曾晓辉，朱华胜，潘璋，等. 乳化沥青对水化硅酸钙孔结构及微观形貌影响 [J]. 建筑材料学报，2019, 22 (5): 87-94.

[66] HASHIN Z. The Elastic Moduli of heterogeneous materials [J]. Journal of Applied Mechanics, 1962, 29 (1): 2938-2945.

[67] POULIOT N, MARCHAND J, PIGEON M. Hydration mechanisms, microstructure, and mechanical properties of mortars prepared with mixed binder cement slurry-asphalt emulsion [J]. Journal of Materials in Civil Engineering, 2003, 15 (1): 54-59.

[68] 尹明. 水泥乳化沥青砂浆质量控制的相关问题研究 [D]. 长沙：中南大学，2010.

[69] POWERS T C, BROWNYARD T L. Studies of the Physical properties of hardened Portland cement paste [J]. ACI Journal Proceedings, 1946, 33: 1-6.

[70] 傅强，谢友均，郑克仁，等. 水泥乳化沥青砂浆力学特性的龄期效应 [J]. 北京工业大学学报，2013, 39 (11): 1607-1612.

[71] 刘志超. 板式无砟轨道 CA 砂浆材料的粘弹性原理及其性能研究 [D]. 武汉：武汉理工大学，2009.

[72] 王发洲，刘志超，胡曙光. 加载速率对 CA 砂浆抗压强度的影响 [J]. 北京工业大学学报，2008, 34 (10): 1059-1065.

[73] 孔祥明，刘永亮，阎培渝. 加载速率对水泥沥青砂浆力学性能的影响 [J]. 建筑材料学报，2010, 13 (2): 187-192.

[74] YONGLIANG L, XIANGMING K, YANRONG Z, et al. Static and dynamic mechanical properties of cement-asphalt composites [J]. Journal of Materials in Civil Engineering, 2013 (10): 1489-1497.

[75] 赵东田，王铁成，刘学毅，等. 板式无砟轨道 CA 砂浆的配制与性能 [J]. 天津大学学报，2008, 41 (7): 793-799.

[76] 肖诗云，张剑. 历经荷载历史混凝土动态受压试验研究 [J]. 大连理工大学学报，2011, 51 (1): 78-83.

[77] 李悦，谢冰，胡曙光，等. 荷载形式对 CRTS II 型 CA 砂浆疲劳剩余强度的影响 [J]. 土木工程学报，2010, 43 (s): 358-362.

[78] SINHA B P, GERSTLE H K, TULIN L G, et al. Stress-strain relationships for concrete under cyclic loading [J]. ACI Journal Proceedings, 1964, 61 (2): 195-212.

[79] ZHAI W. Two simple fast integration methods for large-scale dynamic problems in engineering [J]. International Journal for Numerical Methods in Engineering, 1996, 39 (24): 4199-4214.

[80] 翟婉明,韩卫军,蔡成标,等. 高速铁路板式轨道动力特性研究 [J]. 铁道学报, 1999, 21 (6): 65-69.

[81] 蔡成标,翟婉明,王开云. 遂渝线路基上板式轨道动力性能计算及评估分析 [J]. 中国铁道科学, 2006, 27 (4): 17-21.

[82] 向俊,曹晔,刘保钢,等. 客运专线板式无碴轨道动力设计参数 [J]. 中南大学学报(自然科学版), 2007, 38 (5): 981-986.

[83] 向俊,赫丹,曾京. 高速列车作用下不同类型无砟轨道振动响应分析 [J]. 机械工程学报, 2010, 46 (16): 29-35.

[84] 赫丹,向俊,郭高杰,等. 砂浆刚度和阻尼对高速列车-板式轨道时变系统竖向振动的影响 [J]. 铁道科学与工程学报, 2006, 3: 26-30.

[85] 赵坪锐,章元爱,刘学毅,等. 无砟轨道弹性地基梁板模型 [J]. 中国铁道科学, 2009, 30 (3): 1-3.

[86] 赵坪锐. 板式无砟轨道动力学性能分析与参数研究 [D]. 成都:西南交通大学, 2003.

[87] 卿启湘. 高速铁路板式轨道参数与动力特性的研究 [J]. 湖南工业大学学报(自然科学版), 2008, 22 (1): 21-27.

[88] 王澜,宣言,万家,等. 浮置板式轨道结构隔振效果仿真研究 [J]. 中国铁道科学, 2005, 26 (6): 48-52.

[89] 练松良,杨文忠,刘扬. 不同类型轨枕轨道结构动力性能试验研究 [J]. 铁道学报, 2010, 32 (2): 131-136.

[90] 陶连金,李晓霖,陆熙,等. 地铁诱发地面运动的衰减规律的研究分析 [J]. 世界地震工程, 2003, 19 (1): 83-87.

[91] 周海生,吕伟民,葛剑敏,等. 阻尼沥青路面降噪特性的研究 [J]. 公路交通科技, 2005, 22 (8): 8-11.

[92] 颜肖慈,罗明道. 界面化学 [M]. 北京:化学工业出版社, 2008.

[93] 王惠民,赵振兴. 工程流体力学 [M]. 南京:河海大学出版, 2005.

[94] MARTYS N S, FERRARIS C F. Capillary transport in mortars and concrete [J]. Cement and Concrete Research, 1997, 27 (5): 747-760.

[95] 邓德华. 板式轨道结构中水泥乳化沥青砂浆垫层劣化与失效机理:国家自然科学基金项目(50878209)结题报告 [R]. 2012.

[96] TERREL R L, SHUTE J W. Strategic Highway Research Program: summary report on water sensitivity [R]. Washington D C: TRB, National Research Council, 1989.

[97] FROMM H J. The mechanisms of asphalt stripping from aggregate surfaces [C]. Proceedings, Association of Asphalt Paving Technologists, 1974, 43: 191-223.

[98] XIE Y J, FU, Q, LONG G C, et al., Creep properties of cement and asphalt mortar [J]. Construction and Building Materials, 2014, 70: 9-16.

[99] 彭涛,傅强. 复杂应力条件下水泥沥青砂浆徐变特性试验研究 [J]. 世界科技研究与发展, 2013, 35 (1): 15-20.

[100] NEVILLE A M, DILGER W H, BROOKS J J. Creep of plain and structural concrete [M]. London and New York: Construction Press, 1983.

[101] Concrete Society. Creep of Structural Concrete [M]. Concrete Society, 1974.

[102] 赵祖武. 混凝土的徐变、松弛与弹性后效 [J]. 力学学报, 1962 (3): 2-11.

[103] 惠荣炎. 混凝土的徐变 [M]. 北京:中国铁道出版社, 1988.

[104] 宋昊,谢友均,龙广成. 水泥乳化沥青砂浆研究进展 [J]. 材料导报, 2018, 32 (5): 836-

846.

[105] 蔡四维，蔡敏. 混凝土的损伤断裂 [M]. 北京：人民交通出版社，1999.

[106] 赵锡宏，孙红，罗冠威. 损伤土力学 [M]. 上海：同济大学出版社，2000.

[107] 邓爱民. 混凝土损伤行为特性研究 [D]. 南京：河海大学，2010.

[108] 卡恰诺夫 L M. 连续介质损伤力学引论 [M]. 杜善义，王殿富，译. 哈尔滨：哈尔滨工业大学出版社，1989.

[109] KACHANOV L. M. Time of the rupture process under creep conditions [J]. lsv. Akad. Nauk. SSR. Otd Tekh. Nauk，1958，23（8）：26-31.

[110] RABOTNOV Y N. Creep rupturn [G]. Applied Mechanics//International Union of Theoretical and Applied Mechanics：342-349.

[111] LEMAITRE J. Evolution of dissipation and damage in metals, subitted to dynamic loading. Proc. ICM1, Kyoto, Japan, 1971.

[112] 刘永亮，孔祥明，阎培渝. 水泥-沥青胶凝材料动态力学行为的初步研究 [J]. 工程力学，2011，28（7）：53-58.

[113] 肖诗云，张剑. 不同应变率下混凝土受压损伤试验研究 [J]. 土木工程学报，2010，43（3）：40-45.

[114] 鸟取誠一，佐伯俊之，桜井秀昭，等. 鉄道軌道用急硬性注入材とその製造方法：特開平 2000-119056 [P].

[115] 易小刚，黄向阳，邵满元，等. 沥青水泥砂浆车：CN200810032018 [P].

[116] 韩国梁，张春华，李忠元. 沥青水泥砂浆搅拌机：CN200820139520.0 [P].

[117] 丁伊章，尹友中，李跃萍. 水泥沥青砂浆立式搅拌机：CN200920063405.4 [P].

[118] 程维国，方宇顺，李永明. 水泥乳化沥青砂浆搅拌罐：CN20090116435.1 [P].

[119] 梁毅，李慧敏，许非. 移动式沥青水泥砂浆搅拌设备：CN2007110009164.0 [P].

[120] 汤明，梁毅，陈慕斌. 沥青水泥砂浆搅拌主机：CN200720006696.4 [P].

[121] AUGSBURGER, L.L., VUPPALA, M. K. Theory of granulation [M]. New York：1997.

[122] CAZACLIU B, ROQUET N. Concrete mixing kinetics by means of power measurement [J]. Cement and Concrete Research，2009，39（3）：182-194.

[123] CAZACLIU B, LARRARD N D L F. New methods for accurate water dosage in concrete central mix plants [J]. Materials and Structures，2009，41（10）：1681-1696.

[124] CAZACLIU B, LEGRAND J. Characterization of the granular-to-fluid state process during mixing by power evolution in a planetary concrete mixer [J]. Chemical Engineering Science，2008，63（18）：4617-4630.

[125] CAZACLIU B. In-mixer measurements for describing mixture evolution during concrete mixing [J]. Chemical Engineering Research and Design，2008，86（12）：1423-1433.

[126] CHOPIN D, CAZACLIU B, LARRARD F, et al. Monitoring of concrete homogenization with the power consumption curve [J]. Materials and Structures，2007，40（9）：897-907.

[127] DAUMANN B, ANLAUF H, NIRSCHL H. Determination of the energy consumption during the production of various concrete recipes [J]. Cement and Concrete Research，2009，39：590-599.

[128] AMZIANE S, FERRARIS C, KOEHLER E. Measurement of workability of fresh concrete using a mixing truck [J]. Research of the National Institute of Standards and Technology，2005，110（1）：55-66.

[129] WATANO S, TERASHITA K, MIYANAMI K. Frequency analysis of power consumption in

agitation granulation of powder materials with sparingly soluble acetaminophen [J]. Chemical and Pharmaceutical Bulletin, 1992, 40 (1): 269-271.

[130] BETZ G, BURGIN P J, LEUENBERGER H. Power consumption profile analysis and tensile strength measurements during moist agglomeration [J]. International Journal of Pharmaceutics, 2003, 252: 11-25.

[131] BETZ G, BURGIN P J, LEUENBERGER H. Power consumption measurement and temperature recording during granulation [J]. International Journal of Pharmaceutics, 2004, 272 (1-2): 137-149.

[132] MYERS D. 表面、界面和胶体原理及应用 [M]. 吴大诚, 朱谱新, 王罗新, 等译. 北京: 化学工业出版社, 2005.

[133] RUMPF H. The strength of granules and agglomerates [C]. Agglomeration-Proceedings of the First International Symposium on Agglomeration, Philadelphia, 1962. 1962: 379-418.

[134] AMZIANE S, FERRARIS C, KOEHLER E. Measurement of workability of fresh concrete using a mixing truck [J]. Research of the National Institute of Standards and Technology, 2005, 110 (1): 55-66.

[135] BHATTACHARYA S, HEBERT D, KRESTA S M. Air entrainment in affled stirred tanks [J]. Chemical Engineering Research and Design, 2007, 85 (5): 654-664.

[136] DAVIES J T. An introduction to eddy transfer of momentum, mass and heat, particularly at interfaces [M]. Turbulence Phenomena. New York: Academic Press, USA, 1972.

[137] 和田克郎. 耐寒性が改良されたゴム組成物: 特開平 55-7807 [P].

[138] 大石善啓, 森里美津夫, 近藤元恵. モルタル充填式軌道及びその施工方法: 特開平 54-42709 [P].

[139] 中国铁道科学研究院. 水泥乳化沥青砂浆施工技术 (CRTS Ⅰ 型) [DB/OL]. 2009-03 [2016-12-12] https://wenku.baidu.com/view/9ed8d123ab00b52acfc789eb172ded630b1c98ad.

[140] 王树人. 水击理论与水击计算 [M]. 北京: 清华大学出版社, 1981.

[141] 陈长植. 工程流体力学 [M]. 武汉: 华中科技大学出版社, 2008.

[142] 中国铁道科学研究院. 水泥乳化沥青砂浆施工技术 (CRTS Ⅱ 型) [DB/OL]. 2009-03 [2020-09-22] https://wenku.baidu.com/view/d7889cde86c24028915f804d2b160b4e767f81a.

[143] TAVERA F J, ESCUDERO R, GOMEZ C O, et al. Determination of solids holdup in thickners from surement of electrical conductivity using flow cells [J]. Minerals Engineering, 1998, 11 (3): 233-241.

[144] TAVERA F J, ESCUDERO R, FINCH J A. Gas holdup in flotation columns: laboratory measurements [J]. International Journal of Mineral Processing, 2001, 61 (1): 23-40.

[145] 竺美, 胡亚芹, 杨平. 折光率法和电导率法测定稀土废水中氯化铵 [J]. 环境监测管理与技术, 2006 (02): 29-31.

[146] 李密丹, 周震, 刘尊忠. 粉体颗粒-水溶性高分子稀溶液电导率研究 [J]. 过程工程学报 (增刊). 2004, 4 (8): 107-110.

[147] 杨丽珍, 郝燕萍, 杨莉. 固体颗粒对溶胶系统电导率的影响 [J]. 北京印刷学院学报, 2008, 16 (2): 68-71.

[148] STEVENSONA R, HARRISON T L, MILES N, et al. Examination of swirling flow using electrical resistance tomography [J]. Powder Technology, 2006, 162 (2): 157-165.

[149] WILLIAMS R A, JIA X, MCKEE S L. Development of slurry mixing models using resistance tomography [J]. Powder Technology, 1996, 87 (1): 21-27.

[150] KAMINOYAMA M, TAGUCHI S, MISUMIA R, et al. Monitoring stability of reaction and dispersion states in a suspension polymerization reactor using electrical resistance tomography measurements [J]. Chemical Engineering Science, 2005, 60 (20): 5513-5518.

[151] BAUER B A, KNORR D. Electrical conductivity: a new tool for the determination of high hydrostatic pressure-induced starch gelatinization [J]. Innovative Food Science & Emerging Technologies, 2004, 5 (4): 437-442.

[152] MAXWELL J. C. A treatise on electricity and magnetism [M]. Clarendon Press. New York, 1954.

[153] MAXWELL J C. A Treatise on Electricity and Magnetism [J]. Nature, 1873, 7 (182): 478-480.